高等学校岩土工程系列教材

基础工程

刘金龙　主　编
汪东林　副主编
崔可锐　主　审

合肥工业大学出版社

内容简介

本书是根据岩土工程专业的教学大纲要求，结合基础工程相关的勘察、设计和施工等最新规范，同时注意学科的系统性和技术的新成就及发展编写而成。本书系统地介绍了岩土工程中常见的基础类型及其设计原理、计算方法和施工技术。全书共分7章，分别为绪论、天然地基上的浅基础、连续基础、桩基础、沉井基础及其他深基础、土压力和土坡稳定性、特殊土地基。

本书可作为高等院校岩土工程专业、土木工程专业、水电工程专业的教材，也可作为大中专院校相关专业的教学参考书以及有关专业科技人员的技术参考书。

图书在版编目(CIP)数据

基础工程/刘金龙主编．—合肥：合肥工业大学出版社，2009.8(2016.1 重印)
ISBN 978-7-5650-0044-7

Ⅰ．基… Ⅱ．刘… Ⅲ．地基—基础(工程) Ⅳ．TU47

中国版本图书馆 CIP 数据核字(2009)第 150439 号

基 础 工 程

主编 刘金龙　　　　责任编辑 权 怡

出 版	合肥工业大学出版社	**版 次**	2009 年 8 月第 1 版
地 址	合肥市屯溪路 193 号	**印 次**	2016 年 1 月第 2 次印刷
邮 编	230009	**开 本**	787 毫米×1092 毫米 1/16
电 话	编 校 中 心：0551—62903210	**印 张**	14
	市场营销部：0551—62903198	**字 数**	340 千字
网 址	www.hfutpress.com.cn	**印 刷**	合肥学苑印务有限公司
E-mail	hfutpress@163.com	**发 行**	全国新华书店

ISBN 978-7-5650-0044-7　　　　定价：25.00 元

总　序

岩土工程作为一门学科，是基于人类工程建设的需要而产生的，并随着工程建设的日趋复杂而得以不断发展和进步。岩土工程作为现代工程建设的重要组成部分，发挥着越来越大的作用，充分印证了“工程建设越发展，岩土工程就越重要”。20世纪90年代以来，随着我国基本建设的快速发展，我国岩土工程领域发生了一系列的重大变化：各种规范和标准的制定，新的理论、技术、材料和工艺的大量涌现，标志着我国岩土工程迈出了与国际接轨的实质性一步。当前，全球人口迅速增加，生存空间压缩，生产生活必向岩土环境复杂的区域扩展，此外，人们对生活质量要求不断提高，交通居住设施对岩土体变形的要求也更加严格。为了能更好地满足工程建设与社会发展的需要，就要求我们的岩土工程教育也要顺应形势，与时俱进，能够培养出高质量、高水平的岩土工程科技工作者。其中，编写一套融科学性、新颖性、实用性和通用性于一体的高等学校岩土工程系列教材就显得十分重要。

为此，我们组织了安徽省11所高校长期在教学一线、拥有丰富教学经验和实践经验的教师共同编制了这套高等学校岩土工程系列教材。本系列教材包含了岩土工程的核心课程：“土质学与土力学”、“岩体力学与工程”、“工程地质学”、“地基处理”、“基础工程”和“深基坑与支护工程”等。

高等学校岩土工程系列教材的出版，得到了合肥工业大学出版社及其他兄弟院校的热情支持和帮助，在此表示衷心的感谢。

岩土工程是为工程建设服务的，中国工程建设的快速发展务必将带动岩土工程理论与技术不断地发展，所以还有许多问题需要不断地去研究和探索。

为了更好地交流与沟通，使我们能不断地提高与完善，请将您阅读或教学中得到的宝贵经验或建议发至本系列教材的交流邮箱(cuikerui001@163.com 或 alnile@163.com)，我们将及时与您互动，并向您送上我们深深的感谢！

“高等学校岩土工程系列教材”编委会

2009年8月

前　言

基础工程是岩土工程专业的一门主要专业课程，阐述了岩土工程中常见的基础类型及其设计原理、计算方法与施工技术。本书依据国家(部)最新规范、规程和标准，根据岩土工程专业的教学大纲要求，结合目前教学改革发展的需要及实际工程中专业最新动态编写而成。在编写过程中强调基本概念、基本原理和基本方法，注重理论联系实际，以应用为重点，结合工程实例，进行了深入浅出的说明。本书内容广泛，注重实用。内容包括：天然地基上的浅基础、连续基础、桩基础、沉井基础及其他深基础、土压力和土坡稳定性、特殊土地基。为便于自学，每章后附有习题供读者练习，以加深对内容的理解和掌握。

本书由安徽省多个高校的具有多年教学和实践经验的教师编写。全书各章编写分工为：第1章由刘金龙(合肥学院)编写，第2章由彭曙光(安徽建筑工业学院)编写，第3章由秦凤艳(皖西学院)编写，第4章由姜昆宁(合肥工业大学)编写，第5章由葛清蕴(皖西学院)编写，第6章由杨青(安徽理工大学)编写，第7章中的7.1～7.4节由汪东林(安徽建筑工业学院)编写，第7章中的7.5节由殷和平(铜陵学院)编写。全书由刘金龙担任主编，负责统稿，汪东林担任副主编，合肥工业大学崔可锐教授担任主审。

在编写过程中，编者所在单位的院系领导对本书的编写给予了大力支持和帮助。此外，合肥工业大学出版社为本书的出版做了大量工作，在此一并表示衷心感谢。由于编写水平和能力所限，加之时间仓促，书中难免有不妥之处，恳请读者批评指正。

编　者

2009年6月

目　录

第 1 章　绪　论

1.1　地基与基础的概念

万丈高楼平地起，任何建筑物都是建在地层上的。地层受到建筑物的荷载作用后，会产生压缩变形，变形过大就会影响建筑物的安全与稳定性。因此，为了保证建筑物的安全与稳定性，需要将建筑物与地层接触部分的断面尺寸适当地扩大，以减小接触面上的应力分布。建筑物底部扩大的那一部分称为基础，而受建筑物荷载影响的那一部分地层称为地基，如图 1-1 所示。基础的作用是扩散上部结构的荷载，减小应力强度，将荷载传递给地基。当地基由多层土组成时，直接与基础底面相接触且承受主要荷载的那部分土层称为持力层，持力层以下的其他土层称为下卧层。地基基础是保证建筑物安全和满足使用要求的关键之一。

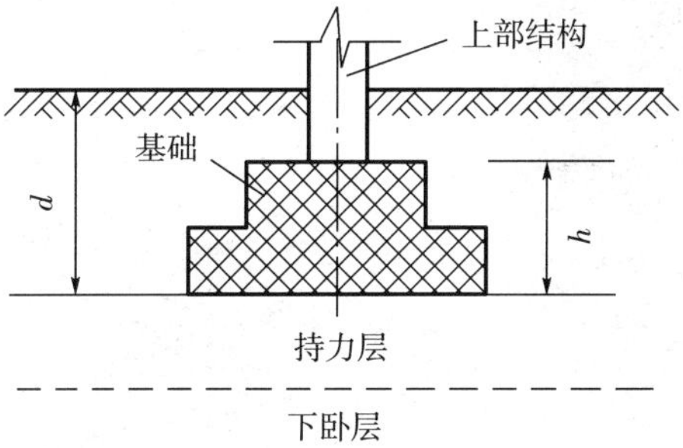

图 1-1　地基与基础

地基与基础是建筑物的根本，统称为基础工程，其质量的好坏将直接影响到建筑物的安危。基础工程一般在地下或水下进行，施工难度大。在一般高层建筑中，其造价约占总造价的 20% ～ 30%，工期占总工期的 25% ～ 30%。基础工程为置于地下的隐蔽工程，一旦失事，不仅损失巨大，而且补救十分困难。因此，准确地了解地基情况并做出正确判断，选择合理的基础形式，精确地设计基础，具有重要的技术和经济意义。

在世界建筑史上，曾发生很多起建筑物因地基基础的设计有误而造成的质量事故，下面介绍两个典型例子。

(1) 意大利比萨斜塔(图 1 - 2)

该塔 1173 年 9 月 8 日动工，至 1178 年修建至第 4 层中部、高约 29m 时，因塔身明显倾斜而停工。时隔 94 年，即于 1272 年复工，经 6 年时间，建完第 7 层，高 48m，之后再次停工 82 年。于 1360 年再次复工，至 1370 年竣工。全塔共 8 层，高度 55m。塔身呈圆筒形，1 ～ 6 层由优质大理石砌成，顶部 7 ～ 8 层采用砖和轻石料。塔身每层都由精美的圆柱与花纹图案，是一座宏伟而精致的建筑艺术品。1590年伽利略曾在此塔做落体实验，创建了物理学上著名的落体定律。斜塔成为世界上最珍贵的历史文物，吸引世界各地无数游客前来参观。

全塔总荷重约145MN，基础底面平均压力约50kPa。地基持力层为粉砂，下面为粉土和黏土层。目前塔向南倾斜，南北两端沉降差1.80m，塔顶离中心线已达5.27m，倾斜5.5°，已成为危险建筑物，于1990年被封闭。分析其倾斜的原因，虽然影响因素较多，但主要是由于地基不均匀沉降引起的。

(2) 加拿大特朗斯康谷仓(图1-3)

该谷仓平面呈矩形，南北向长59.44m，东西向宽23.47m，高31.00m，容积36 368m³。谷仓为圆筒仓，每排13个圆筒仓，5排共计65个圆筒仓。谷仓基础为钢筋混凝土筏板基础，厚度61cm，埋深3.66m。谷仓于1911年动工，1913年秋完工。谷仓自重20 000t，相当于装满谷物后满载总重量的42.56%。1913年9月装谷物，10月17日当谷仓已装31 822m³谷物时，发现1小时内竖向沉降达30.5cm，结构物向西倾斜，并在24小时内谷仓倾倒，倾斜度离垂线达26°53′，谷仓西端下沉7.32m，东端抬升1.52m，上部钢筋混凝土筒仓坚如磐石，仅有少量裂缝。1952年经勘察试验与计算，谷仓地基实际承载力为(193.8～276.6)kPa，远低于谷仓破坏时发生的压力329.4kPa，因此，谷仓倾倒的原因是谷仓地基超载发生强度破坏而引起地基滑动。

图1-2　意大利比萨斜塔

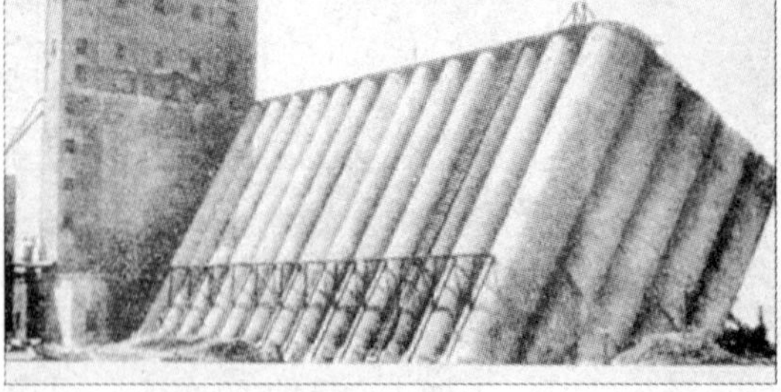

图1-3　加拿大特朗斯康谷仓的地基事故

1.2　基础工程的研究内容

建筑物的基础可分为浅基础和深基础两大类。浅基础通常埋置深度小于5m，只需经过简单的挖槽、排水等施工工序就可以建造起来，例如扩展基础、柱下条形基础等。反之，若基础埋置较深，要借助于特殊的施工方法才能建造，则称为深基础，例如桩基础、沉井、地下连续墙等。地基可分为天然地基和人工地基两类，天然地基是不加处理就能满足设计要求、可直接在上面进行修建的天然土层,如密实的砂土层,老黏土层等;人工地基是经过人工处理后才满足要求的土层,如经过处理后的软黏土地基或其他不良地基。

基础工程主要研究在各种可能荷载作用下以及各种工程地质条件下的地基基础问题,内容包括地基勘察、浅基础、桩基础和其他深基础、挡土墙以及地基处理等。

基础工程设计包括基础设计和地基设计两大部分。基础设计包括基础形式的选择、基础埋置深度即基础底面积大小、基础内力和断面计算等。地基设计包括基础土的承载力确定、地基变形计算、地基稳定性计算等。当地基承载力不足或压缩性很大而不能满足设计要求时,需要对地基进行处理。

在荷载作用下,建筑物的地基、基础和上部结构是彼此联系、相互制约的。设计时应考虑它们三者共同作用的影响,通过技术、经济比较,选择安全可靠、经济合理、技术先进和施工方便的地基基础方案。

地基与基础设计必须满足三个基本条件:

(1) 强度要求。作用于地基上的荷载效应(基底压应力)不得超过地基容许承载力或地基承载力特征值,保证建筑物不因地基承载力不足而造成整体破坏或影响正常使用,具有足够防止整体破坏的安全储备。

(2) 变形要求。基础沉降不得超过地基变形容许值,保证建筑物不因地基变形而损坏或影响其正常使用。

(3) 上部结构的其他要求。建筑物基础是整个建筑物的一部分,它应具有足够的强度、刚度和稳定性,以确保建筑物安全、稳定地工作,并要求具有较好的耐久性。

基础工程的设计与施工过程中,可能会遇到较为复杂的工程地质问题。如在基坑开挖过程中,当开挖至地下水位以下时,会出现渗透稳定问题。当地基的渗透性较大,地基土的颗粒级配较差时,在大的水力梯度作用下,可能会产生流土和管涌破坏。基础的设计需考虑降低地下水位的要求、施工机械的配置,以及工程的费用和工期安排等。一般基础工程中常见的问题主要有:由于地基基础问题而引起的上部结构倾斜、墙体破坏;基础自身的破坏、地基承载力不足而发生整体滑动破坏或沉降量过大;边坡丧失稳定性和其他特殊不良地质条件引起的地基失效等。

因此,地基基础的设计过程中应重点处理以下几方面问题:

(1) 充分掌握拟建场地的工程地质条件和地基勘察资料,了解不良地质现象和地震断层的存在及其危害性,地基土层分布的均匀性和软弱下卧层的位置和厚度,各层土的类别及工程特性指标等。地基勘察的详细程度应与建筑物的安全等级和场地的工程地质条件相适应。

(2) 了解当地的建筑经验、施工条件和就地取材的可能性,并结合实际考虑采用先进的施工技术和经济、可行的地基处理方法。

(3) 在研究地基勘察资料的基础上,结合上部结构的类型,荷载的性质、大小和分布,建筑的布置和使用要求,以及拟建的基础对原有建筑或设施的影响,考虑选择的基础类型和平面布置方案,确定地基持力层和基础埋深。

(4) 按地基承载力确定基础底面尺寸,进行必要的地基稳定性和变形验算,以便地基的稳定性能得到充分的保证,使地基的沉降不致引起结构损坏、建筑物倾斜与开裂,或影响其使用和外观的美观。

(5) 以简化的或考虑相互作用的计算方法进行基础结构的内力分析和截面设计，以保证基础具有足够的强度、刚度和耐久性，最后绘制施工详图。

上述几点是彼此关联、相互制约的，一般很难一次考虑周全，往往需要反复设计才能取得满意的结果。对于比较重要的基础工程，还应对若干可能方案从技术、经济与施工方面进行比较，确定最优的设计方案。

1.3 基础工程的发展简介

基础工程既是一门古老的工程技术，又是新型的应用科学。在世界各文明古国数千年的建造活动中，人类很早就懂得了广泛利用土体进行工程建设，有很多关于基础工程的技术成就。早在新石器时代，人类已建造出原始的地基基础。西安市半坡村遗址的土台和石基即为一例。公元前 2 世纪修建的万里长城，后来修建的南北大运河、黄河大堤以及宏伟的宫殿、寺庙、宝塔等建筑，都有坚固的地基基础，经历地震、强风考验而安然无恙。北宋初著名工匠喻皓(公元 989 年)建造开封宝寺木塔时，考虑到当地多西北风，将建于饱和土上的塔身稍向西北倾斜，以在风力长期继续作用下逐趋复正，解决了建筑物地基的不均匀沉降问题。1300 年前，隋代工匠李春主持修建的赵州安济石拱桥，不仅建筑结构独特，防洪能力强，而且在地基基础的处理上也非常合理。该桥桥台坐落在两岸较浅的密实粗砂土层上，沉降很小，充分利用了天然地基的承载力。古代劳动人民在工程实践中积累了丰富的地基基础知识，只是由于当时生产力发展水平的限制，这些成就只停留在实践经验和感性认识阶段，尚未提炼成系统的科学理论。

18 世纪工业革命后，大规模的城市建筑和水利、铁路的兴建面临许多与土有关的问题，从而促进了土力学理论的发展。1773 年法国学者库仑(Coulomb) 创立了土的抗剪强度定律和库仑土压力理论；1857 年英国学者朗肯(Rankine) 提出了朗肯土压力理论；1885 年法国学者布辛奈斯克(Boussinesq) 求得半无限弹性体在竖向集中力作用下的应力和变形理论；1922 年瑞典学者费伦纽斯(Fellenius) 提出土坡稳定分析方法。这些先驱者的工作为土力学的建立奠定了基础。1925 年美国学者太沙基(Terzaghi) 发表土力学专著，标志着土力学成为一门独立的学科。从 1936 年到 2005 年，共召开了 15 届国际土力学与基础工程学术会议，各地区也召开类似的学术会议，许多国家和地区兴办了多种土力学和基础工程方面的杂志期刊，这些措施使基础工程技术与理论得到更进一步的发展与提高，推动了基础工程学科的发展。

新中国成立以来，为适应社会主义建设的需要，基础工程技术得到了快速发展，我国在勘察、测试技术、土的物理力学性质研究、土力学理论及地基基础设计和施工技术等方面取得了很多科研成果和实践经验。建筑工程中，成功地处理了许多大型和复杂的基础工程问题。例如，利用电化学加固处理的中国历史博物馆地基，解决了施工工期短、质量要求高的困难；在已建成的十多座长江大桥及其他巨大工程中，采用管柱基础、气筒浮运沉井基础等，成功解决了水深流急、地质复杂的基础工程问题。我国不少专家学者对土力学方法理论做出了杰出贡献，如中国科学院院士、全国土力学及基础工程学会前理事长、清华大学教授黄文熙先生，他于 1957 年研究提出了非均质地基考虑土侧向变形影响的沉降计算方法，并于

20世纪60年代初研制成功第一台振动三轴仪，在国际学术会议上发表了砂土液化理论。

目前，由于土木工程建设的需要，特别是计算机技术和有限元方法的应用，使基础工程理论和技术得以迅速发展，新材料、新技术、新设备、新工艺不断涌现。在地基处理方面，振动碾压、振动水冲、深层搅拌、高压旋喷、粉体喷射、真空预压、强夯以及各种土工织物和托换技术等在土建、水利、隧道、道路、港口、海洋等有关工程中得到广泛应用，取得了较好的经济效果。同时，各国研制成功多种多样的工程勘察、试验和地基处理的新设备，如自动记录静力触探仪、现场孔隙水压力仪、径向膨胀仪、测斜仪、自钻式旁压仪、应用放射性同位素测土的物理性质指标仪、薄壁原状取土器、高压固结仪、自动固结仪、大型三轴仪、振动三轴仪、真三轴仪、大型离心机等等，为土力学及基础工程的理论研究与工程建设提供了良好的条件。随着电子技术及各种数值计算方法对各学科的渗透，土力学与基础工程的各个领域发生了深刻的变化，许多复杂的工程问题得到了有效的解决，标志着基础工程学科进入了一个新时期。

在大量研究与实践经验积累的基础上，有关基础工程的各种设计与施工规范或规程相继问世或日臻完善。20世纪90年代以来，我国陆续编制及修订的基础工程方面的规范规程有:《建筑地基基础设计规范》(GB 50007—2002)、《建筑桩基技术规范》(JGJ 94—1994)、《建筑地基处理技术规范》(JGJ 79—2002)、《公路桥涵地基与基础设计规范》(JTJ 024—1985)、《铁路桥涵地基和基础设计规范》(TB 10002.5—1999)、《岩土工程勘察规范》(GB 50021—2001)、《建筑基坑支护技术规程》(JGJ 120—1999)、《既有建筑地基基础加固技术规范》(JGJ 123—2000)、《建筑抗震设计规范》(GB 50011—2001)、《建筑基桩检测技术规范》(JGJ 106—2003)等。这些规范规程都是基础工程各个领域中取得的科研成果和工程经验的高度概括，反映了近十年来基础工程的发展水平，为我国基础工程设计与施工做到技术先进、经济合理、安全适用、确保质量提供了充分的理论与实践依据。

1.4 本课程的主要内容及学习要点

本课程内容广泛、综合性强，与材料力学、结构力学、弹性理论、建筑材料、建筑结构及工程地质等密切相关，是一门理论和实践性较强的学科。

全书共分为7章。第1章为绪论，简要介绍基础工程的基本概念及发展情况；第2章“天然地基上浅基础设计”，主要介绍浅基础的类型和特点、埋置深度的概念及选择方法、地基基础的设计原则、基础承载力特征值及底面积的确定、浅基础设计的一般步骤等；第3章“连续基础”主要介绍条形基础、筏板基础和箱形基础的构造和设计；第4章“桩基础”，探讨了单桩在竖向荷载下的工作性能、竖向承载力的确定方法及其设计计算；第5章主要介绍沉井基础的构造、施工及设计；第6章介绍土压力的计算方法及土坡的稳定性分析；第7章介绍软土、湿陷性黄土、膨胀土和冻土的主要工程特征，以及在此类土层上从事工程建设时所采取的工程措施。

本课程的工作特点是根据建筑物对基础功能的特殊要求，通过勘探、试验、原位测试等，了解地层的工程性质，然后结合工程实际，运用土力学及工程结构的基本原理，分析地层与基础工程结构物的相互作用及变形与稳定的规律，选择合理的基础工程方案和建造技术措施，确保建筑物的安全与稳定。

在学习过程中，应明确任何一个成功的基础工程都是工程地质学、土力学、结构计算知识的运用和工程实践经验的完美结合。在某些情况下，施工可能是决定基础工程成败的关键，应了解上部结构、基础与地基作为一个整体是如何协调工作的。一些常规计算方法不考虑三者共同工作是有条件的，在评价计算结果中应考虑这种影响，并采取相应的构造措施。

读者应在学习土力学的课程当中掌握主要土工试验的基本原理和操作技术，了解为确定地基承载力和解决某些土工问题需要做哪些室内和现场土工试验，并且掌握一般建筑物设计中有关土力学内容的设计计算方法，例如地基承载力、土坡稳定和挡土墙土压力计算等；同时还应了解在建筑物设计之前需要进行勘察工作的内容，掌握地基土野外鉴别能力，学会使用工程地质勘察报告书。正确合理地解决基础设计和施工问题，要依赖土力学基本原理的运用和实践经验的借鉴。由于地基土件质的复杂性以及建筑物类型、荷载情况可能又各不相同，因而在基础工程中不易找到完全相同的实例。因此需采用理论联系实际，紧密联系工程实际的方法，注意掌握岩土地层工程性质的识别与应用；充分利用勘探与试验资料；重视基础工程结构物与岩土地层共同作用的机理及其工程性状，认真掌握其变形及稳定性的分析方法，以及各项基础工程和地基处理的技术措施，注重实际效果的检验及工程经验。总之，本课程的学习需要注意理解概念、掌握原理、抓住重点、理论联系实际、学会设计计算，重在工程运用。

第 2 章　天然地基上的浅基础

2.1 概　述

作为上部结构与地基之间的过渡部分，基础在整个建筑结构中起着非常重要的作用。根据基础埋深及施工方式的不同，可以将其分为浅基础和深基础，而地基则可以分为天然地基和人工地基两种。

浅基础一般指的是埋深较浅（一般指小于 5.0m 或者基础底面宽度）、用常规的施工方法和施工工艺就可以完成的基础形式。对于浅层土质不良，需要利用深处良好土层，采用专门的施工方法和施工机具建造的基础称为深基础。开挖基坑后可以直接修筑基础的地基称天然地基，不能满足要求而需要事先经过人工处理才能满足要求的地基称为人工地基。

地基基础设计时，应根据建筑物的用途和设计等级、建筑物的上部结构类型及荷载大小、土质条件、施工因素、工程工期的限制及造价等因素综合考虑后确定地基和基础类型。相对于深基础，天然地基上的浅基础因为施工方便、工期较短、造价低、对周围的环境影响较小，如果条件具备，宜优先采用。

2.1.1　浅基础的设计方法

地基基础的设计通常有两种不同的方法：一种是常规设计方法，设计时将上部结构、基础和地基三者分开，只考虑两两之间力的平衡，而没有考虑两两之间变形的协调。我们可以借助图 2－1(a) 所示的框架结构了解它的主要过程：

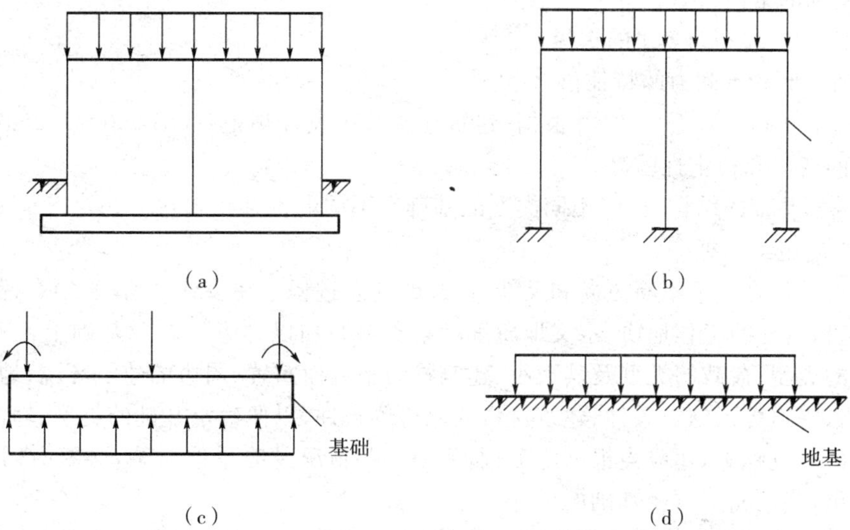

图 2－1　常规设计法简图

(1) 在设计上部结构时，将底层柱视为固定支座(或铰支)，其计算简图见图 2－1(b)；

(2) 在计算基础时，将图 2－1(b) 计算所得的支座反力方向取反后施加到基础上，对于基底反力则视为线性分布(图 2－1(c))；

(3) 地基设计时，将第(2) 步所假设的基底反力方向取反后施加到地基上，并不考虑基础的变形对地基的影响(图 2－1(d))。

在实际工程中，上述框架结构的柱底一定会发生转动和位移，基础也会随柱发生相应的变形，而地基在基础的带动下，也会产生相应的协调变形。从受力角度来说，由于产生了协调变形，对于上部结构而言，必然会在框架上产生附加内力，在柱底产生支座附加力并传递到基础中。而这个支座附加力也必然会改变基础和变形情况，最终传递到地基并影响地基的变形；这种地基的变形又反过来影响到上部结构和基础。这样一个相互影响并反馈的过程在最终稳定下来后，必然满足静力平衡和变形协调。

在实际设计时，当地基软弱、土层或荷载分布不均匀等造成变形较大的超静定结构的情况下，用常规设计法确定的结构内力和变形与实际的情况差距很大，难以保证建筑物的安全。因此，如果要想得到与实际的受力、变形相近的结果，就必须同时考虑上部结构、地基和基础三个部分的静力平衡和变形协调两个要求，这种设计法就称为考虑上部结构—基础—地基相互作用的设计方法。

在实际应用中，常规设计法由于其方法简单，采取相应的措施后可以控制在安全的范围之内，在基础沉降较小、基础刚度较大等情况下，可以认为是合理的。而相互作用的设计方法虽然具有合理、安全和经济的优点，但是其分析难度较大，一般只用于复杂的或者大型的基础设计中，在一定程度上考虑使用这种方法。

2.1.2　浅基础的设计内容

基础工程作为地下隐蔽工程，包括设计、施工和监测三个部分，三者之间是互相关联的。一般而言，天然地基上浅基础的设计包括如下步骤：

(1) 基础材料、类型的选择；

(2) 基础的平面布置；

(3) 持力层(基础埋深) 的选择；

(4) 确定地基承载力的特征值；

(5) 确定基础的底面尺寸，并根据《建筑地基基础设计规范》(GB 50007—2002) 的要求进行必要的变形和稳定性验算；

(6) 进行基础的结构设计(不同类型的基础有不同的设计要求)；

(7) 绘制施工图纸。

基础的设计是一个不断更新和反馈、修改的动态过程。在设计之前，必须掌握一些必要的资料，包括场地的工程地质、水文地质等勘察资料并加以熟悉。在此基础上，还需要了解上部结构的类型、荷载的类型及其大小、建筑物的平立面布置、周边的建筑环境、地下建筑物(包括线路、管道等)、施工条件、建筑材料的取得等条件，以便确定基础的类型、埋深、平面布置等。在施工过程中，还应当根据施工、监测的一些情况及时采取对策，必要时需要对设计做适当变更，甚至完全改变基础的设计。

由于不同地基土体性质差异较大，相对于上部结构，反馈设计在基础的应用更加普遍和重要。例如，开挖基坑后发现勘察时未曾发现的比较大的土洞、块石等，或者局部软土层，或者在基坑降水期间监测附近建筑物出现时发现有较大的不均匀沉降等，就可能采取相对应的技术措施，必要时需改变设计或者施工方案。

2.2　浅基础的类型和特点

从结构上看，浅基础可分为扩展基础、联合基础、柱下条形基础、交叉条形基础、箱形基础、筏形基础和壳体基础等；根据所用材料不同，浅基础可以分为无筋基础和钢筋混凝土基础。不同类型的基础有不同的特点，适用于不同的工程场合。

2.2.1　无筋扩展基础

无筋扩展基础又称刚性基础，一般用砖、毛石、混凝土、毛石混凝土、灰土、三合土等砌筑或者浇筑而成。这些材料抗压性能较好，而抗拉、抗剪性能较差，故要求基础截面尺寸较大，具有很大的抗弯刚度，受荷后本身不产生较大的弯曲变形和开裂，所以称刚性基础。这种基础多用于层数不多的民用建筑和荷载不大的工业厂房，图 2－2 为两种常见的无筋扩展基础。

灰土基础由石灰和土配制而成，一般用于土层比较干燥的地区，如我国的华北和西北地区。三合土基础则是由石灰、砂和骨料（矿渣、碎砖和碎石）加水泥混合而成，可用于地下水位埋藏较浅的地方，在我国南方地区用得较多。

刚性基础具有能就地取材，造价不高，设计较简单，不需要复杂的内力分析和计算等优点，但其强度不高，截面尺寸较大，埋深受限制和荷载较大时难以采用，某些材料的耐久性较差。

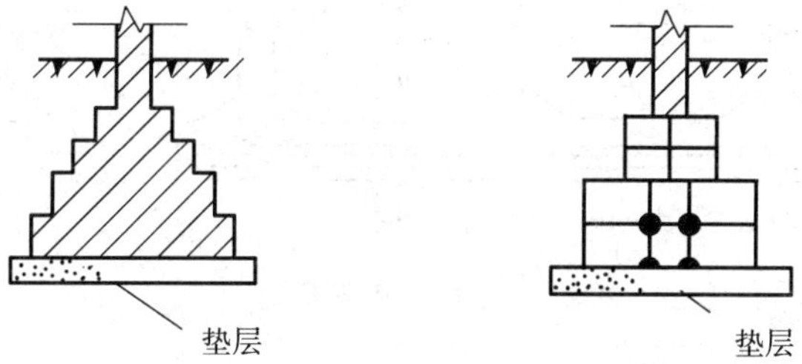

（a）砖砌基础　　（b）毛石基础

图 2－2　无筋扩展基础

2.2.2　钢筋混凝土基础

钢筋混凝土基础又称柔性基础，包括钢筋混凝土扩展基础、联合基础、柱下条形基础、交叉条形基础、筏形基础、箱形基础、壳体基础等。

（1）钢筋混凝土扩展基础

钢筋混凝土扩展基础又称为扩展基础，包括墙下钢筋混凝土条形基础（图 2－3）和柱下钢筋混凝土独立基础(图 2-4)两种。相对于无筋扩展基础，由于采用的是钢筋混凝土材料，其抗弯和抗剪性能得到极大地提高，可在竖向荷载较大、地基承载力不高、有水平力和力矩等情况下发挥其特点，并能适应基础埋深受限时对截面高度的限制要求。

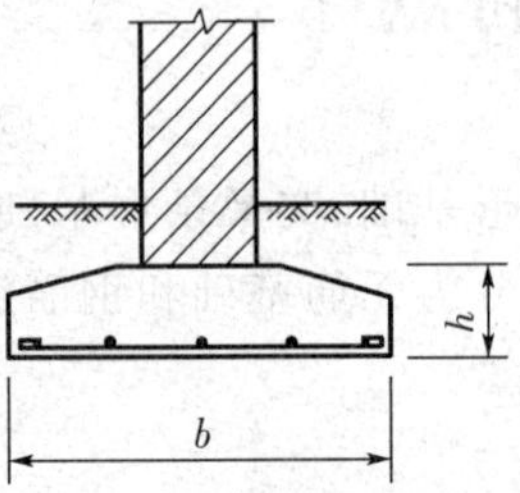

图 2-3　墙下钢筋混凝土条形基础

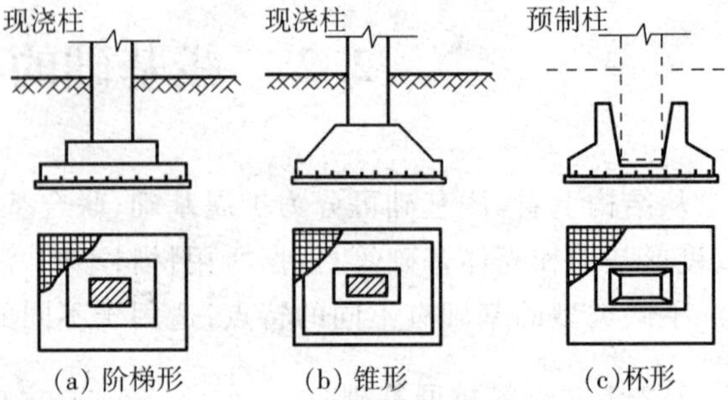

图 2-4　柱下钢筋混凝土独立基础

(2) 柱下条形基础和交叉条形基础

当上部结构为钢筋混凝土框架或排架时，若使用独立基础时地基承载力或者压缩性不满足要求，可以考虑采用柱下条形基础(图 2-5、图 2-6)或者交叉条形基础(图 2-7)。

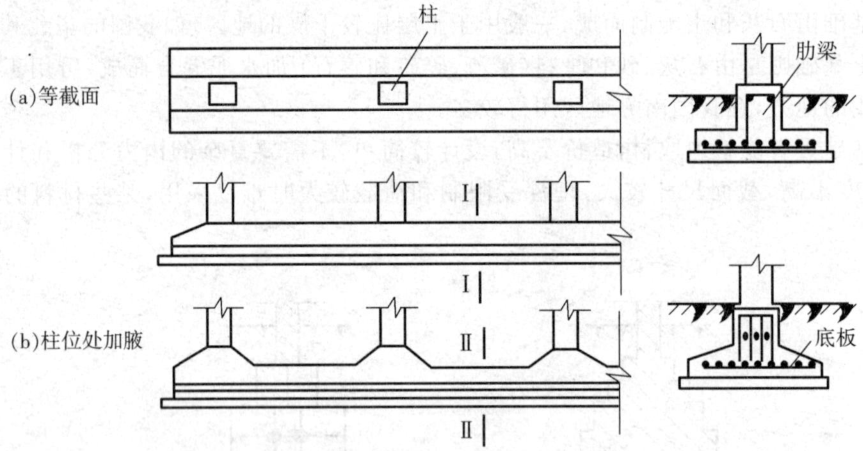

图 2-5　柱下条形基础

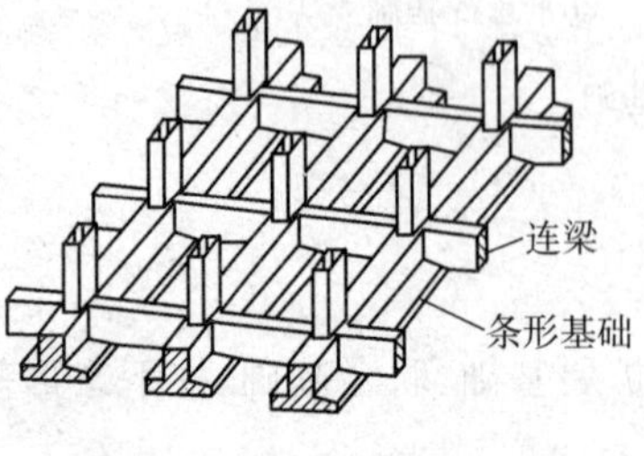

图 2-6　带连梁的柱下条形基础

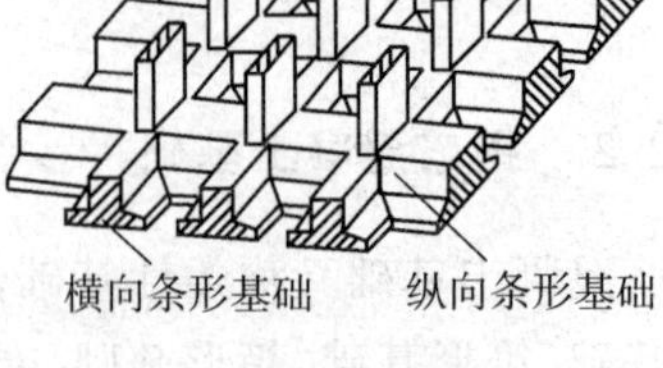

图 2-7　交叉条形基础

当地基较为软弱、柱荷载或地基压缩性分布不均匀，以至于采用扩展基础可能产生较大的不均匀沉降时，常将同一方向上若干柱子的基础连成一体而形成柱下条形基础（图 2－5）。在柱下条形基础的底面积已能满足地基承载力的要求时，为减少基础之间的沉降差，加大柱下条形基础的整体性，可在另一方向加设联系梁，此时为了使基础受力明确，联系梁不宜着地（图 2－6）。

如果采用柱下条形基础底面尺寸仍然不满足承载力和变形的要求，或者地基软弱且在两个方向分布不均，需要基础在两方向都具有一定的刚度来调整不均匀沉降时，则可在柱网下沿纵横两向分别设置钢筋混凝土条形基础，从而形成柱下交叉条形基础（也有资料称交梁基础或十字交叉条形基础）（参见图 2－7）。

还有一种情况是，当采用柱下钢筋混凝土独立基础受空间限制时，为改善基础的受力情况，可将两相邻的柱下基础连在一起（图 2－8），称为双柱联合基础或者联合基础。联合基础可以调整相邻两柱的沉降差，防止两者之间的相向倾斜等。

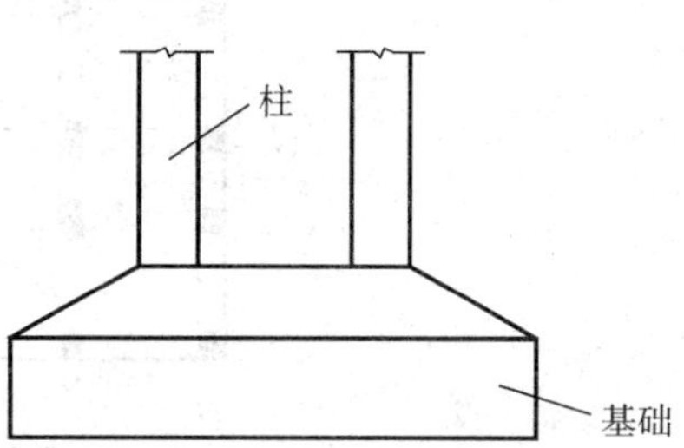

图 2－8　联合基础

柱下条形基础和交叉条形基础的抗弯刚度较大，因而具有调整不均匀沉降的能力，并能将所承受的集中荷载较均匀地分布到整个基底面积。

（3）筏形基础

从形式上，筏形基础可以做成平板式（图 2－9(a)）和梁板式（图 2－9(b)）两种。

当地基软弱而荷载很大，采用交叉条形基础也不能满足地基基础设计要求时，可采用筏形基础（或称为筏板基础），即用钢筋混凝土做成连续整片基础，俗称“满堂红”（图 2－9）。可以看出，筏板基础基底面积很大，可大大减小基底压力，同时增大了基础的整体刚性。

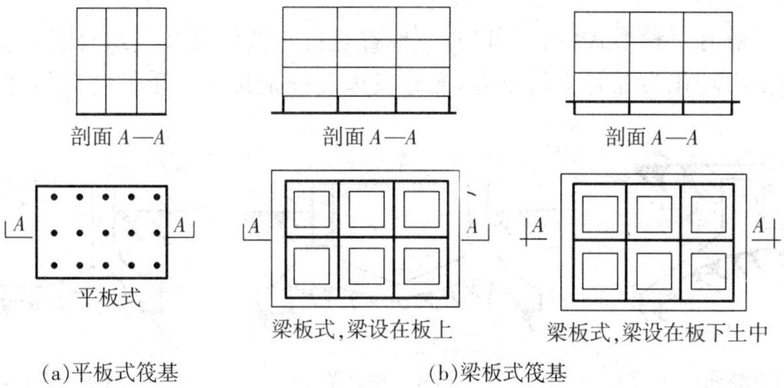

图 2－9　筏形基础

筏形基础可用于砌体结构、框架结构、框剪结构、剪力墙结构等结构形式，对上部结构具有很好的适应性。我国东南沿海地区在建造多层砌体住宅时，为了充分利用表层硬壳层的承载力，直接在地表土上采用“宽基浅埋”的原理做成筏基，称无埋深筏基。而在北方地区使用筏基时，必须考虑能否满足抗冻与采暖的要求。

(4) 箱形基础

高层建筑由于建筑功能与结构受力(考虑其竖向荷载较大而地基承载力有限、横向作用下结构稳定性) 等要求,可以考虑采用箱形基础。这种基础形式是由钢筋混凝土底板、顶板和足够数量的纵横交错的内外墙组成的空间结构(图 2-10),如同一块大型的空心厚板,使其具有比筏板基础更大的空间刚度,可用于抵抗地基或荷载分布不均匀引起的差异沉降,以避免上部结构产生过大的次应力。此外,箱形基础的抗震性能好,且基础的中空部分具有补偿效应,还可作为地下室使用。但箱形基础的钢筋、混凝土用量大,造价高,施工技术复杂,尤其是施工时,要考虑使用基坑支护和止水防水、防浮等技术措施。

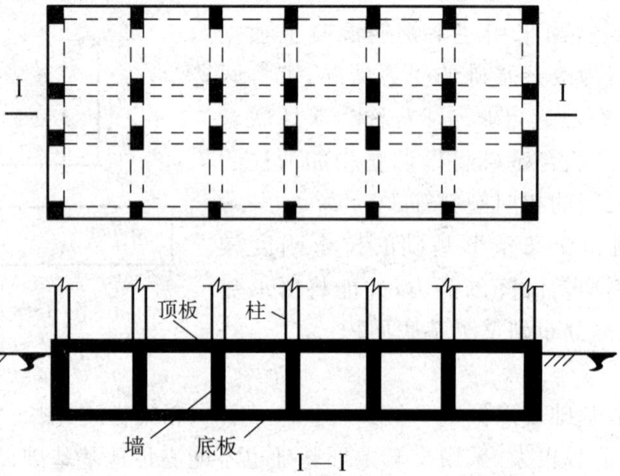

图 2-10　箱形基础

(5) 壳体基础

壳体基础一般有三种形式(图 2-11),一般都是由正圆锥壳及其组合形式构成。这种构造可以将径向压力转化为混凝土的压力,充分发挥混凝土材料抗压强度高的优点。

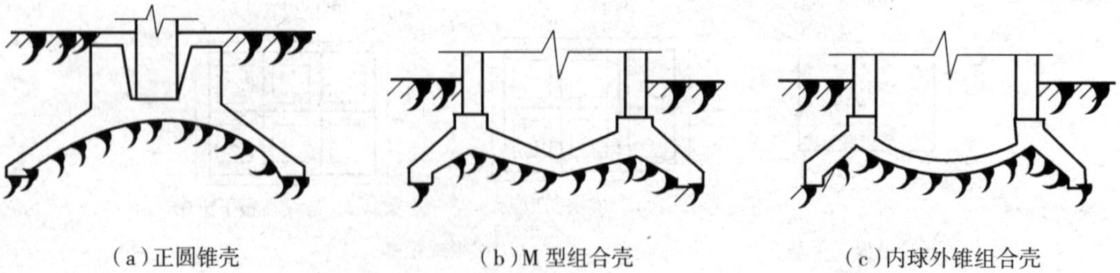

(a)正圆锥壳　　(b)M 型组合壳　　(c)内球外锥组合壳

图 2-11　壳体基础

壳体基础一般用于柱基础和筒形建筑物(如料仓、水塔、烟囱、高炉等) 的基础。这种基础形式可节省混凝土与钢筋的用量,同时在一般情况下施工时可不支模,土方量也较少,但是施工工期长,技术要求高,易受气候的影响,较难实行机械化施工,在实际工程中使用有限。

（6）其他的浅基础形式

其他的浅基础包括岩层锚杆基础、折板基础等，因为应用较少，故不一一介绍，使用时可以参阅相关书籍。

2.3　浅基础的埋置深度

基础的底面到天然地面的距离称为基础的埋置深度，简称埋深，一般用符号 d 来表示。基础的埋深与持力层的选择直接相关，除此之外，选择基础埋深还应当考虑其他一些因素。

埋深直接影响建筑物的安全和正常使用、施工、造价以及对周边环境的影响等，因此埋深的选择是基础工程设计中重要的一环。以下是埋深选择时要考虑的若干主要因素，在满足各种要求的情况下，原则上基础应尽量浅埋。

2.3.1　工程地质条件

地基中直接与基础底面相接触的土层称为持力层，持力层以下的各土层称为下卧层。为了满足地基的承载力和变形的需要，基础应尽可能埋在承载力高、压缩性小的良好土层上，以保证建筑物的安全可靠。当存在软弱下卧层时，还必须注意下卧层的承载力和变形是否满足要求。

选择地基持力层时，当从上至下各土层均是满足要求的良好土层时，可由其他因素来决定基础埋深；当从上到下各土层都是承载力低或压缩性大、不满足持力层要求的软弱土层时，若上部结构荷载较小，各土层仍可作为持力层时，可看成良好土层来对待。若各土层不能满足要求，可考虑采用底面积较大、刚度较好的基础形式，如条形基础、筏形基础、箱形基础，必要时也可以使用人工地基或深基础方案，具体可做技术经济比较后确定。对于上部是良好土层而下部为软弱土层的情况，可根据良好土层的厚度和上部荷载的大小来确定埋深。若荷载较大，良好土层较薄，可看成从上到下均为软弱土层来处理，若荷载不大，软弱土层能达 2m 以上，可根据实际情况选择“宽基浅埋”甚至不埋的基础方案，例如前述的无埋深筏基等。

对于墙基础，若地基持力层顶面倾斜，可沿墙长方向将基础底面做成分段的高低不同的台阶形式，每个分段台阶的长度不宜小于相邻两段面高差的 1 ～ 2 倍，且不宜小于 1m。

对于经常承受水平荷载作用的高层建筑、高耸结构，以及建造在斜坡或边坡附近的建筑物和构筑物，在水平荷载和竖向荷载的共同作用下. 基础可能和深层土层一起发生整体滑动破坏，这时其埋深必须满足稳定性要求，采用圆弧滑动面法计算出的最危险滑动面上诸力对滑动中心所产生的抗滑力矩与滑动力矩之比应符合不小于 1.2 的要求。对位于稳定土坡坡顶上的建筑，当垂直于坡顶边缘线的基础底面边长小于或等于 3m 时，其基础底面外缘线至坡顶的水平距离（图 2－12）符合式（2－1）或式（2－2）要求，且不小于 2.5m 时，可认为已满足稳定性要求而不必另加验算：

条形基础　$$a \geqslant 3.5b - \frac{d}{\tan\beta} \tag{2-1}$$

矩形基础　　$a \geqslant 2.5b - \dfrac{d}{\tan\beta}$　　(2-2)

式中　a—— 基础底面外边缘线至坡顶的水平距离；

b—— 垂直于坡顶边缘线的基础底面边长；

d—— 基础埋深；

β—— 边坡坡角。当式(2-1)或式(2-2)得不到满足或当边坡坡角β大于45°、坡高大于8m时，尚应按圆弧滑动面法验算边坡的稳定性。

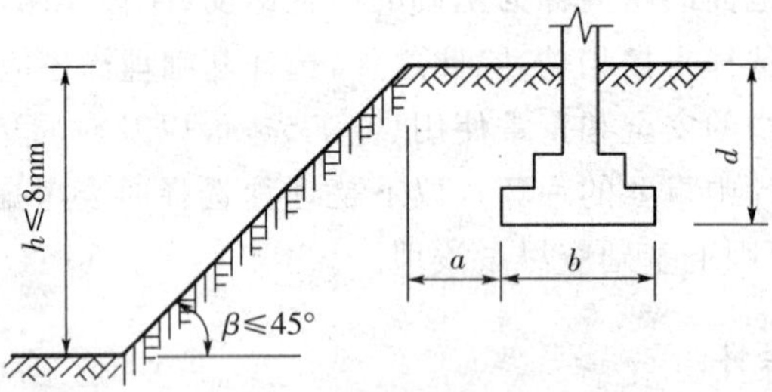

图2-12　基础底面外边缘线至坡顶的水平距离示意图

2.3.2　场地环境条件

为了保护基础不受人类和其他生物活动的影响，基础宜埋置在地表以下，要求最小埋深为0.5m(岩石地基可不受此限制)，且基础顶面宜位于室外地面0.1m以下，同时还须考虑沿建筑物基础周边设排水沟的不利影响。

当存在相邻建筑物时，新建筑物埋深不宜大于原有建筑物埋深。如果此条件得不到满足，则要求新建建筑物的基础与原有建筑物的基础要保持一定净距，一般不宜小于两基础底面高差的1～2倍(图2-13)。如无法满足净距要求，可在施工时采取必要的措施以减小或者避免新建基础对原有建筑物的不利影响。这些施工措施可以是分段施工、设置加固支撑、打板桩、设地下连续墙、加固原有建筑等，并应加强在施工期间对周围建筑物的沉降观测。

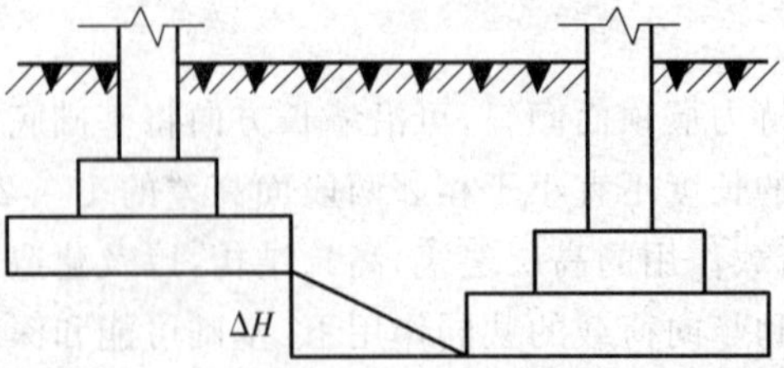

图2-13　新旧建筑的埋深

2.3.3　建筑物功能与结构等条件

这些因素包括建筑物的用途，有无地下室、设备基础和地下设施，基础的形式和构造等等。

某些建筑物需要具备一定的使用功能或者宜采用某种特定的基础形式，例如设置地下室、半地下室、地下设备层、带封闭侧墙的筏形基础或箱形基础，这时就需要将建筑结构条件与基础埋深综合考虑。

《高层建筑混凝土结构技术规程》JGJ 3—2002 规定，高层建筑宜采用筏形基础，必要时可采用箱形基础。

对于土质地基上的高层建筑，由于风力、地震等水平作用对结构影响较大，其基础埋深需要随建筑物高度而增加。在抗震设防区，筏形基础和箱形基础的埋深不宜小于建筑物高度的 1/15；桩筏基础或桩箱基础的埋深（不考虑桩身长度）不宜小于建筑物高度的 1/18 ～ 1/20。对于其他类型存在较大水平荷载或者上拔力的建（构）筑物如输电塔、烟囱、水塔等，埋深也必须满足抗拔或抗倾覆稳定性要求。对于承受动荷载的基础，则不宜选择饱和、疏松的粉细砂作为持力层，以免这些土层在振动荷载作用下液化而丧失承载力，造成基础失稳，如果无法避免，则应采取措施部分或全部消除液化影响。

2.3.4　水文地质条件

选择基础埋深时须注意地下水的水位及其动态变化情况、有无腐蚀性、基坑开挖时有无承压水存在、半封闭式结构的抗浮问题（一般指施工期间）等。

有地下水存在时，《建筑地基基础设计规范》GB 50007—2002 规定，基础宜埋置在地下水位以上，当必须埋置在地下水位以下时，应采取相应的技术措施。

基础埋置在地下水位以下时，地下水对基坑开挖、基础施工、地基承载力等会产生不利影响，施工时应采取必要的措施，但措施不当也会产生负面影响。如采取降水和基坑支护等措施时，可能会产生流砂、涌土、周边建筑物产生不均匀沉降等；对于水池、地下室等半封闭式结构，在施工期间，还可能出现上浮、渗漏等问题，故还要进行抗浮验算和采取抗渗措施；地下水有腐蚀性时，要选择使用抗腐蚀的水泥品种、骨料等；对于开挖有承压水的基坑时（图 2-14），若持力层与承压水水面之间的土体自重小于承压水的压力，坑底土可能会被承压水冲破，造成流土事故。这就需要验算其抗冲破的安全系数，若不满足要求，则需采取降低承压水压力或减小基础埋深等措施。

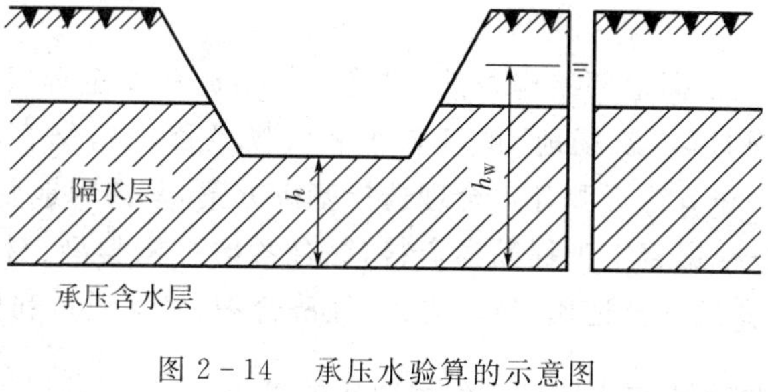

图 2-14　承压水验算的示意图

2.3.5　地基冻融条件

确定基础埋深时，应考虑地基的冻胀性。

地基中离地面一定深度范围内的土体，在外界气温较低时，部分孔隙水会冻结，当外界温度升高时，又会融化，这种随季节发生冻融循环的土层称季节性冻土。在我国东北、华北和西北地区广泛分布着季节性冻土层，厚度一般在0.5m以上，最大的可近3m。

由于水冻胀时体积增加，基础可能会抬升；土层解冻时，土体软化，强度降低，地基产生融陷。通常这种冻融过程在地基土中是不均匀的，常常会引起基础的不均匀沉降，导致建筑物损坏。

土冻结后是否会产生冻胀现象，主要与土的粒径大小、含水量的多少及地下水位高低等条件有关。对于结合水含量极少的粗粒土，因不发生水分迁移，故不存在冻胀问题。处于坚硬状态的黏性土，因为结合水的含量很少，冻胀作用也很微弱。此外，若地下水位高或通过毛细水能使水分向冻结区补充，则冻胀会较严重，《建筑地基基础设计规范》GB 50007—2002根据冻胀对建筑物的危害程度，把地基土的冻胀性分为不冻胀、弱冻胀、冻胀、强冻胀和特强冻胀五类。

不冻胀土的基础埋深可不考虑冻结深度。对于埋置于可冻胀土中的基础，当建筑物基础底面下允许有一定厚度的冻土层时，可用式(2-3)计算基础的最小埋深：

$$d_{\min} = z_d - h_{\max} \tag{2-3}$$

式中　$h_{\max}$——基础下允许残留冻土层的最大厚度，按《建筑地基基础设计规范》GB 50007—2002的规定确定；

z_d——地基的设计冻深，按《建筑地基基础设计规范》GB 50007—2002的有关条款确定。

对于冻胀、强冻胀和特强冻胀地基上的建筑物，尚应按《建筑地基基础设计规范》GB 50007—2002的要求采取相应的防冻害措施。如对于地下水位以上的基础，基础侧面应回填非冻胀性的中砂或粗砂；对于地下水位以下的基础，可采用桩基础、自锚式基础等；当独立基础联系梁下有冻土时，应在梁下留有相当于该土层冻胀量的空隙，以防止因土的冻胀将梁拱裂等。

2.4　地基基础设计原则

地基基础设计必须根据上部结构条件（建筑物的用途和安全等级、建筑布置、上部结构类型等）和工程地质条件（建筑场地、地基岩土和气候条件等），结合考虑其他方面的要求（工期、施工条件、造价和节约资源等），合理选择基础方案，坚持因地制宜、就地取材、保护环境和节约资源的原则；根据岩土工程勘察资料，综合考虑结构类型、材料情况和施工条件等因素，精心设计，争取做到安全适用、技术先进、经济合理、确保质量和保护环境。

2.4.1　概率极限设计方法与结构作用效应的确定

1. 概率极限设计方法

基础工程的设计采用以概率理论为基础的极限状态设计方法。这种方法以概率理论为基础，以结构的可靠度指标（或失效概率）来度量结构的可靠度，并建立结构可靠度与结构极限状态方程关系。该方法一般要已知基本变量的统计特征，然后根据预先规定的可靠度指标求出所需的结构抗力平均值，并选择截面，能比较充分地考虑各有关影响因素的客观变异性。

整个结构或结构的一部分（构件）超过某一特定状态就不能满足设计规定的某一功能要求，这一特定状态就称为结构该功能的极限状态。极限状态可以分为以下两类：

（1）承载能力极限状态：这种极限状态对应于结构或构件达到最大承载能力或不适于继续承载的大变形，例如地基丧失承载能力而失稳破坏；

（2）正常使用极限状态：这种极限状态对应于结构或构件达到正常使用或耐久性能的某项规定限值，例如影响建筑物正常作用或者外观的地基变形。

结构极限状态采用结构极限状态方程 $g(x_1, x_2, \cdots, x_n)=0$ 描述。其中：结构功能函数 $g(x_i)$ 中的基本变量 x_i 系指结构上的各种作用和材料性能、几何参数等；进行结构可靠度分析时，也可采用作用效应和结构抗力作为综合的基本变量；基本变量应作为随机变量考虑。

结构极限状态应满足下列要求：

$$g(x_1, x_2, \cdots, x_n) \geqslant 0 \tag{2-4}$$

当仅用作用效应和结构抗力二个基本变量表示时，结构按极限状态设计应满足下列要求：

$$R - S \geqslant 0 \tag{2-5}$$

式中　S—— 结构的作用效应；

R—— 结构抗力。

2. 结构作用效应的确定

正常使用极限状态下，荷载效应的标准组合值 S_k 应用式(2-6)确定：

$$S_k = S_{Gk} + S_{Q1k} + \psi_{c2} S_{Q2k} + \cdots + \psi_{cn} S_{Qnk} \tag{2-6}$$

式中　S_{Gk}—— 按永久荷载标准值 G_k 计算的荷载效应值；

S_{Qik}—— 按可变荷载标准值 Q_{ik} 计算的荷载效应值；

Ψ_{ci}—— 可变荷载 Q_i 的组合值系数，按《建筑结构荷载规范》GB 50009 的规定取值。

荷载效应的准永久组合值 S_k 应用式(2-7)表示：

$$S_k = S_{Gk} + \psi_{q1} S_{Q1k} + \psi_{q2} S_{Q2k} + \cdots + \psi_{qn} S_{Qnk} \tag{2-7}$$

式中　Ψ_{qi}—— 准永久系数，按《建筑结构荷载规范》GB 50009 的规定取值。

承载能力极限状态下，由可变荷载效应控制的基本组合设计值 S，应用式(2-8)表达：

$$S = \gamma_G S_{Gk} + \gamma_{Q1} S_{Q1k} + \gamma_{Q2} \psi_{c2} S_{Q2k} + \cdots + \gamma_{Qn} \psi_{cn} S_{Qnk} \tag{2-8}$$

式中　γ_G—— 永久荷载的分项系数，按《建筑结构荷载规范》GB 50009 的规定取值；

γ_{Qi}—— 第 i 个可变荷载的分项系数，按《建筑结构荷载规范》GB 50009 的规定取值。

对由永久荷载效应控制的基本组合，也可采用简化规则。荷载效应基本组合的设计值 S 按式(2-9)确定：

$$S = 1.35 S_k \leqslant R \tag{2-9}$$

式中　R—— 结构构件抗力的设计值，按有关建筑结构设计规范的规定确定；

S_k—— 荷载效应的标准组合值。

2.4.2　地基基础设计的基本规定

1. 地基基础设计等级

根据地基复杂程度、建筑物规模和功能特征以及由于地基问题可能造成建筑物破坏或影响正常使用的程度，《建筑地基基础设计规范》GB50007—2002的规定，将地基基础设计分为三个设计等级，设计时应根据具体情况，按表2-1选用。

表2-1　地基基础设计等级

设计等级	建筑与地基类型
甲　级	重要的工业与民用建筑 30层以上的的高层建筑 体形复杂，层数相差超过10层的高低层连成一体建筑物 大面积的多层地下建筑物（如地下车库、商场、运动场等） 对地基变形有特殊要求的建筑物 复杂地质条件下的坡上建筑物（包括高边坡） 对原有工程影响较大的新建建筑物 场地和地基条件复杂的一般建筑物 位于复杂地质条件及软土地区的二层和二层以上的地下室的基坑工程
乙　级	除甲级、丙级以外的工业与民用建筑物
丙　级	场地和地基条件简单、荷载分布均匀的七层和七层以下民用建筑及一般工业建筑；次要的轻型建筑物

2. 地基基础设计的规定

根据建筑物地基基础设计等级及长期荷载作用下地基变形对上部结构的影响程度，地基基础设计应符合下列规定：

(1) 所有建筑物的地基计算均应满足承载力计算的有关规定；

(2) 设计等级为甲级、乙级的建筑物，均应按地基变形设计；

(3) 表2-2所列范围内设计等级为丙级的建筑物可不作变形验算，如有下列情况之一时，仍应作变形验算：

① 地基承载力特征值小于130kPa，且体形复杂的建筑；

② 在基础上及其附近有地面堆载或相邻基础荷载差异较大，可能引起地基过大的不均匀沉降时；

③ 软弱地基上的建筑物存在偏心荷载时；

④ 相邻建筑距离过近，可能发生倾斜时；

⑤ 地基内有厚度较大或厚薄不均的填土，其自重固结未完成时。

(4) 对经常受水平荷载作用的高层建筑、高耸结构和挡土墙等，以及建造在斜坡上或边坡附近的建筑物和构筑物，尚应验算其稳定性；

（5）基坑工程应进行稳定性验算；

（6）当地下水埋藏较浅，建筑地下室或地下构筑物存在上浮问题时，尚应进行抗浮验算。

表 2-2　可不作地基变形计算设计等级为丙级的建筑物范围

<table>
<tr><td rowspan="2">地基主要受力层情况</td><td colspan="3">地基承载力特征值 f_{ak}(kPa)</td><td>$60 \leqslant f_{ak} < 80$</td><td>$80 \leqslant f_{ak} < 100$</td><td>$100 \leqslant f_{ak} < 130$</td><td>$130 \leqslant f_{ak} < 160$</td><td>$160 \leqslant f_{ak} < 200$</td><td>$200 \leqslant f_{ak} < 300$</td></tr>
<tr><td colspan="3">各土层坡度(%)</td><td>≤5</td><td>≤5</td><td>≤10</td><td>≤10</td><td>≤10</td><td>≤10</td></tr>
<tr><td rowspan="8">建筑类型</td><td colspan="3">砌体承重结构、框架结构(层数)</td><td>≤5</td><td>≤5</td><td>≤5</td><td>≤6</td><td>≤6</td><td>≤7</td></tr>
<tr><td rowspan="4">单层排架结构(6m柱距)</td><td rowspan="2">单跨</td><td>吊车额定起重量(t)</td><td>5～10</td><td>10～15</td><td>15～20</td><td>20～30</td><td>30～50</td><td>50～100</td></tr>
<tr><td>厂房跨度(m)</td><td>≤12</td><td>≤18</td><td>≤24</td><td>≤30</td><td>≤30</td><td>≤30</td></tr>
<tr><td rowspan="2">多跨</td><td>吊车额定起重量(t)</td><td>3～5</td><td>5～10</td><td>10～15</td><td>15～20</td><td>20～30</td><td>30～75</td></tr>
<tr><td>厂房跨度(m)</td><td>≤12</td><td>≤18</td><td>≤24</td><td>≤30</td><td>≤30</td><td>≤30</td></tr>
<tr><td colspan="2">烟囱</td><td>高度(m)</td><td>≤30</td><td>≤40</td><td>≤50</td><td>≤75</td><td>≤100</td><td></td></tr>
<tr><td colspan="2" rowspan="2">水塔</td><td>高度(m)</td><td>≤15</td><td>≤20</td><td>≤30</td><td>≤30</td><td>≤30</td><td></td></tr>
<tr><td>容积(m^3)</td><td>≤50</td><td>50～100</td><td>100～200</td><td>200～300</td><td>300～500</td><td>500～1000</td></tr>
</table>

注：① 地基主要受力层系指条形基础底面下深度为 $3b$（b 为基础底面宽度），独立基础下为 $1.5b$，且厚度均不小于 5m 的范围（二层以下一般的民用建筑除外）；

② 地基主要受力层中如有承载力特征值小于 130kPa 的土层时，表中砌体承重结构的设计，应符合《地基基础设计规范》GB 50007—2002 第七章的有关规定；

③ 表中砌体承重结构和框架结构均指民用建筑，对于工业建筑可按厂房高度、荷载情况折合成与其相当的民用建筑层数；

④ 表中吊车额定起重量、烟囱高度和水塔容积的数值系指最大值。

3. 荷载效应与相应限值的取法

地基基础设计时，所采用的荷载效应最不利组合与相应的抗力限值应按下列规定：

（1）按地基承载力确定基础底面积及埋深或按单桩承载力确定桩的根数时，传至基础或承台底面上的荷载效应应按正常使用极限状态下荷载效应的标准组合，相应的抗力应采用地基承载力特征值或单桩承载力的特征值。

（2）计算地基变形时，传至基础底面上的荷载效应应按正常使用极限状态下荷载效应的准永久组合，不应计入风荷载和地震作用。相应的限值应为地基变形允许值。

（3）计算挡土墙土压力、地基和斜坡的稳定及滑坡推力时，荷载效应应按承载能力极限状态下荷载效应的基本组合，但其分项系数均为 1.0。

（4）在确定基础高度、支挡结构截面、计算基础或支档结构内力、确定配筋和验算材料强度时，上部结构传来的荷载效应组合和相应的基底反力，应按承载能力极限状态下荷载效应的基本组合，采用相应的分项系数。当需要验算基础裂缝宽度时，应按正常使用极限状态荷载效应标准组合。

(5) 基础设计安全等级、结构设计使用年限、结构重要性系数，应按有关规范的规定采用，但结构重要性系数不应小于 1.0。

2.5　浅基础地基承载力特征值 f_a 的确定

为满足地基强度和稳定性要求，基础工程设计时，必须控制基础底面上最大压力不大于某一限值，此限值称为地基承载力。

《建筑地基基础设计规范》GB 50007—2002 采用特征值（用 f_a 表示）作为地基抗力的取值，实质上就是地基容许承载力，它要满足两个要求：(1) 要有一定的安全储备；(2) 地基变形要满足建筑物限值的要求。由于不同的建筑物对于地基变形的限值不同，而地基的变形与基底的压力存在直接的相关关系，所以地基承载力特征值不是一个定值，在很多情况下，地基承载力特征值是由变形容许值决定的，对高压缩性地基更是如此。

在基础工程设计时，地基承载力特征值可由载荷试验或其他原位测试、由强度指标通过理论公式计算，并结合工程实践经验等方法综合确定。

2.5.1　按土的抗剪强度指标来确定

1. 按土力学理论中的极限承载力公式确定

土力学理论中的太沙基公式、魏锡克公式、汉森公式、斯克普顿公式等都可以用来确定地基的极限承载力 p_u，我们可将其除以安全系数 K 后求得地基承载力特征值：

$$f_a = p_u/K \tag{2-10}$$

式中　K—— 安全系数，其大小与地基基础设计等级、荷载性质、土的抗剪强度指标的可靠程度以及地基条件等因素有关，对于长期承载力可取 2 ～ 3。

其中，魏锡克公式与汉森公式由于考虑的因素较多、较全面，可以较好地反映实际工程中各种情况，建议尽量采取这两种方法计算。

2. 按《建筑地基基础设计规范》的理论公式确定

《建筑地基基础设计规范》GB 50007—2002 中规定，当荷载偏心距 e 小于或等于 0.033 倍基础底面偏心方向长度时，根据土的抗剪强度指标确定地基承载力特征值可按式(2-11)计算，并应满足变形要求：

$$f_a = M_b \gamma b + M_d \gamma_m d + M_c c_k \tag{2-11}$$

式中　f_a—— 由土的抗剪强度指标确定的地基承载力特征值；

M_b、M_d、M_c—— 承载力系数，按表 2-3 确定；

γ—— 基底以下土的重度，地下水位以下取有效重度；

b—— 基础底面宽度，大于 6m 时按 6m 考虑；对于砂土，大于 3m 时按 3m 考虑；

γ_m—— 基础底面以上土的加权平均重度，地下水位以下取有效重度；

d—— 基础埋置深度；

φ_k、c_k—— 基底下一倍短边宽深度内土的内摩擦角、黏聚力标准值。

由式(2-11)可知，用这种方法计算 f_a 时，影响最大的是土的抗剪强度指标 φ_k、c_k，而 φ_k、c_k 的取值并不是唯一确定的，它们与施工的速度、试验的方法、土的压缩性、渗透性多种因素相关，具体情况可以参照土力学的相关理论进行选择。除此之外，影响 f_a 的还有基础的底面尺寸、形状、基础埋深、荷载性质等。

表 2-3　承载力系数 M_b、M_d、M_c

土的内摩擦角标准值 φ_k(°)	M_b	M_d	M_c
0	0	1.00	3.14
2	0.03	1.12	3.32
4	0.06	1.25	3.51
6	0.10	1.39	3.71
8	0.14	1.55	3.93
10	0.18	1.73	4.17
12	0.23	1.94	4.42
14	0.29	2.17	4.69
16	0.36	2.43	5.00
18	0.43	2.72	5.31
20	0.51	3.06	5.66
22	0.61	3.44	6.04
24	0.80	3.87	6.45
26	1.10	4.37	6.90
28	1.40	4.93	7.40
30	1.90	5.59	7.95
32	2.60	6.35	8.55
34	3.40	7.21	9.22
36	4.20	8.25	9.97
38	5.00	9.44	10.80
40	5.80	10.84	11.73

2.5.2　按地基载荷试验或其他原位测试方法确定 f_{ak}

原位测试方法包括静载荷试验、静力触探、动力触探、标准贯入等，可以反映一定深度内土的工程力学性质。根据这些原位测试的成果并结合地区经验，也可以用于确定地基承载力的特征值。

1. 根据地基静载荷试验确定

原位载荷试验包括浅层平板载荷试验、深层平板载荷试验及螺旋板载荷试验等三种。

试验时，同一土层参加统计的试验点不应少于三个。其中浅层平板载荷试验可适用于确定浅部地基土层的承压板下应力主要影响范围内的承载力，承压板面积不应小于 $0.25m^2$，对于软土不应小于 $0.5m^2$。加荷分级不应少于 8 级，试验时，应参照《建筑地基基础设计规范》GB 50007—2002 附录 C 规定的要点进行。

承载力 f_{ak} 的确定应符合下列规定：

(1) 当 $p-s$ 曲线上有比例界限时，取该比例界限所对应的荷载值；

(2) 当极限荷载小于对应比例界限的荷载值的 2 倍时，取极限荷载值的一半；

(3) 当不能按照前两条要求确定且压板面积为 $0.25 \sim 0.50m^2$，可取 $s/b=0.01 \sim 0.015$ 所对应的荷载，但其值不应大于最大加载量的一半；

(4) 当各试验点实测值的极差不超过其平均值的 30% 时，取此平均值作为该土层的地基承载力特征值 f_{ak}。

深层平板载荷试验适用于确定深部地基土层及大直径桩桩端土层在承压板下应力主要影响范围内的承载力。其承压板采用直径为 0.8m 的刚性板，其具体的确定方法与浅层平板载荷试验时类同，具体可参看《建筑地基基础设计规范》GB 50007—2002 附录 D 的有关规定。

原位载荷试验确定地基承载力的优点是原位测试，土体较少受扰动，同时压力的影响深度可达 1.5 ~ 2.0 倍承压板宽度，能较好地反映天然土体的压缩性。对于成分或结构很不均匀的土层，如杂填土、裂隙土、风化岩等，它具有其他方法所难以代替的作用。其缺点是试验工作量和费用较大，时间较长。

二、根据其他原位测试方法确定

除了载荷试验以外，采用静(动)力触探、标准贯入等原位测试方法也可以确定 f_{ak}。《建筑地基基础设计规范》GB 50007—2002 规定，确定 f_{ak} 时应结合工程实践的经验综合确定。

2.5.3 按规范的承载力表格确定 f_{ak}

一些地方性规范及行业规范(规程)中，根据土的物理力学性质与地基承载力之间的关系，提供了一些表格，以确定地基的承载力(现行《建筑地基基础设计规范》GB 50007—2002 未提供此类表格)。这种方法确定地基承载力具有使用方便的特点，但是由于我国幅员辽阔，各地方土质条件千差万别，而现在的建筑物对地基变形的要求很高，使用这种方法确定 f_{ak} 具有很大的局限性。

2.5.4 地基承载力特征值的修正

按载荷试验或其他原位测试、经验值、查规范表格等方法确定的地基承载力特征值 f_{ak}，若基础宽度大于 3m，或者埋置深度大于 0.5m 时，需要对其进行深度或宽度的修正，其修正公式如下：

$$f_a = f_{ak} + \eta_b \gamma (b-3) + \eta_d \gamma_m (d-0.5) \tag{2-12}$$

式中 f_a—— 修正后的地基承载力特征值；

f_{ak}—— 未经修正的地基承载力特征值；

η_b、η_d—— 基础宽度和埋深的地基承载力修正系数，按基底下土的类别查表 2-4；

γ—— 基础底面以下土的重度，地下水位以下取有效重度；

b—— 基础底面宽度，当 $b < 3m$ 时按 3m 考虑，大于 6m 时按 6m 考虑；

γ_m—— 基础底面以下土的加权平均重度，地下水位以下取有效重度；

d—— 基础埋置深度，一般自室外地面标高算起。在填方整平地区，可自填土地面标高算起，当填土在上部结构施工后完成时，应从天然地面标高算起。对于地下室，如采用箱形基础或筏基时，基础埋置深度自室外地面标高算起；当采用独立基础或条形基础时，应从室内地面标高算起。

表 2－4　承载力修正系数

土的类别		η_b	η_d
淤泥和淤泥质土		0	1.0
人工填土 e 或 I_L 大于等于 0.85 的黏性土		0	1.0
红黏土	含水比 $\alpha_w > 0.8$	0	1.2
	含水比 $\alpha_w \leqslant 0.8$	0.15	1.4
大面积压实填土	压实系数大于 0.95、黏粒含量 $\rho_c \geqslant 10\%$ 的粉土	0	1.5
	最大干密度大于 $2.1t/m^3$ 的级配砂石	0	2.0
粉土	黏粒含量 $\rho_c \geqslant 10\%$ 的粉土	0.3	1.5
	黏粒含量 $\rho_c < 10\%$ 的粉土	0.5	2.0
e 或 I_L 均小于 0.85 的黏性土		0.3	1.6
粉砂、细砂(不包括很湿与饱和时的稍密状态)		2.0	3.0
中砂、粗砂、砾砂和碎石土		3.0	4.4

注：① 强风化和全风化的岩石，可参照所风化的相应土类取值，其他状态下的岩石不修正；
② 地基承载力特征值按《建筑地基基础设计规范》GB 50007—2002 附录 D 深层平板载荷试验确定时，η_d 取 0。

例题 2－1　某基础承受中心荷载，底面尺寸为 3.0m×1.5m，埋深 $d=1.2$m，地基土为粉土，其重度为 $18.0kN/m^3$，$c_k=5$kPa，$\varphi_k=24°$，无地下水。试求该土层的地基承载力特征值 f_a。

解：根据所给出的数据，由 $\varphi_k=24°$ 查表 2－3，得 $M_b=0.80$，$M_d=3.87$，$M_c=6.45$，故

$$f_a=M_b\gamma b+M_d\gamma_m d+M_c c_k=0.8\times18\times1.5+3.87\times18\times1.2+6.45\times5$$

$$=137.44\text{kPa}$$

例题 2－2　已知某拟建建筑物场地条件，第一层为杂填土，层厚 1.0m，γ 为 $15kN/m^3$，第二层为粉质黏土，层厚 3.5m，γ 为 $18.5kN/m^3$，$e=0.92$，$I_L=0.94$，地基承载力特征值 $f_{ak}=130$kPa，当(1) 基础底面尺寸为 4.0m × 2.0m，埋深 $d=1.0$m；(2) 基础底面尺寸为 9m × 35m，埋深 $d=3.0$m 时。求上述两种情况下的地基承载力特征值。

解：(1) 宽度 $b=2.0\text{m}<3.0\text{m}$，不需要宽度修正；埋深 $d=1.0\text{m}>0.5\text{m}$，需要进行深度修正。查表 2－4，得 $\eta_d=1.0$，故

$$f_a=f_{ak}+\eta_d\gamma_m(d-0.5)=130+1.0\times15\times(1.0-0.5)=137.5\text{kPa}$$

(2) 宽度 $b=9\text{m}>3.0\text{m}$，需要宽度修正；埋深 $d=3.0\text{m}>0.5\text{m}$，需要进行深度修正。查表 2－4，得 $\eta_b=0$，$\eta_d=1.0$，$\gamma_m=(1\times15+2\times18.5)/3=17.33kN/m^3$，故

$$f_a=f_{ak}+\eta_b\gamma(b-3)+\eta_d\gamma_m(d-0.5)$$

$$=130+0\times18.5\times(b-3)+1.0\times17.33\times(3.0-0.5)$$

$$=173.33\text{kPa}$$

2.6　基础底面尺寸的确定

2.6.1　基本要求

确定基础底面积时，通常的方法是根据前面章节确定地基承载力特征值和埋置深度，首先要满足地基承载力的要求（包括持力层的承载力计算和软弱下卧层承载力的验算），然后根据需要，验算地基变形的要求，必要时对基础底面尺寸作适当的调整。

上部结构传到基础顶面处的荷载可以分为两种情况：中心荷载和偏心荷载。《建筑地基基础设计规范》GB 50007—2002 规定，基础底面的压力，应符合下列要求：

当中心荷载作用时

$$p_k \leqslant f_a \tag{2-13}$$

偏心荷载作用时，除需满足式（2－13）要求外，还需满足

$$p_{kmax} \leqslant 1.2 f_a \tag{2-14}$$

上述两式中　f_a—— 相应于修正后的地基持力层承载力特征值；

p_k—— 相应于荷载效应标准组合时，基础底面处的平均压力值；

p_{kmax}—— 相应于荷载效应标准组合时，基础底面边缘处的最大压力值。

对于偏心荷载时，为了保证基础不致过分倾斜，通常还要求偏心距 e 不能太大。一般认为，在中、高压缩性地基上的基础，或有吊车的厂房柱基础，e 不宜大于 $b/6$；对低压缩性地基上的基础，当考虑短暂作用的偏心荷载时，e 可放宽至 $b/4$。

2.6.2　按持力层承载力确定基础底面尺寸

1. 中心荷载作用下

需满足式（2－13）要求。其中的 p_k 按式（2－15）计算（参见图 2－15）：

$$p_k = \frac{F_k + G_k}{A} \tag{2-15}$$

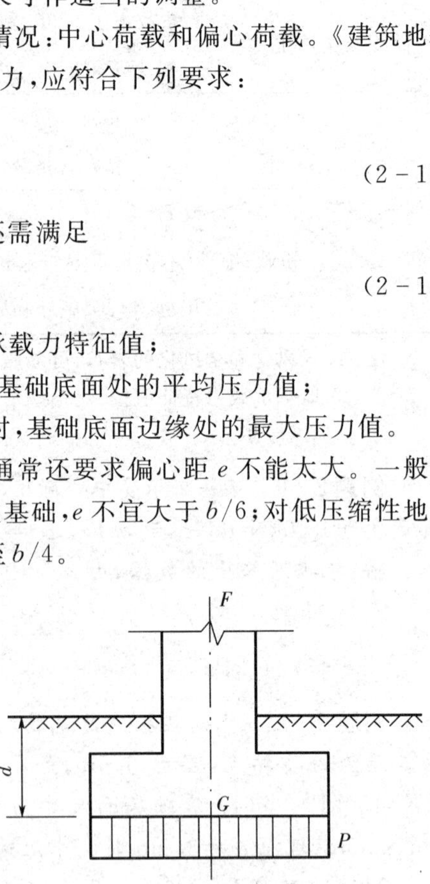

图 2－15　中心荷载

式中　F_k—— 相应于荷载效应标准组合时，上部结构传至基础顶面的竖向力值(kN)；

G_k—— 基础及其上回填土的重量，对一般实体基础，可近似取 $G_k = \gamma_G Ad$（γ_G 为基础及其上回填土的平均重度，可近似取 $\gamma_G = 20\text{kN/m}^3$；$d$ 为基础平均埋深，当室内外存在高差时，取基底至室内外埋深的中点即平均埋深处），但在地下水位以下部分应扣去浮托力，即 $G_k = \gamma_G Ad - \gamma_w A h_w$（$h_w$ 为地下水位至基础底面的距离）。

A—— 基础底面面积。

将式(2－15)代入式(2－13)，则可导出下式

$$A \geqslant \frac{F_k}{f_a - \gamma_G d + \gamma_w h_w} \tag{2-16a}$$

当基础底面位于地下水位以上时，此式变为

$$A \geqslant \frac{F_k}{f_a - \gamma_G d} \tag{2-16b}$$

在中心荷载作用下，柱下独立基础一般采用长短边相接近的形式，如方形等。如果采用方形基础，则其边长为

有地下水时　$$b \geqslant \sqrt{\frac{F_k}{f_a - \gamma_G d + \gamma_w h_w}} \tag{2-17a}$$

无地下水时　$$b \geqslant \sqrt{\frac{F_k}{f_a - \gamma_G d}} \tag{2-17b}$$

对于墙下条形基础，常常取 F_k 为沿长度方向 1m 范围内上部结构传至基础顶面的竖向力值(kN/m)，其宽度可由上述公式求得后除以长度 $l=1$m 后求得。即

有地下水时　$$b \geqslant \frac{F_k}{f_a - \gamma_G d + \gamma_w h_w} \tag{2-18a}$$

无地下水时　$$b \geqslant \frac{F_k}{f_a - \gamma_G d} \tag{2-18b}$$

对于矩形独立基础，可按公式(2－16)求得 A，假设长边 l 与短边 b 之比为 n(一般取 1.0～2.0 之间)，然后计算其两边边长。

需要注意的是，在确定基础尺寸时，一般根据基础埋深先对 f_{ak} 进行深度修正(因为此时基础宽度未知，不能进行宽度修正)，按上述公式求出基础底面尺寸，再根据基础宽度考虑是否需要宽度修正。若需要修正，还需要根据修正后的 f_a 重新选择基础尺寸。反复计算一至二次后一般均可达到要求。

2. 偏心荷载作用下

必须满足式(2－14)的要求。其中 p_{kmax} 为相应于荷载效应标准组合时，基础底面边缘处的最大压力值。一般的单向偏心情况下，可按式(2－19)计算：

(1) 当偏心距 $e \leqslant l/6$ 时(图 2－16)

$$p_{kmax} = \frac{F_k + G_k}{A} + \frac{M_k}{W} \tag{2-19}$$

当基础底面为矩形时，可按式(2－20a)求得

$$p_{kmax} = \frac{F_k}{bl} + \gamma_G d - \gamma_w h_w + \frac{6M_k}{bl^2} \tag{2-20a}$$

或　$$p_{kmax} = p_k\left(1 + \frac{6e}{l}\right) \tag{2-20b}$$

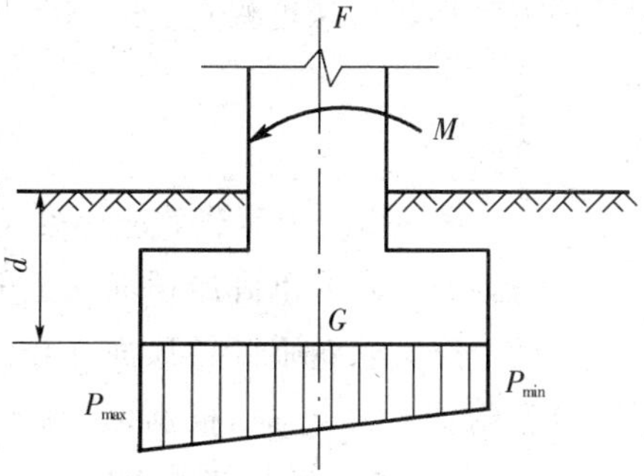

图 2－16　单向偏心荷载

式中 M_k—— 相应于荷载效应标准组合时，作用于基础底面的力矩值；

W—— 基础底面的抵抗矩，对于矩形基础，$W = bl^2/6$；

l—— 垂直于力矩作用方向的基础底面边长；

e—— 作用于基础底面荷载的荷载偏心矩，$e = M_k/(F_k + G_k)$；

p_k—— 相应于荷载效应标准组合时，基础底面处的平均压力值，可由式(2-15)求得。

(2) 当偏心距 $e > l/6$ 时(图 2-17)

$$p_{kmax} = \frac{2(F_k + G_k)}{3la} \tag{2-21}$$

式中 a—— 合力作用点至基础底面最大压力边缘的距离，对于矩形基础，可取 $a = l/2 - e$。

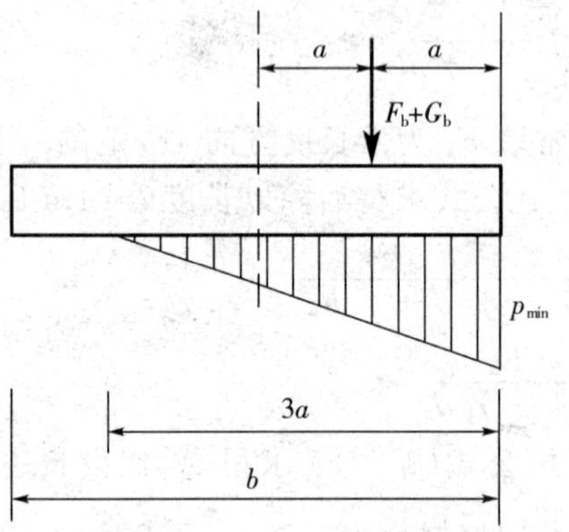

图 2-17 偏心荷载($e > l/6$)下基底压力计算示意图

2.6.3 软弱下卧层的承载力验算

软弱下卧层是指在持力层下，成层土地基受力范围内，承载力显著低于持力层的高压缩性土层。当地基受力层范围内存在软弱下卧层时，除按持力层承载力确定基底尺寸外，还必须对软弱下卧层进行验算，要求传递到软弱下卧层顶面处的附加应力与自重应力之和不超过软弱下卧层经过深度修正(注意，不用做宽度修正)以后的承载力特征值，即

$$p_z + p_{cz} \leqslant f_{az} \tag{2-22}$$

式中 p_z—— 相应于荷载效应标准组合时，软弱下卧层顶面处的附加应力值；

p_{cz}—— 软弱下卧层顶面处土的自重压力值；

f_{az}—— 软弱下卧层顶面处经深度修正后的地基承载力特征值。

计算附加应力 p_z 时，根据《建筑地基基础设计规范》GB 50007—2002 的规定，可以采用简化方法，即当持力层与软弱下卧层的压缩模量比值大于等于 3 时，对矩形和条形基础，参照双层地基中附加应力分布的理论(图 2-18)，假设基底处的附加压力往下传递时按某一压力扩散角 θ 向外扩散至软弱下卧层表面，根据基底与扩散面积上的总附加压力相等的条件，

可得附加应力 p_z 的计算公式如下：

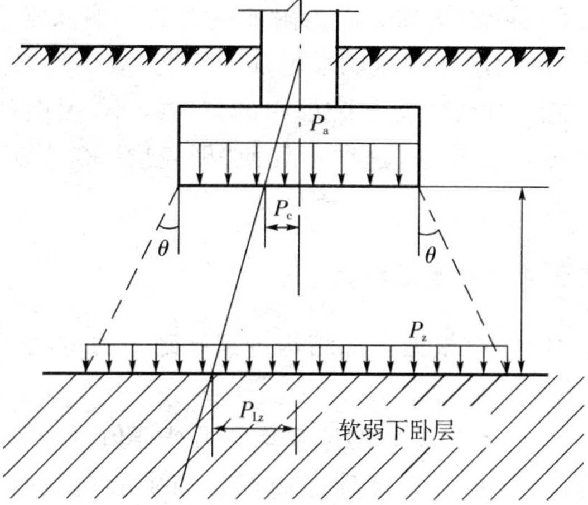

图 2-18　软弱下卧层的验算

条形基础

$$p_z=\frac{b(p_k-p_c)}{b+2z\tan\theta} \tag{2-23(a)}$$

矩形基础

$$p_z=\frac{bl(p_k-p_c)}{(b+2z\tan\theta)(l+2z\tan\theta)} \tag{2-23(b)}$$

式中　b—— 条形基础或矩形基础的底面宽度；

l—— 矩形基础的底面长度；

p_k—— 相应于荷载效应标准组合时的基底平均压力值；

p_c—— 基底处土的自重应力值；

z—— 基底至软弱下卧层顶面的距离；

θ—— 地基压力扩散角，可按表 2-5 采用。

试验研究表明，基底压力增加到一定数值后，传至软弱下卧层顶的压力将随之增大，θ 角减小，直到持力层冲剪破坏时 θ 值减到最小。

表 2-5　地基压力扩散角 θ

E_{s1}/E_{s2}	z/b	
	0.25	0.50
3	6°	23°
5	10°	25°
10	20°	30°

注：① E_{s1} 为上层土压缩模量；E_{s2} 为下层土压缩模量；

② $z/b < 0.25$ 时取 $\theta=0°$，必要时，宜由试验确定；$z/b > 0.50$ 时 θ 值不变。

由式(2-23)可知，如要减小作用于软弱下卧层表面的附加应力 p_z，可以采取加大基底面积(使扩散面积加大)或减小基础埋深(使 z 值加大)等措施。前一措施虽然可以有效地减小 p_z，但却可能使基础的沉降量增加。因为附加应力的影响深度会随着基底面积的增加而增加，从而可能使软弱下卧层的沉降量明显增加。反之，减小基础埋深可以使基底到软弱下卧层的距离增加，使附加应力在软弱下卧层中的影响减小，因而基础沉降随之减小。因此，当存在软弱下卧层时，基础宜浅埋，这样不仅使"硬壳层"充分发挥应力扩散作用，同时也减小了基础沉降。

2.6.4　矩形基础的底面尺寸确定步骤

确定矩形基础底面尺寸时，可根据上部结构传到基础上的荷载情况(中心或偏心)采取相应的步骤，一般可按下列步骤进行：

(1) 进行深度修正，初步确定修正后的地基承载力特征值。

(2) 根据荷载有无偏心，初步确定基础底面积。当中心荷载时，按式(2-16)、式(2-17)、式(2-18)确定基底尺寸，然后转到下面第4步；当偏心荷载时，可将轴心荷载作用计算的基底面积增大10%～40%，即取

$$A=(1.1\sim1.4)\frac{F_k}{f_a-\gamma_G d+\gamma_w h_w} \tag{2-24}$$

(3) 选取基底长边 l 与短边 b 的比值 n(一般取1.0～2.0)，则有 $b=(A/b)^{1/2}$，$l=nb$。

(4) 根据选择的基础底面尺寸，考虑是否需要进行承载力的宽度修正。如果需要修正，则在修正以后，返回到第(2)步，重新选择基础底面尺寸，使得前后的尺寸一致。

(5) 若是中心荷载，进入第(6)步；若是偏心荷载，则验算基底尺寸是否满足式(2-14)的要求，必要时还需要验算偏心距 e 是否满足要求。

(6) 如果存在软弱下卧层，则需验算软弱下卧层的承载力是否满足要求。如不满足，则必须重新回到第(1)步选择基础底面尺寸和埋深。

例题2-3　图2-19为某混合结构外墙基础剖面图。基础埋深范围内为均质黏土，重度 $\gamma=17.5\text{kN/m}^3$，孔隙比 $e=0.8$，液性指数 $I_L=0.78$，地基承载力特征值 $f_{ak}=180\text{kPa}$，基础埋深 $d=1.5\text{m}$，室内外高差为0.45m，基础顶面作用有中心荷载标准值 $F_k=230\text{kN}$，试确定基础底面尺寸。

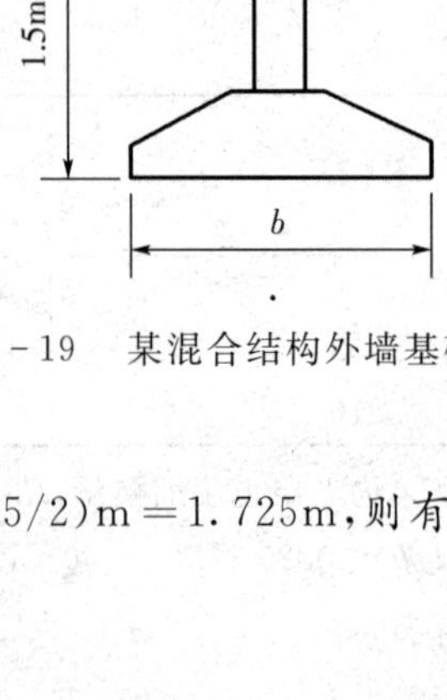

图2-19　某混合结构外墙基础剖面图

解：(1) 修正地基承载力

假定基础底面宽度小于3m，因为 $d=1.5\text{m}>0.5\text{m}$，故需要深度修正，查表2-4得 $\eta_d=1.6$，则有

$$f_a=f_{ak}+\eta_d\gamma_m(d-0.5)$$
$$=180+1.6\times17.5\times(1.5-0.5)=208\text{kPa}$$

(2) 求基础宽度

室内外高差为0.45m，故基础平均埋深 $d=(1.5+0.45/2)\text{m}=1.725\text{m}$，则有

$$b \geqslant \frac{F_k}{f_a - \gamma_G d} = \frac{230}{208 - 20 \times 1.725} = 1.326\text{m}$$

取 $b = 1.4\text{m} < 3.0\text{m}$，承载力特征值不需要进行宽度修正。

例题 2-4　某柱下钢筋混凝土独立基础，如图 2-20 所示，基底尺寸为 2.5m×4.0m，基础埋置深度为 1.5m，作用在基础顶面处由柱传来的内力标准值力 $F_k = 600\text{kN}$，力矩 $M_k = 200\text{kN} \cdot \text{m}$，$V_k = 150\text{kN}$。地基土为厚度较大的粉土，其重度 $\gamma = 18.9\text{kN/m}^3$，黏粒含量 $\rho_c < 10\%$，承载力特征 $f_{ak} = 230\text{kPa}$。验算此基础的承载力是否满足要求。

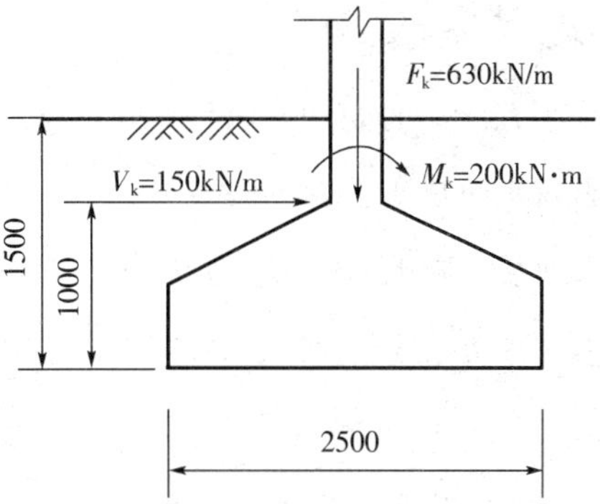

图 2-20　某柱下钢筋混凝土独立基础计算简图

解：

(1) 计算修正后的地基承载力特征值

$b = 2.50\text{m}$ 小于 3.0m，不需要进行宽度修正；$d = 1.5\text{m} > 0.5\text{m}$ 需要进行深度修正。查表 2-4，得 $\eta_d = 2.0$，则

$$f_a = f_{ak} + \eta_d \gamma_m (d - 0.5) = 230 + 2.0 \times 18.9 \times (1.5 - 0.5) = 267.8\text{kPa}$$

(2) 基础底面处承载力验算

$G_k = 20 \times 2.5 \times 4 \times 1.5 = 300\text{kN}$

$p_k = (F_k + G_k)/A = (600 + 300)/(3 \times 4) = 75\text{kPa} < fa = 267.8\text{kPa}$

计算基础底面处的偏心距 e

$e = (200 + 150 \times 1.0)/(600 + 300) = 0.389\text{m} < 2.5/6 = 0.417\text{m}$，(满足要求)

$p_{kmax} = p_k(1 + 6e/b) = 75 \times (1 + 6 \times 0.389/2.5) = 145.02\text{kPa} < 1.2 f_a$(满足要求)

此题需注意的是，偏心方向是沿短边的，正常设计时应将长边方向与偏心方向一致。

例题 2-5　柱基础荷载标准值及土层资料如图 2-21 所示，若基础底面尺寸为 3.6m×2.6m，试验算基础底面尺寸是否满足承载力要求。

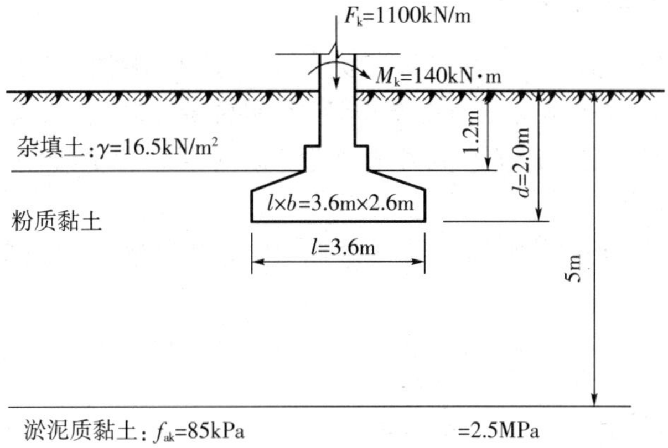

图 2-21　柱基础计算简图

解:(1) 持力层承载力验算

埋深范围内土的加权平均重度　$\gamma_{01}=\dfrac{16.5\times1.2+(19-10)\times0.8}{2.0}=13.5\text{kN/m}^3$

$d=2.0\text{m}>0.5\text{m}$,$b=2.6\text{m}<3.0\text{m}$,故地基承载力特征值需要进行深度修正,查表 2-4 得　$\eta_d=1.6$,则

$f_a=f_{ak}+\eta_d\gamma_m(d-0.5)=150+1.6\times13.5\times(2.0-0.5)=167.4\text{kPa}$

基础及回填土重量　$G_k=(20\times1.2+10\times0.8)\times3.6\times2.6=300\text{kN}$

基础底面荷载偏心距　$e=M_k/(F_k+G_k)=140/(1100+300)=0.1\text{m}<3.6/6=0.6\text{m}$

基底压力　$p_k=(F_k+G_k)/A=(1100+300)/(3.6\times2.6)=149.6\text{kPa}<f_a$(满足要求)

$p_{kmax}=p_k(1+6e/b)=149.6\times(1+6\times0.1/3.6)=174.53<1.2f_a$(满足要求)

(2) 软弱下卧层承载力验算

软弱下卧层顶面处自重应力　$p_{cz}=16.5\times1.2+(19-10)\times3.8=54\text{kPa}$

软弱下卧层顶面以上土的加权平均重度　$\gamma_{m2}=54/5=10.8\text{kN/m}^3$

查表 2-4,得 $\eta_d=1.0$,故

$f_{az}=f_{ak}+\eta_d\gamma_m(d-0.5)=85+1.0\times10.8\times(5.0-0.5)=133.6\text{kPa}$

查表 2-5 得,$\theta=23°$,则软弱下卧层顶面处的附加应力

$$p_z=\frac{bl(p_k-p_c)}{(b+2z\tan\theta)(l+2z\tan\theta)}=\frac{3.6\times2.6\times(149.6-13.5\times2.0)}{(3.6+2\times3\times\tan23°)(2.6+2\times3\times\tan23°)}$$

$$=36.27\text{kPa}$$

验算　$p_z+p_{cz}=54+36.27=90.27\text{kPa}\ f_{az}=133.6\text{kPa}$(满足要求)

2.7　扩展基础的设计

2.7.1　无筋扩展基础设计

由于无筋扩展基础的抗拉强度和抗剪强度较低,因此必须控制基础内的拉应力和剪应力。结构设计时一般通过控制材料强度及质量、限制台阶宽高比(台阶的宽度与其高度之比)、控制建筑物层高和一定的地基承载力来确定基础的截面尺寸,而无需进行复杂的内力分析和截面强度计算(验算)。

图 2-22 所示为无筋扩展基础构造示意图,要求基础每个台阶的宽高比应满足式(2-25)要求:

$$\frac{b_i}{H_i}\leqslant\tan\alpha \qquad (2-25)$$

式中　b_i—— 无筋扩展基础任一台阶的宽度;

H_i—— 相应 b_i 的台阶高度;

$\tan\alpha$—— 无筋扩展基础台阶宽高比的允许值（α 为基础的刚性角），可按表 2-6 查询。

对于图 2-22 的无筋基础，也可以用另外一种形式表示。即基础的高度，应符合式（2-26）要求

$$H_0 \geqslant \frac{b - b_0}{2\tan\alpha} \tag{2-26}$$

式中各符号见图 2-22 及式（2-25）。

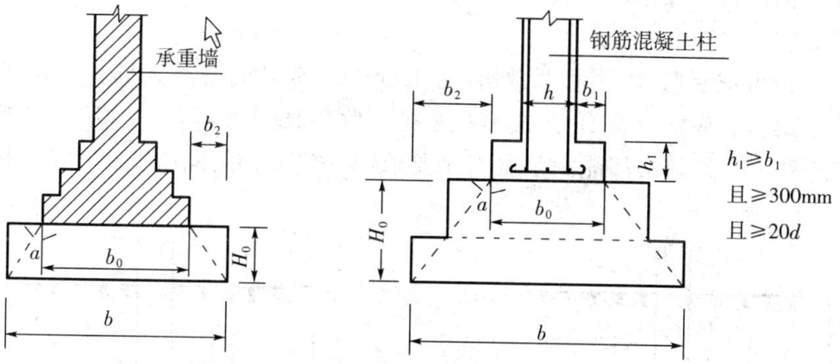

图 2-22　刚性扩展基础构造

表 2-6　无筋扩展基础台阶宽高比的允许值

基础材料	质量要求	台阶宽高比的允许值		
		$p_k \leqslant 100$	$100 < p_k \leqslant 200$	$200 < p_k \leqslant 300$
混凝土基础	C15 混凝土	1 : 1.00	1 : 1.00	1 : 1.25
毛石混凝土基础	C15 混凝土	1 : 1.00	1 : 1.25	1 : 1.50
砖基础	砖不低于 MU10、砂浆不低于 M5	1 : 1.50	1 : 1.50	1 : 1.50
毛石基础	砂浆不低于 M5	1 : 1.25	1 : 1.50	—
灰土基础	体积比为 3 : 7 或 2 : 8 的灰土，其最小干密度： 粉土 $1.55t/m^3$ 粉质黏土 $1.50t/m^3$ 黏土 $1.45t/m^3$	1 : 1.25	1 : 1.50	—
三合土基础	体积比 1 : 2 : 4～1 : 3 : 6（石灰 : 砂 : 骨料），每层约虚铺 220mm，夯至 150mm	1 : 1.50	1 : 2.00	—

注：① p_k 为荷载效应标准组合时基础底面处的平均压力值（kPa）；

② 阶梯形毛石基础的每阶伸出宽度，不宜大于 200mm；

③ 当基础由不同材料叠合而成时，应对接触部分做抗压验算；

④ 基础底面处的平均压力值超过 300kPa 的混凝土基础，尚应进行抗剪验算。

设计时一般先选择适当的基础埋深和基础底面尺寸，然后按式(2-25)或式(2-26)进行验算。

由于台阶宽高比的限制，无筋扩展基础的高度一般都较大，但不应大于基础埋深，否则，应加大基础埋深或选择刚性角较大的基础类型(如混凝土基础)。如仍不满足，可采用钢筋混凝土基础。为节约材料和施工方便，基础常做成阶梯形。分阶时，每一台阶除应满足台阶宽高比的要求外，还需符合有关的构造规定。

采用无筋扩展基础的钢筋混凝土柱(图 2-22)，其柱脚高度 h_1 不得小于 b_1，并不应小于 300mm 且不小于 $20d$(d 为柱中的纵向受力钢筋的最大直径)。当柱纵向钢筋在柱脚内的竖向锚固长度不满足锚固要求时，可沿水平方向弯折。弯折后的水平锚固长度不应小于 $10d$，也不应大于 $20d$。

砖基础一般做成台阶式，俗称大放脚，是工程中最常见的一种无筋扩展基础，其各部分的尺寸应符合砖的模数。砌筑方式有“两皮一收”(图 2-23(a))和“二一间隔收”(图 2-23(b))两种。两种砌法都能满足宽高比要求，其中“二一间隔收”较节省材料。

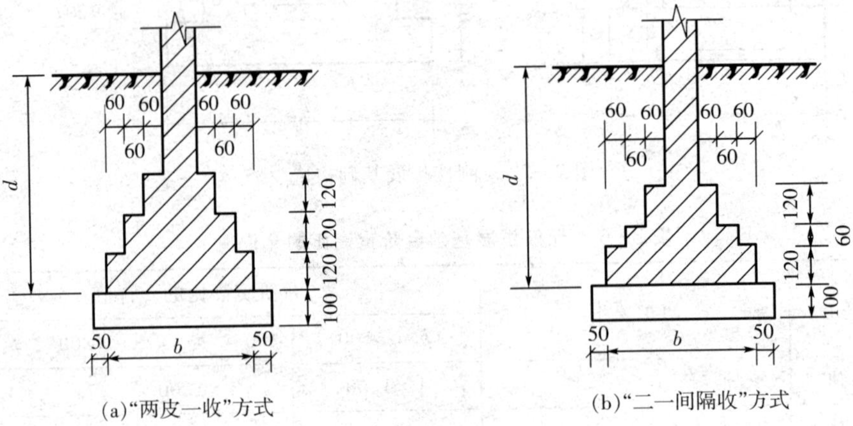

图 2-23　大放脚做法

毛石基础的每阶伸出宽度不宜大于 200mm，每阶高度通常取 400～600mm，并由两层毛石错缝砌成。

素混凝土基础每阶高度不应小于 200mm，毛石混凝土基础每阶高度不应小于 300mm。灰土基础施工时每层虚铺灰土 220～250mm，夯实至 150mm，称为“一步灰土”。根据需要也可设计成二步灰土或三步灰土，三合土基础厚度不应小于 300mm。

为了保证砖基础的砌筑质量，并能起到平整和保护基坑的作用，砖基础施工时，常常在砖基础底面以下先做垫层。垫层材料可选用灰土、三合土和素混凝土。垫层每边伸出基础底面 50～100mm，厚度一般为 100mm。设计时，这种垫层一般不作为基础结构的组成部分考虑，其宽度和高度都不计入基础的底部宽度和埋深之内。不过有时候，无筋扩展基础可以由两种或者两种以上材料构成，如上部为砖砌体，下部为混凝土，这时就需要考虑下层材料的结构作用。

2.7.2　钢筋混凝土扩展基础设计

钢筋混凝土扩展基础又称扩展基础(以下如无特殊说明,扩展基础均指钢筋混凝土扩展基础),系指柱下钢筋混凝土独立基础和墙下钢筋混凝土条形基础。在进行扩展基础结构计算,确定基础配筋和验算材料强度时,上部结构传来的荷载效应应视为承载能力极限状态下荷载效应的基本组合;相应的基底反力为净反力(仅由基础顶面的荷载所产生的地基反力,以 p_j 表示。不考虑基础及其上面土的重力,因为由这些重力所产生的那部分地基反力将与重力相抵消)。

1. 构造要求

扩展基础的构造,应符合下列要求:

(1) 锥形基础的边缘高度,不宜小于 200mm;阶梯性基础的每阶高度,宜为 300 ～ 500mm。

(2) 垫层的厚度不宜小于 70mm,一般为 100mm,每边伸出基础 50 ～ 100mm,垫层混凝土强度等级应为 C10。

(3) 扩展基础底板受力钢筋的最小直径不宜小于 10mm;间距不宜大于 200mm,也不宜小于 100mm。墙下钢筋混凝土条形基础纵向分布钢筋的直径不宜小于 8mm;间距不大于 300mm;每延米分布钢筋的面积应不小于受力钢筋面积的 1/10。当有垫层时,钢筋保护层厚度不应小于 40mm,无垫层时不应小 70mm。

(4) 混凝土强度等级不应低于 C20。

(5) 当柱下钢筋混凝土独立基础的边长和墙下钢筋混凝土条形基础的宽度大于或等于 2.5m 时,底板受力钢筋的长度可取边长或宽度的 0.9 倍,并宜交错布置(图 2 - 24(a))。

(6) 钢筋混凝土条形基础底板在 T 形及十字形交接处,底板横向受力钢筋仅沿一个主要受力方向通长布置,另一方向的横向受力钢筋可布置到主要受力方向底板宽度 1/4 处(图 2 - 24(b))。在拐角处底板横向受力钢筋应沿两个方向布置(图 2 - 24(c))。

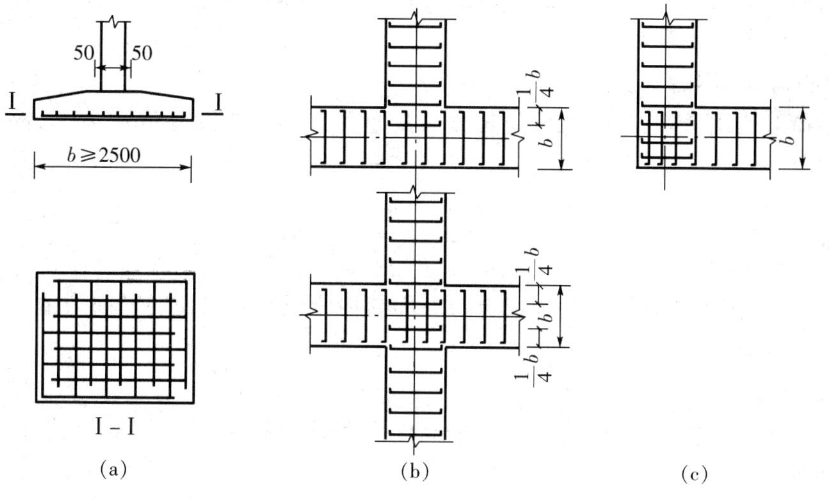

图 2 - 24　扩展基础底板受力钢筋布置示意

(7) 当地基软弱时，为了减少不均匀沉降的影响，墙下条形基础截面可采用带肋的板，肋的纵向钢筋按经验确定。

(8) 钢筋混凝土柱和剪力墙纵向受力钢筋在基础内的锚固长度应根据钢筋在基础内的最小保护层厚度按现行《混凝土结构设计规范》有关规定确定。

(9) 现浇柱的纵向钢筋可通过插筋锚入基础中(图 2-25)。插筋的数量、直径以及钢筋种类应与柱内纵向钢筋相同。插入基础的钢筋，上下至少应设两道箍筋固定。插筋与柱的纵向受力钢筋的连接方法，应按现行的《混凝土结构设计规范》规定执行。插筋的下端宜做成直钩放在基础底板钢筋网上。当符合下列条件之一时，可仅将四角的插筋伸至底板钢筋网上，其余插筋伸入基础的长度按锚固长度确定：(1) 柱为轴心受压或小偏心受压，基础高度 ≥ 1200mm；(2) 柱为大偏心受压，基础高度 ≥ 1400mm。

(10) 预制钢筋混凝土柱与杯口基础的连接，应符合《建筑地基基础设计规范》GB 50007—2002 的规定。

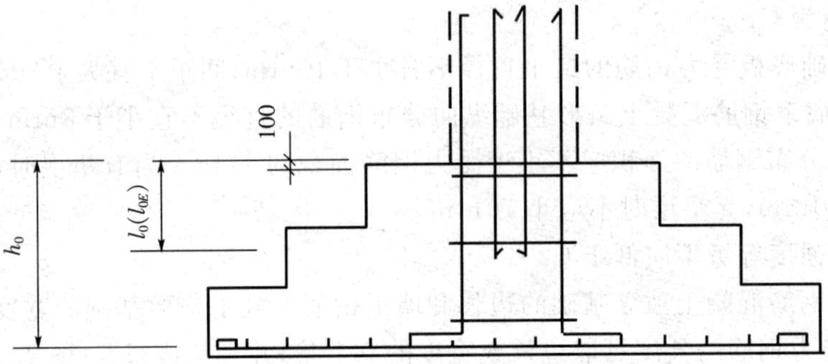

图 2-25 现浇柱的基础中插筋的构造示意图

2. 墙下钢筋混凝土条形基础的计算

墙下钢筋混凝土条形基础的截面设计包括确定基础高度和基础底板配筋，计算时沿墙长度方向取 1m 作为计算单元。

(1) 中心荷载作用下

在中心荷载作用下，它的受力可简化为一受净反力作用的倒置悬臂梁(或板)。基底净反力为均匀分布：

$$p_j = \frac{F}{b} \tag{2-27}$$

式中 F—— 相应于荷载效应基本组合时上部结构传至基础顶面的竖向力值；

b—— 基础宽度。

① 基础高度

由于基础内不配箍筋和弯起筋，基础的高度不够时会发生剪切破坏，故其应满足混凝土的抗剪切条件

$$V \leqslant 0.7\beta_h f_t h_0 \tag{2-28(a)}$$

或
$$h_0 \geqslant \frac{V}{0.7\beta_h f_t} \tag{2-28(b)}$$

其中
$$V = p_j a_1 \tag{2-29}$$

式中　V—— 基础底板根部的剪力设计值(kN/m)。

a_1—— 截面 Ⅰ—Ⅰ 至基础边缘的距离。对于墙下钢筋混凝土条形基础,其最大剪力的位置符合下列规定:当材料强度为混凝土时,取 $a_1 = b_1$;如为砖墙且放脚不大于 1/4 砖长时,取 $a_1 = b_1 + 1/4$ 砖长。

f_t—— 混凝土轴心抗拉强度设计值。

h_0—— 基础有效高度,取基础板厚度减去钢筋保护层厚度。

β_h—— 截面高度影响系数,$\beta_h = (800/h_0)^{1/4}$。当 $h_0 < 800$mm 时,取 $h_0 = 800$mm;当 $h_0 > 2000$mm 时,取 $h_0 = 2000$mm。

② 底板配筋

在净反力作用下,基础底板内会产生弯矩,如图 2-26 中,截面 Ⅰ—Ⅰ 的弯矩为

$$M = \frac{1}{2} p_j a_1^2 \tag{2-30}$$

式中　M—— 基础底板根部的弯矩设计值,设计时一般取弯矩最大值,即基础底板根部的弯矩。

a_1—— 截面 Ⅰ—Ⅰ 至基础边缘的距离。对于墙下钢筋混凝土条形基础,其最大弯矩的位置符合下列规定:当材料强度为混凝土时,取 $a_1 = b_1$;如为砖墙且放脚不大于 1/4 砖长时,取 $a_1 = b_1 + 1/4$ 砖长。

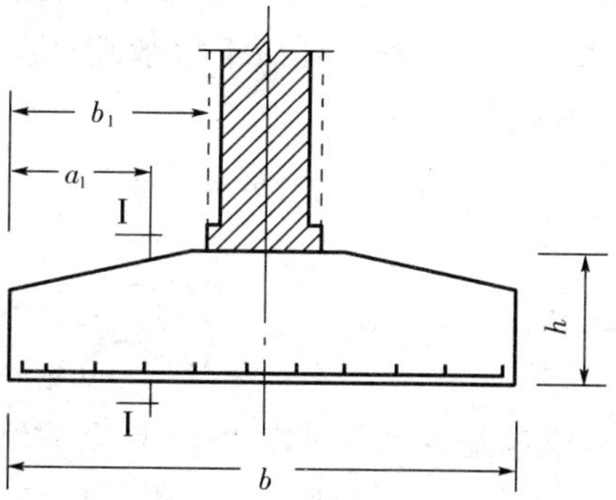

图 2-26　墙下条基的计算示意图

底板配筋可以采用简化公式

$$A_s = \frac{M}{0.9 f_y h_0} \tag{2-31}$$

式中　A_s—— 每米长基础底板受力钢筋截面积;

f_y—— 底板钢筋抗拉强度设计值。

(2) 偏心荷载作用下

在偏心荷载作用下,基础边缘处的最大净反力设计值为:

$$p_{\text{jmax}}=\frac{F}{b}+\frac{6M}{b^2} \tag{2-32a}$$

或

$$p_{\text{jmax}}=\frac{F}{b}(1+\frac{6e_0}{b}) \tag{2-32b}$$

式中 M—— 相当于荷载效应基本组合时作用于基础底面的力矩值；

e_0—— 荷载的净偏心距，$e_0=M/F$。

基础的高度和配筋仍然按式(2-28)和式(2-31)计算，但式中的剪力和弯矩应改为下列公式计算：

$$V=\frac{1}{2}(p_{j\max}+p_j)b_1 \tag{2-33}$$

$$M=\frac{1}{6}(2p_{j\max}+p_j)b_1^2 \tag{2-34}$$

式中，p_{j} 为平均净反力设计值，$p_{\text{j}}=F/b$。

3. 柱下钢筋混凝土独立基础的计算

(1) 中心荷载作用

① 基础高度

在柱荷载作用下，如果基础高度不够(或阶梯高度不够)，则将沿柱边(或阶梯高度变化处)产生冲切破坏，形成如图2-27所示的45°斜裂面的角锥体。因此基础高度是由混凝土抗冲切承载力来确定的。要求由冲切锥体以外的地基反力之和(即冲切面所承受的冲切力)应小于冲切面处混凝土的抗冲切能力。

对于矩形基础，一般沿柱短边一侧先产生冲切破坏，所以只需根据短边一侧冲切破坏条件来确定底板厚度。即要求对于矩形截面柱的矩形基础，应验算柱与基础交接处以及基础变阶处的受冲切承载力，要求：

$$F_l\leqslant 0.7\beta_{\text{hp}}f_{\text{t}}a_{\text{m}}h_0 \tag{2-35}$$

$$a_{\text{m}}=(a_{\text{t}}+a_{\text{b}})/2 \tag{2-36}$$

$$F_l=p_jA_l \tag{2-37}$$

式中 F_l—— 相应于荷载效应基本组合时作用于 A_l 上的地基土净反力设计值。

β_{hp}—— 受冲切承载力截面高度影响系数，当基础高度 h 不大于800mm时，β_{hp} 取1.0；当 h 大于等于2000mm时，β_{hp} 取0.9，其间按线性内插法取用。

h_0—— 基础有效高度。

f_{t}—— 混凝土轴心抗拉强度设计值。

p_j—— 相应于荷载效应基本组合的地基净反力，$p_j=F/bl$。

A_l—— 冲切力的作用面积(图2-29(a)、(b)中的阴影部分面积 $ABCDEF$ 或图2-29(c)中的 $ABCD$)，具体计算方法见后述。

a_{t}—— 冲切破坏锥体最不利一侧截面的上边长，当计算柱与基础交接处的受冲切承载力时，取柱宽；当计算基础变阶处的受冲切承载力时，取上阶宽(图2-28、图2-29)。

a_b—— 冲切破坏锥体最不利一侧斜截面在基础底面积范围内的下边长，当冲切破坏锥体的底面落在基础底面以内时(图 2-29(a))，计算柱与基础交接处的受冲切承载力时，取柱宽加两倍基础有效高度；当计算基础变阶处有受冲切承载力时，取上阶宽加两倍该处的基础有效高度(图 2-29(b))。当冲切破坏的底面在 l 方向落在基础底面以外(图 2-29(c))，即 $a+2h_0 \geqslant l$ 时，$a_b=l$。

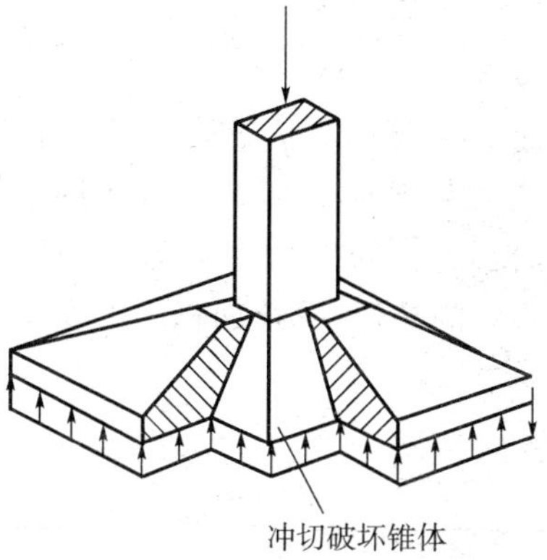

图 2-27　冲切破坏

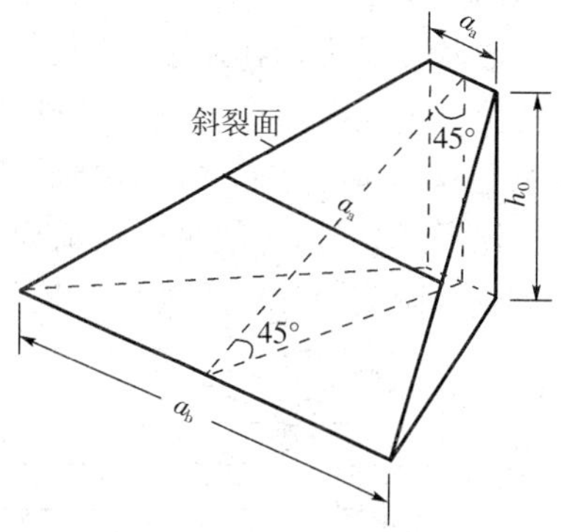

图 2-28　冲切斜裂面示意图

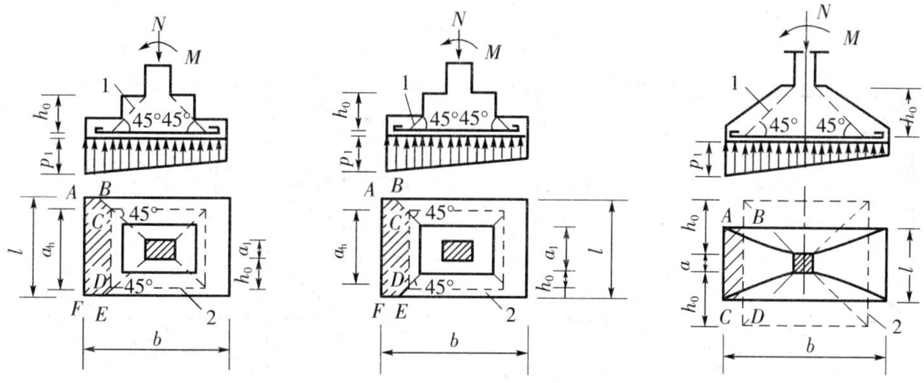

(a)柱与基础交接处　　(b)基础变阶处　　(c)其他情况

图 2-29　计算阶形基础的受冲切承载力截面位置

1— 冲切破坏锥体最不利一侧的斜截面；2— 冲切破坏锥体的底面线

当基础底面全部落在 45° 冲切破坏锥体底边以内时，则成为刚性基础，无需进行冲切验算。

冲切力的作用面积 A_l(图 2-29(a)、(b) 中的阴影面积 $ABCDEF$ 或图 2-29(c) 中的 $ABCD$)，具体计算方法如下：

对于图 2-29(a) 中的阴影面积 $ABCDEF$，可看成一个矩形面积减去两个小三角形，而这两个小三角形面积刚好等于一个正方形面积，故

$$A_l=\left(\frac{b}{2}-\frac{b_t}{2}-h_0\right)l-\left(\frac{l}{2}-\frac{a_t}{2}-h_0\right)^2 \tag{2-38}$$

对于 2－29(b) 中的阴影面积 $ABCDEF$，可以照此类推。图 2－29(c) 中的阴影面积 $ABCD$，是一个矩形：

$$A_l = (\frac{b}{2} - \frac{b_t}{2} - h_0)l \tag{2-39}$$

在具体设计时，一般先根据经验假定基础高度，然后代入上述公式验算，直到抗冲切承载力稍大于冲切力为止。

② 基础底板配筋

在地基净反力的作用下，基础沿柱的周边向上弯曲。一般矩形基础的长宽比小于 2，故为双向受弯。当弯曲应力超过基础的抗弯强度时，就会发生弯曲破坏。其破坏特征是裂缝沿柱角至基础角将基础底面分裂成四块梯形。所以在配筋计算时，将基础看成四块固定在柱边的梯形悬臂板，每块板的受荷面积为如图 2－30 所示的梯形，受荷面积上的净反力之和对柱边或台阶变阶处产生破坏弯矩。

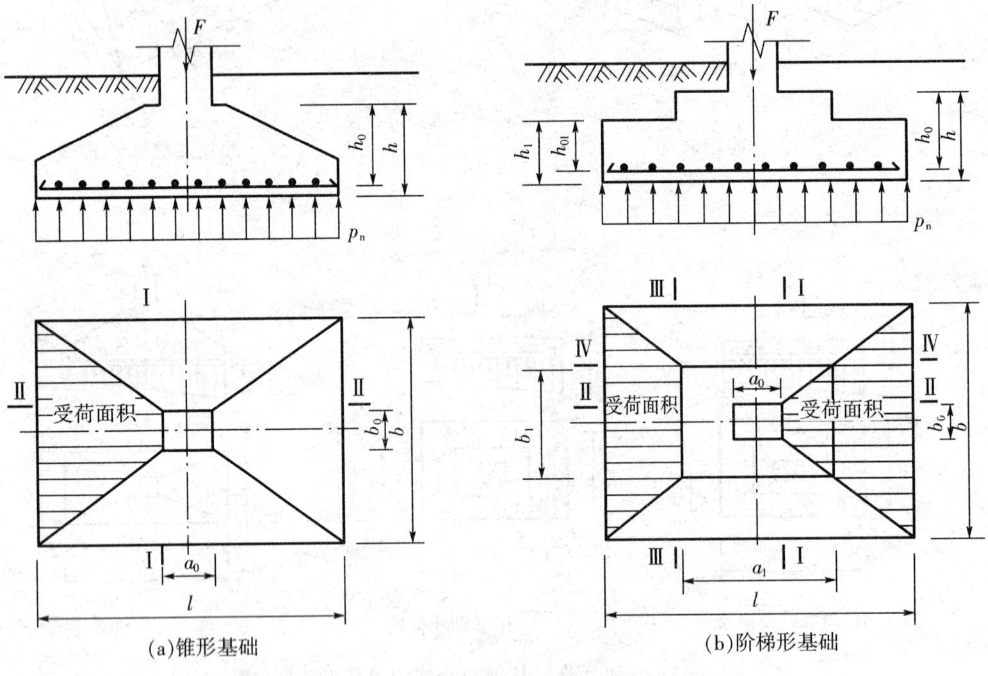

图 2－30　矩形基础底板的计算示意图

对于图 2－30 中所示的几种情况，图 2－30(a)、(b) 中 Ⅰ—Ⅰ 截面和 Ⅱ—Ⅱ 截面、图 2－30(b) 中 Ⅲ—Ⅲ 截面和 Ⅳ—Ⅳ 截面是最有可能发生弯曲破坏的危险截面，我们可以求出各自的最大弯矩：

$$M_{\rm I} = \frac{p_j}{24}(l - a_c)^2(2b + b_c) \tag{2-40(a)}$$

$$M_{\rm II} = \frac{p_j}{24}(b - b_c)^2(2l + a_c) \tag{2-40(b)}$$

$$M_{\text{Ⅲ}}=\frac{p_j}{24}(l-a_1)^2(2b+b_1) \quad (2-40(c))$$

$$M_{\text{Ⅳ}}=\frac{p_j}{24}(b-b_1)^2(2l+a_1) \quad (2-40(d))$$

式中　$M_{\text{Ⅰ}}$、$M_{\text{Ⅱ}}$、$M_{\text{Ⅲ}}$、$M_{\text{Ⅳ}}$——截面Ⅰ—Ⅰ、Ⅱ—Ⅱ、Ⅲ—Ⅲ、Ⅳ—Ⅳ处相应于荷载效应基本组合时的弯矩设计值。

基础每米长的受力钢筋截面向积：

$$A_s=\frac{M}{0.9f_yh_0} \quad (2-41)$$

计算时用 $M_{\text{Ⅰ}}$、$M_{\text{Ⅱ}}$、$M_{\text{Ⅲ}}$、$M_{\text{Ⅳ}}$ 代替 M 即可。

当基底和柱截面均为正方形时，两个方向弯矩和配筋均一致，这时只需要计算一个方向即可。

当为长短边方向不一致的情况时，将两个方向分别求得的配筋按"大值在下，小值在上"的原则放置。对于台阶式基础，除进行柱根部要进行配筋计算外，变截面处也是危险破坏面，也需要进行配筋的计算或验算。具体可参照式(2-40)进行。

(2) 偏心荷载作用

当 $e_0<l/6$ 时，基础边缘处的最大净反力设计值为

$$p_{j\max}=\frac{F}{bl}\left(1+\frac{6e_0}{l}\right) \quad (2-42)$$

式中　e_0——相应于荷载效应基本组合时作用于基础底面的偏心矩，$e_0=M/F$。

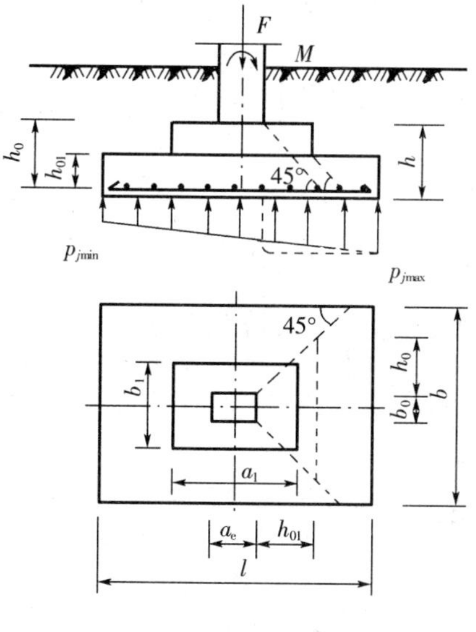

(a) 抗冲切计算示意图

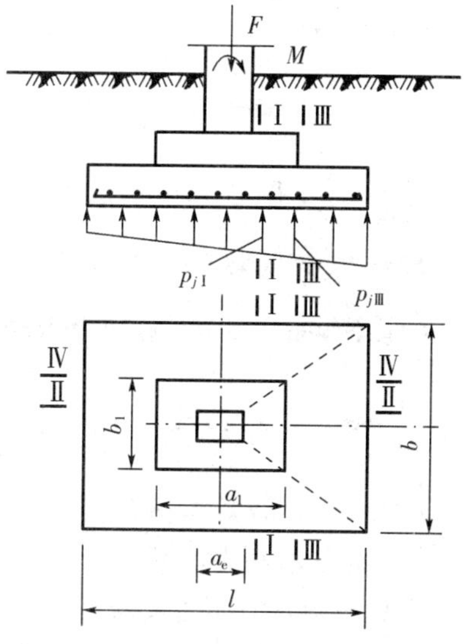

(b) 抗弯曲计算示意图

图 2-31　偏心荷载作用计算示意图

对偏心荷载作用下，其底板厚度与配筋计算与中心荷载作用下基本相同，具体做法时：当计算底板厚度求冲切力时，将式(2-37)中的 p_j 用 $p_{j\max}$ 代替，其他公式不变；当计算底板配筋而求基础弯矩时，将式(2-40)中的 p_j 换成偏心受压时的$(p_{j\max}+p_{j\text{Ⅰ}})/2$(柱边处)或

$(p_{jmax}+p_{jIII})/2$ 代替，其他公式不变。

对于符合《建筑地基基础设计规范》GB 50007—2002 规定的构造要求的杯口基础，在与预制柱结合形成整体后，其性能与现浇柱独立基础基本相同，可以按现浇柱独立基础的计算方法进行设计。

例题 2-6　某厂房柱截面尺寸为 600mm × 400mm，基础受竖向荷载标准值 $F_k=780\text{kN}$，力矩标准值 $M_k=120\text{kN}\cdot\text{m}$，水平荷载标准值 $H_k=40\text{kN}$，作用于 ±0.00 处。地基土层如图 2-32 所示，基础埋深为 1.8m。试设计该柱下无筋扩展基础（采用 C15 素混凝土材料）。

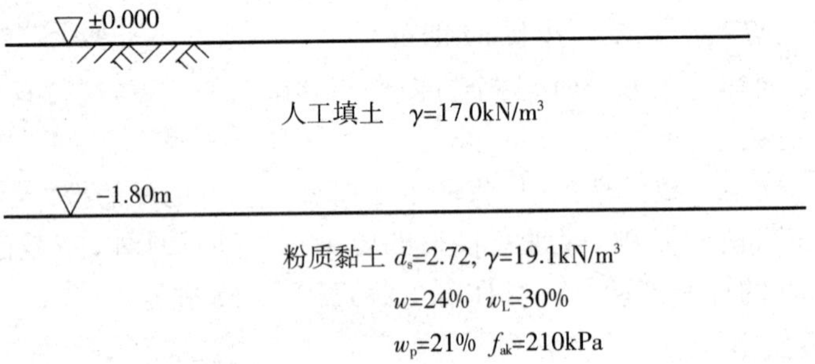

图 2-32

解：(1) 持力层承载力修正

$$I_L=\frac{w-w_p}{w_L-w_p}=\frac{24-21}{30-21}=0.33$$

$$e=\frac{d_s(1+w)\gamma_w}{\gamma}-1=\frac{2.72\times(1+0.24)\times10}{19}-1=0.775$$

查表 2-4 得 $\eta_b=0.3$，$\eta_d=1.6$，应考虑深度修正

$f_a=f_{ak}+\eta_d\gamma_m(d-0.5)=210+1.617\times(1.8-0.5)=245\text{kPa}$

(2) 使用放大 30% 后的中心荷载计算底面积公式，初步确定底面尺寸为

$$A=1.3\frac{F_k}{f_a-\gamma_G d}=1.3\times\frac{780}{245-20\times1.8}=3.73\text{m}^2$$

取 $l/b=1.5$，则求得 $b=1.8\text{m}<3\text{m}$（不需要对承载力进行宽度修正），$l=2.7\text{m}$

(3) 地基承载力验算

基底平均压力不需要验算。

基底压力最大值为

$$p_{kmax}=\frac{F_k+G_k}{bl}+\frac{M_k}{W}=196+88=284\text{kPa}<1.2f_a\text{（满足要求）}$$

(4) 基础剖面设计

基础材料选用 C15 混凝土，查表 2-5 可得，台阶允许宽高比为 1∶1，则基础高度 $h\geqslant(2.7-0.6)/2=1.05\text{m}=1050\text{mm}$

基础做成三个台阶，其具体做法见图 2－33 所示。

例题 2－7　若上题中基础形式改为钢筋混凝土扩展基础，并取基础高度为 600mm，基础底面尺寸为 2.7m×1.8m，传至基础顶面竖向荷载基本组合值 $F=820\text{kN}$，力矩基本组合值 $M=150\text{kN}\cdot\text{m}$，其余条件不变，试设计该基础。

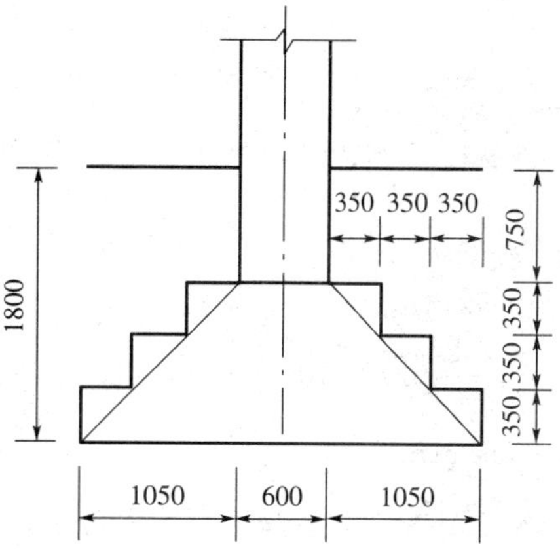

图 2－33　基础三个台阶做法

解：(1) 基底净反力

$$p_{j\max}=\frac{F}{bl}+\frac{6M}{bl^2}$$

$$=\frac{820}{1.8\times2.7}+\frac{6\times150}{1.8\times2.7^2}=237.3\text{kPa}$$

$$p_{j\min}=\frac{F}{bl}+\frac{6M}{bl^2}$$

$$=\frac{820}{1.8\times2.7}+\frac{6\times150}{1.8\times2.7^2}=100.1\text{kPa}$$

(2) 基础抗冲切验算

因为 $h<800\text{mm}$，故 $\beta_{hp}=1.0$

假设不设垫层，取保护层厚度为 80mm，则 $h_0=h-80=520\text{mm}$

偏心荷载作用下，冲切破坏发生在最大基底反力一侧，则

$$A_l=[(2.7-0.6)/2-0.52]\times1.8-[(1.8-0.4)/2-0.52]^2=0.922\text{m}^2$$

$$F_l=A_l\times p_{j\max}=237.3\times0.922=218.8\text{kN}$$

$$a_m=b_0+h_0=400+520=920\text{mm}$$

基础材料采用 C20 混凝土，$f_t=1.1\text{N/mm}^2$

$$0.7f_t a_m h_0=0.7\times1.0\times1.1\times10^3\times0.92\times0.52=368\text{kN}>F_l\text{（基础高度满足要求）}$$

(3) 基础底板配筋计算

验算截面应选在柱边缘处，则

$$b'=l_0=600\text{mm},\ a'=b_0=400\text{mm}$$

$$a_1=0.5(l_1-l_0)=0.5\times(2700-600)=1050\text{mm}$$

$$p_{j\text{I}}=237.3-(237.3-100.1)\times1.05/2.7=183.9\text{kPa}$$

$$M_{\text{I}}=\frac{1}{12}a_1^2[(2b+a')(p_{j\max}+p_{j\text{I}})+(p_{j\max}-p_{j\text{I}})b]$$

$$=\frac{1}{12}\times1.05^2\times[(2\times1.8+0.4)\times(237.3+183.9)+(237.3-183.9)\times1.8]$$

$$=163.6\text{kN}\cdot\text{m}$$

$$M_{\text{II}}=\frac{1}{48}(b-a')^2(2b+b')(p_{j\max}+p_{j\min})$$

$$=(1.8-0.4)^2\times(2\times2.7+0.6)\times(237.3+100.1)/48=82.7\text{kN}\cdot\text{m}$$

钢筋选用 HPB235 级，$f_y=210\text{N/mm}^2$

$A_{s\text{I}}=163.6\times10^6/(0.9\times210\times520)=1664.6\text{mm}^2$（实际选用 11 根 $\Phi14$@170，$A_{sI}=1692\text{mm}^2$）

$A_{s\text{II}}=82.7\times10^6/(0.9\times210\times(520-14))=868\text{mm}^2$（实际选用 14 根 $\Phi10$@200，$A_{sII}=868\text{mm}^2$）

基础剖面及配筋如图 2－34 所示。

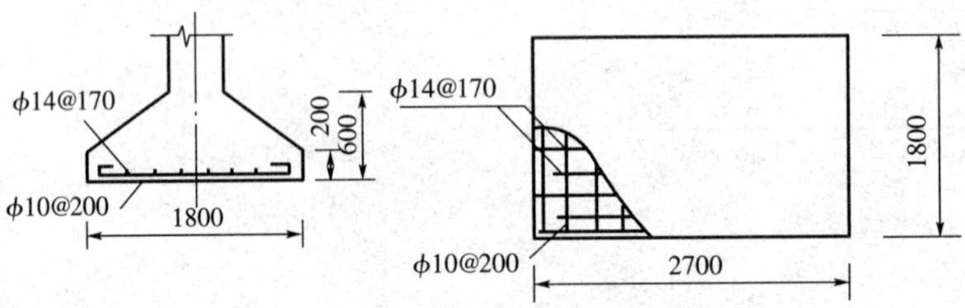

图 2－34 基础剖面及配筋图

2.8 地基的变形控制及减轻不均匀沉降危害的措施

2.8.1 地基的变形控制

按前述方法确定的基础底面尺寸只能保证地基不会发生剪切破坏，并不能保证符合地基不变形的要求。如果地基变形超过了允许值，可能造成建筑物开裂和损坏，同样不能保证建筑物的正常使用和安全可靠。地基基础设计时，根据地基承载力特征值确定底面尺寸后，按《建筑地基基础设计规范》GB 50007—2002 的要求，还必须满足建筑物的地基变形计算值，不应大于地基变形允许值的要求：

$$\triangle\leqslant[\triangle] \qquad (2-43)$$

式中 △—— 特征变形值。

[△]—— 地基变形允许值，其值可由表 2－7 查取。对于表中未包括的其他建筑物的地基特征变形允许值，可根据上部结构对地基变形的适应能力和使用上的要求确定。

表 2-7　地基变形允许值

变形特征	地基土类别	
	中、低压缩性土	高压缩性土
砌体承重结构的局部倾斜	0.002	0.003
工业与民用建筑相邻柱基的沉降差		
(1) 框架结构	$0.002l$	$0.003l$
(2) 砌体墙填充的边排柱	$0.0007l$	$0.001l$
(3) 当基础不均匀沉降时不产生附加内力的结构	$0.005l$	$0.005l$
单层排架结构(柱距为 6m) 柱基的沉降量(mm)	(120)	200
桥式吊车轨面的倾斜(按不调整轨道考虑)		
纵向	0.004	
横向	0.003	
多层和高层建筑的整体倾斜　$H_g \leqslant 24$	0.004	
$24 < H_g \leqslant 60$	0.003	
$60 < H_g \leqslant 100$	0.0025	
$H_g > 100$	0.002	
体形简单的高层建筑基础的平均沉降量	200	
高耸结构基础的倾斜　$H_g \leqslant 20$	0.008	
$20 < H_g \leqslant 50$	0.006	
$50 < H_g \leqslant 100$	0.005	
$100 < H_g \leqslant 150$	0.004	
$150 < H_g \leqslant 200$	0.003	
$200 < H_g \leqslant 250$	0.002	
高耸结构基础的沉降量　$H_g \leqslant 100$	400	
$100 < H_g \leqslant 200$	300	
$200 < H_g \leqslant 250$	200	

注:① 本表数值为建筑物地基实际最终变形允许值;
② 有括号者仅适用于中压缩性土;
③ l 为相邻柱基的中心距离(mm),H_g 为自室外地面算起的建筑物高度(m)。

地基变形特征可以分为沉降量、沉降差、倾斜、局部倾斜四种。这些地基变形特征的概念是:沉降量指独立基础中心点的沉降值或整幢建筑物基础的平均值;沉降差指相邻两个柱基的沉降量之差;倾斜指基础倾斜方向两端点的沉降差与距离的比值;局部倾斜指砌体结构沿纵向 6～10m 内基础两点的沉降差与其距离的比值。这些变形特征可以通过土力学理论计算求得,如工程施工过程和工程竣工后,可通过现场监测获取。

按《建筑地基基础设计规范》GB 50007—2002 的规定,不同结构类型、压缩性不同的地基的建筑物对于地基变形的要求是不一样的。变形允许值的确定涉及众多因素,常见的考虑如下:

一般砌体结构的局部倾斜容易引起局部出现斜裂缝,故砌体承重结构的地基变形由局部倾斜控制;框架结构和单层排架结构主要是相邻柱基的沉降差使得构件受剪扭曲而损坏,因此其地基变形由相邻柱基的沉降差控制。当建筑物均匀沉降时,如果沉降量较大,即使不会对结构本身造成破坏，也会影响建筑物的使用，或影响相邻建筑物的安全。如单层排架结构的沉降量很大时一般不会导致结构的破坏，但可能会导致桥式吊车净空不够而影响使用；高耸结构（如烟囱、水塔等）沉降量过大会将烟道（管道）拉裂，故对此类结构应控制其沉降量。高耸结构和高层建筑的整体刚度很大，可近似视为刚性结构，其整体倾斜允许值主要取决于人们视觉的敏感程度，倾斜值到达明显可见的程度时大致为 1/250，而结构损坏则大致当倾斜达到 1/150 时开始。

由于目前的地基沉降计算方法还不够精确，因此，对于重要的或体形复杂的建筑物，或使用上对不均匀沉降有严格要求的建筑物，应进行系统的地基沉降观测。通过对观测结果的分析，一方面可以对计算方法进行验证，修正土的参数取值；另一方面可以预测沉降发展的趋势，如果最终沉降可能超出允许范围，则应及时采取处理措施。在必要的情况下，需要分别预估建筑物在施工期间和使用期间的地基变形值，以便预留建筑物有关部分之间的净空，考虑连接方法和施工顺序。

一般多层建筑物在施工期间完成的沉降量，对于砂土，可认为其最终沉降量已完成 80% 以上；对于其他低压缩性土，可认为已完成最终沉降量的 50% ～ 80%；对于中压缩性黏性土，可认为已完成 20% ～ 50%；对于高压缩性黏性土，可认为已完成 5% ～ 20%。

2.8.2 减轻地基不均匀沉降危害的措施

地基的过量变形特别是不均匀沉降将使建筑物损坏或影响其使用功能，特别是高压缩性土、膨胀土、湿陷性黄土以及软硬不均等不良地基上的建筑物，如果考虑欠周到，就更易因不均匀沉降而开裂损坏。因此如何防止或减轻不均匀沉降造成的损害，是设计中必须考虑的问题。若事先采取必要的措施（例如从地基、基础、上部结构相互作用的观点，在建筑、结构或施工方面采取措施），则可以减小由于不均匀沉降对结构产生的危害。

1. 建筑措施

（1）建筑物的体型应力求简单

建筑物的体形指的是其在平面和立面上的形状。复杂的体形常常是削弱建筑物整体刚度和加剧不均匀沉降的重要因素，而体形简单的建筑物，其整体刚度大，抵抗变形的能力强。因此，地基条件不好时，在满足使用要求的条件下，应尽量采用简单的建筑体形，如长高比小的“一”字形建筑物。

平面形状复杂（如“L”、“T”、“H”、“∏”形等）的建筑物，纵、横单元交叉处基础密集，地基中附加应力互相重叠，必然出现比别处大的沉降。加之这类建筑物的整体性差，各部分的刚度不对称，很容易遭受地基不均匀沉降的损害。

建筑物高低（或轻重）变化太大，地基各部分所受的荷载不同，也易出现过量的不均匀沉降。据调查，软土地基上紧接高差超过一层的砌体承重结构房屋，低者很易开裂。因此，当高度差异或荷载差异较大时，可将两者隔开一定距离，当拉开距离后的两个单元必须连接时，应采取能自由沉降的连接构造。

（2）控制长高比及合理布置墙体

长高比大的砌体承重房屋，其整体刚度差，纵墙很容易因挠曲过度而开裂。根据调查认为，二层以上的砌体承重房屋，当预估的最大沉降量超过 120mm 时，长高比不宜大于 2.5；对于平面简单、内外墙贯通，横墙间隔较小的房屋，长高比的控制可适当放宽，但一般不大于

3.0。不符合上述要求时，一般要设置沉降缝。

合理布置纵、横墙，是增强砌体承重结构房屋整体刚度的重要措施之一，一般房屋的纵向刚度较弱，故地基不均匀沉降的损害主要表现为纵墙的挠曲破坏。内外纵墙的中断、转折，都会削弱建筑物的纵向刚度。地基不良时，应尽量使内、外纵墙都贯通。纵横墙的联结形成了空间刚度，缩小横墙的间距，可有效地改善房屋的整体性，从而增强了调整不均匀沉降的能力。

(3) 设置沉降缝

用沉降缝将体形复杂或者长高比过大的建筑物(包括基础) 分割为两个或多个体形简单规则、长高比不大、地基比较均匀的独立的沉降单元，沉降缝一般设置在以下部位：

① 建筑物平面转角部位；

② 长高比过大的砌体承重结构或钢筋混凝土框架结构的适当部位；

③ 地基土的压缩性有明显差异处；

④ 建筑物的荷载或高度有明显差异处；

⑤ 建筑物结构类型或基础类型不同处；

⑥ 分期建筑的房屋交界处。

沉降缝应有足够的宽度，以防止缝两侧的结构相向倾斜而互相挤压。缝内一般不得填塞，但寒冷地区为了防寒，可填塞松散材料。沉降缝的常用宽度为：二层、三层房屋，缝宽 50 ～80mm；四层、五层房屋，80 ～ 120mm。五层以上，应不小于120mm；在抗震设防区，还应该考虑抗震要求。

(4) 相邻建筑物基础间满足净距要求

由地基中附加应力分布规律可知：作用在地基上的荷载，会使土中的一定宽度和一定深度范围内产生附加应力，从而地基将发生变形。在此范围之外，荷载对相邻建筑物的影响可忽略。如果建筑物之间的距离太近，同期修建会相互影响，特别是建筑物轻重差别太大时，轻者受重者的影响。非同期修建、新建重型建筑物或高层建筑物会对原有建筑物产生影响，而使被影响建筑物产生不均匀沉降而开裂。

相邻建筑物基础的净距按表 2 - 8 选用。由该表可见，决定相邻建筑物的净距的主要因素是受影响建筑物(被影响者) 的刚度(用长高比来衡量) 和影响建筑物(产生影响者) 的预估沉降量值。

表 2 - 8　相邻建筑物基础间的净距(m)

影响建筑的预估平均沉降量 s(mm)	受影响建筑的长高比	
	$2.0 \leqslant L/H_f < 3.0$	$3.0 \leqslant L/H_f < 5.0$
70 ～ 150	2 ～ 3	3 ～ 6
160 ～ 250	3 ～ 6	6 ～ 9
260 ～ 400	6 ～ 9	9 ～ 12
＞400	9 ～ 12	＞12

注：① 表中 L 为房屋长度或沉降缝分隔的单元长度(m)；H_f 为自基础底面算起的房屋高度(m)。

② 当受影响建筑的长高比为 $1.5 < L/H_f < 2.0$ 时，净距可适当缩小。

相邻高耸结构(或对倾斜要求严格的构筑物)的外墙间距,可根据倾斜允许值计算确定。

(5) 调整某些建筑设计标高

建筑物的沉降会改变原有的设计标高,严重时将影响建筑物的使用功能。可以采取下列措施进行调整:

① 根据预估的沉降量,适当提高室内地坪和地下设施的标高。建筑物各部分(或设备之间)有联系时,可将沉降较大者标高适当提高。

② 建筑物与设备之间,应留有足够的净空。当建筑物有管道穿过时,应预留足够尺寸的孔洞,或者采用柔性管道接头等。

2. 结构措施

(1) 减轻建筑物的自重

在基底压力中,建筑物的自重占很大比例。据估计,工业建筑占 50% 左右;民用建筑占 60% 左右。因此,减轻建筑物自重可以有效地减少地基沉降量。具体的措施有:

① 采用轻质材料,如各种空心砌块、多孔砖以及其他轻质材料以减少墙重。

② 选用轻型结构,如采用预应力混凝土结构、轻钢结构及各种轻型空间结构。

③ 减少基础及其上回填土的重量。可以选用覆土少、自重轻的基础形式,如壳体基础、空心基础等。如室内地坪较高,可以采用架空地板代替室内厚填土。

(2) 采用刚度大的基础类型

对于体形复杂、荷载差异大的框架结构,可以采用箱基、筏基、桩基等加强基础整体刚度,减少不均匀沉降。

(3) 设量圈梁或联系梁

在砌体结构中,设置圈梁可以提高砌体结构抵抗弯曲的能力,即增强建筑物的抗弯刚度。它是防止砖墙出现裂缝和阻止裂缝开展的一项有效措施。当建筑物产生碟形沉降时,墙体产生正向挠曲,下层的圈梁起作用;反之,墙体产生反向挠曲时,上层的圈梁起作用。由于不容易正确估计墙体的挠曲方向,故通常在房屋的上、下方都设置圈梁。

圈梁的布置,多层房屋宜在基础面附近和顶层门窗顶处各设置一道,其他各层可隔层设置,必要时也可层层设置。对于单层工业厂房及仓库,可结合基础梁、联系梁、过梁等酌情设置。圈梁必须与砌体结合成整体,每道圈梁应尽量贯通全部外墙、承重内纵墙及主要内横墙,即在平面上形成封闭系统。

在钢筋混凝土框架结构中,对不均匀沉降很敏感,很小的沉降差异就足以引起可观的附加应力。对于采用单独柱基的框架结构,可在基础间设置基础联系梁(图 2-35),可以加大结构刚度、有效减少不均匀沉降。基础梁的设置常带有一定的经验性,具体可参照相关资料;

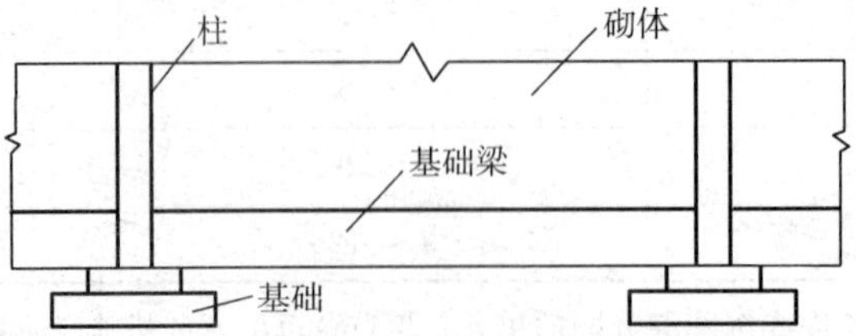

图 2-35　框架结构的基础梁

(4) 减小或调整基底附加压力

① 设置地下室(或半地下室)。其作用之一是以挖除的土重去抵消(补偿)一部分甚至全部的建筑物重量,以达到减小基底附加压力和沉降的目的。地下室(或半地下室)还可只设置于建筑物荷载特别大的部位,可以减小与较轻部分的沉降差,使建筑物各部分的沉降趋于均匀。

② 调整基底尺寸。加大基础的底面积可以减小沉降量。因此,为了减小沉降差异,可以将荷载大的基础的底面积适当加大。在具体的工程中,要根据实际情况,采取经济合理而又有效的调整措施。

3. 施工措施

在进行工程建设时,采用合理的施工顺序和施工方法至关重要,这是减小或调整不均匀沉降的有效措施之一。

(1) 合理安排施工顺序

对于高低、轻重悬殊的建筑部位或单体建筑,在施工进度和条件允许的情况下,一般应按照先重后轻、先高后低的顺序进行施工,或在高重部位竣工并间歇一段时间后再修建轻低部位。带有地下室和裙房的高层建筑,为减小高层部位与裙房间的不均匀沉降,施工时应采用后浇带断开,待高层部分主体结构完成时再连接成整体。如采用桩基,可根据沉降情况,在高层部分主体结构未全部完成时连接成整体。

(2) 在软土地基上开挖基坑时,要尽量不扰动土的原状结构,通常可在基坑底保留大约200mm厚的原土层,待施工垫层时才临时挖除。如发现坑底软土已被扰动,可挖除扰动部分,用砂石回填处理。

(3) 在新建基础、建筑物侧边不宜堆放大量的建筑材料或弃土等重物,以免地面堆载引起建筑物产生附加沉降。

(4) 活载较大的建筑物,有条件时可先堆载预压;在使用初期应控制加载速率和加载范围,避免大量的迅速、集中堆载。

(5) 注意打桩、降低地下水、基坑开挖对邻近建筑物可能产生的不利影响。

思考与练习题

1. 简述天然地基上浅基础设计的主要内容和一般步骤。

2. 天然地基上浅基础设计的一般原则是什么?影响基础埋深的主要因素有哪些?

3. 基础的结构和材料类型有哪些?其各自性能如何?

4. 基础设计时刚性基础需要满足什么条件?

5. 地基变形验算有什么内容?地基的变形特征有几种?

6. 地基不均匀沉降的危害有哪些?何种情况下砌体产生"八"字缝和倒"八"字缝?减轻地基不均匀沉降危害的措施有哪些?

7. 扩展基础设计有些什么内容?

8. 为什么要验算软弱下卧层的承载力?如果不满足应该采取什么措施?

9. 某办公楼为砖混承重结构,拟采用钢筋混凝土墙下条形基础。外墙厚度为370mm,上部结构传至±0.000处的荷载标准值$F_k=220\text{kN/m}$,$M_k=45\text{N}\cdot\text{m/m}$,荷载基本值为$F=250\text{kN/m}$,$M=63\text{kN}\cdot\text{m/m}$,基础埋深1.92m(从室内地面算起),地基持力层承载力特征值

$f_a=158\text{kPa}$。混凝土强度等级为 C20($f_c=9.6\text{N/mm}^2$,$f_t=1.1\text{N/mm}^2$),钢筋采用 HPB235 级($f_y=210\text{N/mm}^2$)。试设计该外墙基础。

10. 某建筑物场地地表以下土层依次为:(1) 中砂,厚 2.0m,潜水面在地表下 1m 处,饱和重度 $\gamma_{sat}=19.5\text{kN/m}^3$;(2) 黏土隔水层,厚 1.9m,重度 $\gamma=19\text{kN/m}^3$;(3) 粗砂,含承压水,承压水位高出地表 2.5m,(取 $\gamma_W=10\text{kN/m}^3$)。问基坑开挖深达 1.2m 时,坑底有无隆起的危险?若基础埋深 $d=1.6\text{m}$,施工时除将中砂层内地下水位降到坑底外,还必须设法将粗砂层中的承压水位降低多少才安全?

11. 某条形基础底宽 $b=2.0\text{m}$,埋深 $d=1.2\text{m}$,地基土为黏土,内摩擦角标准值 $\varphi_k=22°$,黏聚力标准值 $c_k=10\text{kPa}$,地下水位位于基底以上 0.2m,有效重度 $\gamma'=10\text{kN/m}^3$,基底以上土的重度 $\gamma_m=18.3\text{kN/m}^3$。(1) 试确定地基承载力特征值 f_a;(2) 若作用于地面标高处的荷载 $F_k=200\text{kN}$,采用砖基础,试确定砖基础的底面宽度,并分别画出“二皮一收”和“二一间隔收”两种砌法剖面示意图。

12. 某钢筋混凝土内柱截面尺寸为 350mm×350mm,作用在基础顶面的中心荷载 $F_k=500\text{kN}$。自地表起的土层情况为:素填土,松散,厚度 1.3m,$\gamma=17\text{kN/m}^3$;细砂,厚度 2.8m,$\gamma=18.5\text{kN/m}^3$,$\gamma_{sat}=20\text{kN/m}^3$,内摩擦角标准值 $\varphi_k=26°$,$E_{s1}=8.1\text{MPa}$;软黏土,$f_{ak}=90\text{kPa}$,$E_{s2}=2.7\text{Mpa}$,厚度较大;地下水位于地表下 4.0m 处。试确定钢筋混凝土独立基础的底面尺寸(需验算下卧层承载力),并设计基础截面及配筋,最后绘制该基础的施工图(假设基础顶面处基本组合值为标准组合值的 1.35 倍)。

第 3 章　连续基础

3.1　概　述

连续基础包括在柱下连续设置的单向或双向条形基础、底板连续成片的筏板基础和箱形基础。柱下条形基础、筏形基础和箱形基础与柱下独立基础相比，具有优良的结构特征、较大的承载能力等优点，适合作为各种地质条件复杂，建设规模大、层数多、结构复杂的建筑物基础，在我国已建成的大量高层建筑中，很多都是采用这类基础。

柱下条形基础、筏形基础和箱形基础将建筑物底部连成整体，加强了建筑物的整体刚度，调整并均衡地传递给地基上部结构的荷载，减小了荷载差异和地基不均匀造成的建筑物不均匀沉降。这类基础一般埋深较大，可以提高地基的承载力，增大基础抗水平滑动的稳定性，并可利用地基补偿作用减小基底附加应力，减小建筑物的沉降量。此外，筏形和箱形基础还可在建筑物下部构成较大的地下空间，提供安置设备和公共设施的合适场所。

但这类基础，尤其是箱形基础，技术要求及造价较高，施工中需处理大基坑、深开挖所遇到的许多问题，箱形基础的地下空间利用不灵活，因此，选用时应根据具体条件通过技术经济及应用比较确定。

对于条形、筏形和箱形等规模较大、承受荷载多和上部结构较复杂的基础，如果计算分析中将上部结构、基础和地基简单地分割成彼此独立的三个组成部分，分别进行设计和验算，三者之间仅满足静力平衡条件而不考虑三者之间的相互作用，则常常引起较大误差。由于基础在地基平面上一个或两个方向的尺寸与其竖向截面相比较大，一般可看成是地基上的受弯构件梁或板，其挠曲特征、基底反力和截面内力分布都与地基、基础以及上部结构的相对刚度特征有关，所以应从三者相互作用的角度出发，采用适当的方法进行设计。这是今后基础设计的发展方向。虽然上部结构、基础和地基共同作用是一个复杂的研究课题，尽管已取得较丰硕的成果，但是由于涉及的因素很多，尤其地基土是一种很复杂的材料，而且目前尚缺少一种理想的地基模型去确切模拟，因此考虑共同工作的分析结果与实测资料对比往往存在着不同程度的差异，有时误差还较大，说明理论分析方法尚有待于进一步完善，目前尚未推广使用于工程设计中。对于重要工程可用其理论指导分析和设计，而一般工程中使用的还是常规设计法，故本章主要介绍连续基础的常规设计法。许多设计人员提出，设计这些基础宜坚持“构造为主，计算为辅”的原则，因此，本章在介绍柱下条形基础、筏形基础、箱形基础设计计算的同时，也介绍其结构和构造要求，供设计时参考。

3.2　地基计算模型

地基模型是描述土体在外荷载作用下反应的一种数学表达，是基础计算的一个重要依赖。合理选择地基模型不仅直接影响地基反力的分布和基础的沉降，而且影响基础结构和上部结构的内力分布和变形。由于岩土体特性的复杂，地基模型只能针对一些理想化的状态建立，因此不存在普遍都能适用的数学模型以满足土体所要求的应力应变关系。岩土工程领域的一个重要内容就是地基模型的发展和完善。目前地基计算模型很多，按照其对地基变形特征的描述可以分为以下三类：线弹性地基模型、非线弹性地基模型、弹塑性地基模型。本节简要介绍较简单、常用的线弹性地基模型。

3.2.1　文克尔地基模型

文克尔(E. Winkler，1867)地基模型是一种最简单的线弹性地基模型，它由捷克工程师文克尔在计算铁路钢轨时提出，其基本假设是土介质表面每一点所受的压力强度 $p(x,y)$ 与该点的竖向位移 $s(x,y)$ 成正比，而与土和基础界面上其他点完全无关。数学表达式为最简单的线性表式：

$$p(x,y)=ks(x,y) \tag{3-1}$$

式中　k—— 基地抗力系数，也称基床系数(kN/m^3)。

文克尔模型实质上就是把地基看做是无数小土柱组成，并假设各土柱之间无摩擦力，即将地基视为无数不相联系的弹簧组成的体系。图 3-1 为文克尔地基模型的示意图。

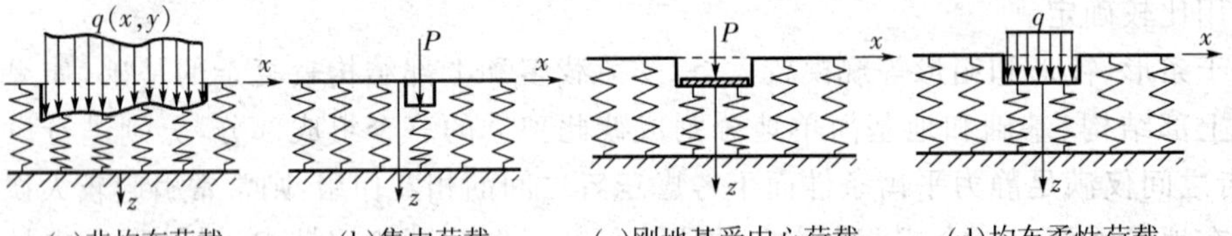

(a)非均布荷载　(b)集中荷载　(c)刚地基受中心荷载　(d)均布柔性荷载

图 3-1　文克尔地基模型示意图

从模型上施加不同荷载的情况可以看出，基底压力图形与基础的竖向位移图相似，绝对刚性基础因基底各点竖向位移呈线性变化，故其反力呈直线分布。用文克尔地基模型描述地基的变形有两点最显著的缺陷：第一，按照文克尔地基模型，地基的沉降只发生在基底范围以内，这与实际情况并不相符，如图 3-2 所示。其原因在于式(3-1)所示的数学模型忽略了地基中的剪应力。而由于剪应力的存在，地基中的附加应力才能产生扩散，从而使基底以外的地表发生沉降。因此，文克尔地基模型一般只适用于土体中剪应力较小的情况。第二，试验研究表明，在同一压力作用下，基床系数 k 不是常数，它不仅与土的性质、类别有关，还与基础底面积的大小、形状以及基础的埋置深度等有关。

由于文克尔地基模型比较简单，模型参数少，且参数 k 的取值也积累了较丰富的经验，所以目前在实际计算中仍被广泛采用。一般认为，当地基上为较软弱的半液态土(如淤泥、

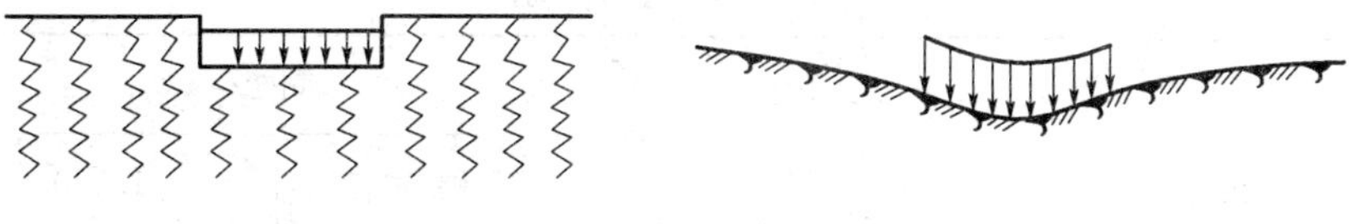

(a)文克尔地基　　　　(b)实际地基

图 3-2　文克尔地基变形与实际地基变形比较

软黏土等）或基底下塑性区相对较大时，比较符合文克尔假定。此外，对于地基的压缩层较薄、不超过梁或板的短边宽度一半的薄压缩层地基，因压力面积较大、剪应力较小，也宜采用文克尔地基模型进行计算。

3.2.2　文克尔改进模型(三参数模型)

针对文克尔模型不能考虑土介质连续性，以及不能考虑土体中剪应力作用的缺陷，后续的改进工作主要集中于三个方面：一是在独立弹簧之间引入力学的相互作用以消除其不连续性；二是对弹性连续介质引入简化位移和应力分布的某种假设，使得在保持连续性的同时，又具备原模型简单的优点；三是引入考虑基础底面尺寸效应的因素，以描述基础范围以外的土体对基床刚度和接触压力分布性质的影响。

上述前三方面的改进模型可以用三个弹性参数来表示，故也称之为三参数模型或文克尔改进模型，如图 3-3 所示。

为弥补文克尔地基模型不足，利夫金分析了各种地基模型下矩形基础反力分布的性质，对文克尔模型的特征函数作出了如下改进：

$$p(x,y)=k\left[1+\beta e^{-\alpha(m-\xi)(1-\eta)}\right]s(x,y) \tag{3-2}$$

式中　k—— 基床系数；

α,β—— 与地基土性质有关的无量纲参数；

ξ,η—— 界面上所考虑点的相对坐标，$\xi=x/l,\eta=y/b$；

b,l—— 矩形基础的半宽与半长；

m—— 矩形基础的长宽比。

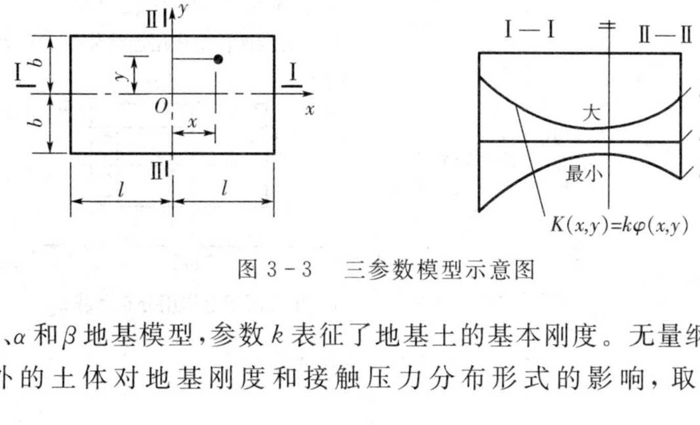

图 3-3　三参数模型示意图

三参数 k、α 和 β 地基模型，参数 k 表征了地基土的基本刚度。无量纲参数 α 和 β，则描述基础范围以外的土体对地基刚度和接触压力分布形式的影响，取 $\alpha=1.0$，β 值按照表3-1 选择。

表 3-1　参数 β 值

砂土		黏土	
密实	1.0/0	坚硬	1.5/0.5
中密	0.5/−0.25	半坚硬	1.0/0
松散	0/−0.5	可塑	0.5/−0.5

3.2.3　弹性半无限地基模型(均匀各向同性地基模型)

假定地基为均匀的、各向同性的、弹性的半无限体。当竖向集中力 P 作用在弹性半无限表面上时，根据布辛奈斯克(J. Boussinesq，1685 年)公式，可得到地表面与荷载作用点距离为 r 的点 i 的竖向位移，如图 3-4(a) 所示。用下式表示：

$$s = P(1-\mu^2)/\pi E r \tag{3-3}$$

式中　E—— 地基土的弹性模量；

μ—— 地基土的泊松比。

分布在有限面积 A 上，通过积分，求得矩形角点处变形值为：

$$s_c = pb(1-u^2)\cdot I_c/E \tag{3-4}$$

式中　I_c—— 角点影响系数，见表 3-2。

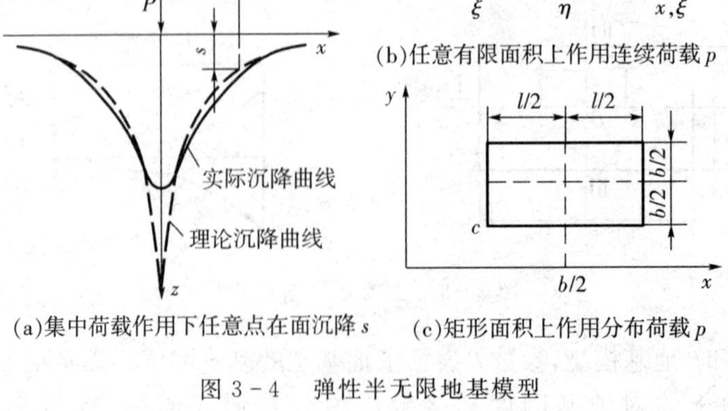

(a)集中荷载作用下任意点在面沉降 s　(b)任意有限面积上作用连续荷载 p　(c)矩形面积上作用分布荷载 p

图 3-4　弹性半无限地基模型

表 3-2 基础角点影响系数 I_c

基础刚度 \ 基础形状	圆形	矩形(边比 $m=l/b$)								
		1.0	1.5	2.0	3.0	5.0	10	20	50	100
刚性	0.79	0.88	1.07	1.21	1.42	1.70	2.10	2.46	3.00	3.43
柔性	0.64	0.56	0.68	0.77	0.89	1.05	1.27	1.49	1.80	2.00

作用于地基表面任意分布荷载如图 3-5 所示，把面积划分为 n 个 $a_j.b_j$ 微元。分布于微元上的荷载作用于微元中心点的集中力 P_j 表示。以中心点为结点，则作用与各结点的等效集中力就是$\{P\}$。P_j 对地基表面任意结点 i 上所引起的变形值为 s_{ij}，各结点上的变形为$\{s\}$，则各结点上地基的变形可以用矩阵表示为：

$$\begin{Bmatrix} s_1 \\ s_2 \\ \vdots \\ s_n \end{Bmatrix} = \begin{bmatrix} \delta_{11} & \delta_{12} & \cdots & \delta_{1n} \\ \delta_{21} & \delta_{22} & \cdots & \delta_{2n} \\ \vdots & \vdots & & \vdots \\ \delta_{n2} & \delta_{n2} & \cdots & \delta_{nn} \end{bmatrix} \begin{Bmatrix} p_1 \\ p_2 \\ \vdots \\ p_n \end{Bmatrix} \tag{3-5}$$

$$\{s\} = [\delta]\{p\} \tag{3-6}$$

$$s_{ij} = \delta_{ij} = (1-u^2)/\pi E \cdot \sqrt{(x_j - x_i)^2 + (y_j - y_i)^2} \tag{3-7}$$

该模型的特点是考虑应力扩散作用，比文克尔地基模型合理一些，但该模型的应力扩散往往超过了地基的实际情况。原因是实际地基压缩土层厚度有限；地基土压缩模量随深度而变。另外，它没有考虑到地基的分层特性、非均质性以及土体应力应变关系的非线性等重要因素。

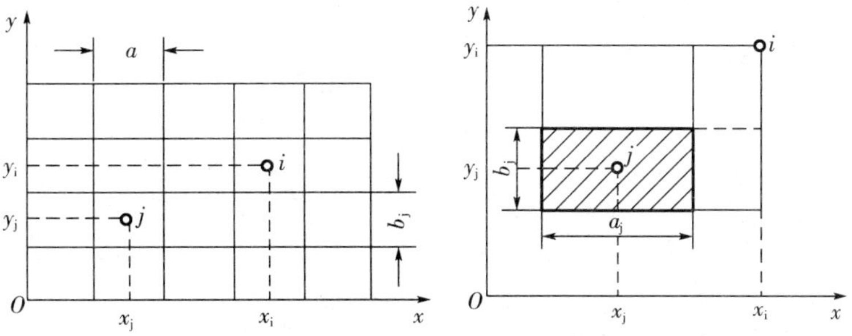

(a)基底网格划分 (b)网格中点坐标

图 3-5 弹性半无限地基模型地表变形计算

3.2.4 有限压缩层地基模型(分层地基模型)

分层地基模型就是我国地基规范中用以计算地基沉降的分层总和法，地基沉降等于压缩层范围内各计算分层在完全侧限条件下的压缩量之和。

由于土质分布不均，对不同的节点，其下压缩层的深度可能不同。地基柔度矩阵$[\delta]$的各元素计算公式为：

$$\delta_{ij}=\sum_{k=1}^{N_i}\sigma_{zijk}H_{ik}/E_{sik} \tag{3-8}$$

式中 N_i—— 按分层总和法分层厚度要求，在 i 节点下划分的土层数；

δ_{ij}—— 变形系数或柔度矩阵[δ]的元素；

σ_{zijk}—— j 节点处小矩形面积 F_j 上作用竖向均布荷载 $P_j=1/F_j$ 时，按弹性理论解，在 i 节点下第 k 层中点处产生的竖向应力，可用角点法或近似积分法计算；

H_{ik}——i 节点下第 k 层土层的厚度；

E_{sik}——i 节点下第 k 层土层的压缩模量。

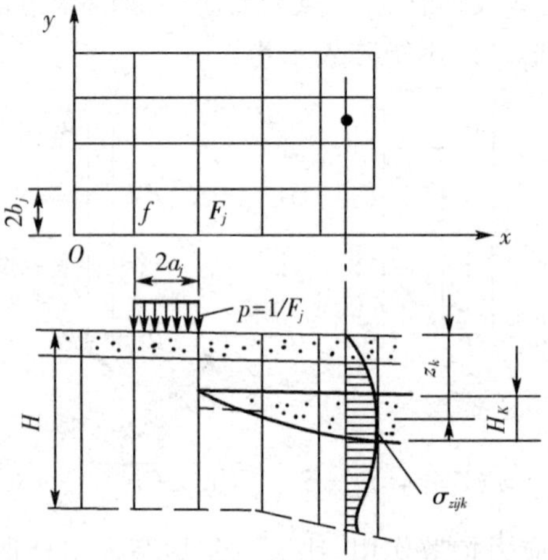

图 3-6　有限压缩层地基模型

整个基底所引起的变形可以用矩阵表示为：

$$\begin{Bmatrix} s_1 \\ s_2 \\ \vdots \\ s_n \end{Bmatrix}=\begin{bmatrix} \delta_{11} & \delta_{12} & \cdots & \delta_{1n} \\ \delta_{21} & \delta_{22} & \cdots & \delta_{2n} \\ \vdots & \vdots & & \vdots \\ \delta_{n2} & \delta_{n2} & \cdots & \delta_{nn} \end{bmatrix}\begin{Bmatrix} p_1 \\ p_2 \\ \vdots \\ p_n \end{Bmatrix} \tag{3-9}$$

$$\{s\}=[\delta]\{p\} \tag{3-10}$$

该模型的特点是反映了地基土扩散应力和变形能力；考虑土层沿水平与深度变化的非均质性和土层分层；计算用参数 E_{sik} 可经常规压缩试验直接得到，模型的计算结果比较符合实际情况。

3.2.5　地基模型的选择

在工程实际设计中选择符合实际情况的地模基型是一个比较困难的问题，很难给出一个同一的、普遍适用的结论。一般来说，当基础位于无黏性土上时，采用文克尔地基模型是比较适当的，特别是当地基比较柔软、又受有局部荷载作用时。当基础位于黏性土上时，一般应采用连续性地基模型，特别是对于有一定刚度的基础，基底反力适中、地基土中应力水平不高、塑性区开展不大时。对于塑性区开展较大，或是薄压缩层地基，可以采用文克尔地基模型。当然，能考虑非线性影响的连续性模型可以认为是较好的选择。

普遍认为用连续性模型得到的结果比文克尔地基模型得到的结果更符合实际。但文克尔地基模型简单，计算方便，故对于非黏性土，仍可采用文克尔地基模型。当地基土呈明显的层状分布、各层之间性质差异较大时，采用分层地基模型是比较适当的。

3.3　柱下条形基础

柱下条形基础是由一个方向延伸的基础梁或由两个方向的交叉基础梁所组成，条形基础可以沿柱列单向平行配置，也可以双向相交于柱位处形成交叉条形基础。条形基础的设计包括基础底面宽度的确定、基础长度的确定、基础高度及配筋计算，并满足一定的构造要求。

柱下条形基础通常在下列情况下采用：

(1) 多层与高层房屋无地下室或有地下室但无防水要求，当上部结构传下的荷载较大，地基的承载力较低，采用各种形式的单独基础不能满足设计要求时；

(2) 当采用单独基础所需底面积由于邻近建筑物或构筑物基础的限制而无法扩展时；

(3) 地基土质变化较大或局部有不均匀的软弱地基，需作地基处理时；

(4) 各柱荷载差异过大，采用单独基础会引起基础之间较大的相对沉降差异时；

(5) 需要增加基础的刚度以减少地基变形，防止过大的不均匀沉降量时。

其简化计算有静力平衡法和倒梁法两种，它们是一种不考虑地基与上部结构变形协调条件的实用简化法，即当柱荷载比较均匀，柱距相差不大，基础与地基相对刚度较大，可忽略柱下不均匀沉降时，假定基底反力按线性分布，仅进行满足静力平衡条件下梁的计算。

3.3.1　柱下条形基础的构造

柱下条形基础的构造见图 3-7。其横截面一般做成倒 T 形，下部伸出部分称为翼板，中间部分称为肋梁。其构造要求如下：

1. 外形尺寸

(1) 翼板厚度 h_f 不应小于 200mm，当 $h_f=200\sim250$mm 时，翼板宜取等厚度；当 $h_f>250$mm 时，宜采用变厚翼板，其坡度 $i\leqslant1:3$ 为宜，当柱荷载较大时，可在柱位处加腋，见图 3-7(c)，以提高梁的抗剪切能力，翼板的具体厚度应经计算确定，翼板宽度 b 应按地基承载力计算确定。

(2) 肋梁高度 H_0 应由计算确定，初估截面时，宜取柱距的 1/8 ～ 1/4，肋宽 b_0 应由截面的抗剪条件确定，且应满足图 3-7(e) 的要求，基础比柱外伸至少 50mm，见图 3-7(e)。

(3) 为了调整基础底面形心的位置，以及使各柱下弯矩与跨中弯跨均衡以利配筋，条形基础两端宜外伸，其外伸长度宜为第一跨距的 0.25。

2. 钢筋

(1) 纵向受力筋：条形基础肋梁的纵向受力钢筋应按计算确定，肋梁顶部纵向钢筋应通

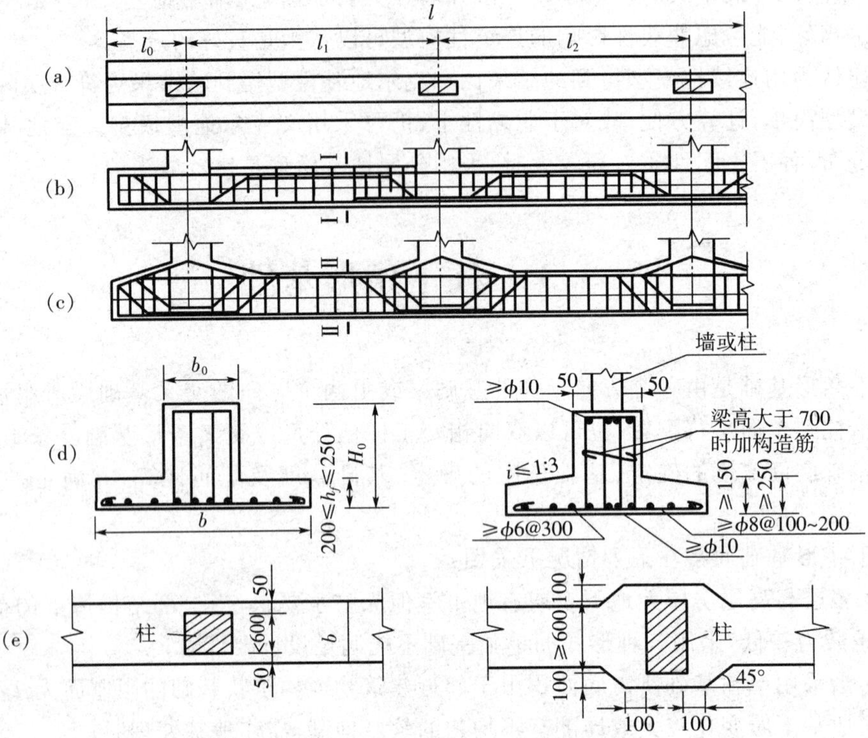

图 3-7 柱下条形基础的构造

(a) 平面图 (b)、(c) 纵剖面图 (d) 横剖面图；

(d)(e) 现浇柱与条形基础梁交接处平面尺寸

长配置，底部通长纵向钢筋不应少于底部纵向受力钢筋面积的 1/3。

(2) 构造钢筋：当肋梁的腹板高度 ≥ 450mm 时，应在梁的两侧沿高度配置直径大于 10mm 纵向构造腰筋，每侧纵向构造钢筋（不包括梁上、下部受力架立钢筋）的截面面积不应小于梁腹板截面面积的 0.1%，其间距不宜大于 200mm。

(3) 箍筋：肋梁中的箍筋应按计算确定，箍筋应做成封闭式。当肋梁宽度 $b_0 < 350$mm 时，可用双肢箍；当 350mm $< b_0 <$ 800mm 时，可用四肢箍；当 $b_0 >$ 800mm 时，可用六肢箍。箍筋直径 6 ~ 12mm，间距 50 ~ 200mm，在距柱中心线为 0.25 ~ 0.30 倍柱距范围内箍筋应加密布置。

3. 混凝土

条形基础用混凝土强度等级不应低于 C20。

3.3.2 柱下条形基础的计算

1. 基础底面尺寸的确定

按上述构造要求确定基础长度 L，然后将基础视为刚性矩形基础，按地基承载力特征值确定基础底面宽度 b。在按构造要求确定基础长度 L 时，应尽量使其形心与基础所受外合力重心相重合，此时地基反力为均匀分布，见图 3-8(a)；基础宽度 b 可按下式确定：

$$p_{k}=\frac{\sum P_{k}+G_{k}}{bl}\leqslant f_{a} \tag{3-11}$$

式中　p_{k}—— 相应于荷载标准组合时，基础底面的平均压应力值，kPa；

$\sum P_{k}$—— 相应于荷载标准组合时，上部结构传至基础底面的竖向力值，kN；

G_{k}—— 基础自重和基础上的土重，kN；

b,L—— 基础宽度和长度，m；

f_{a}—— 修正后的地基承载力特征值，kPa。

若基础底面形心与基础所受外合力不能相重合，即偏心受荷，如图 3-8(b) 所示，则基底反力沿长度方向呈梯形分布，并按下式计算：

$$p_{\substack{kmax\\kmin}}=\frac{\sum P_{k}+G_{k}}{bL}\pm\frac{M_{k}}{W}=\frac{\sum P_{k}+G_{k}}{bL}\left(1\pm\frac{6e}{L}\right)\leqslant f_{a} \tag{3-12}$$

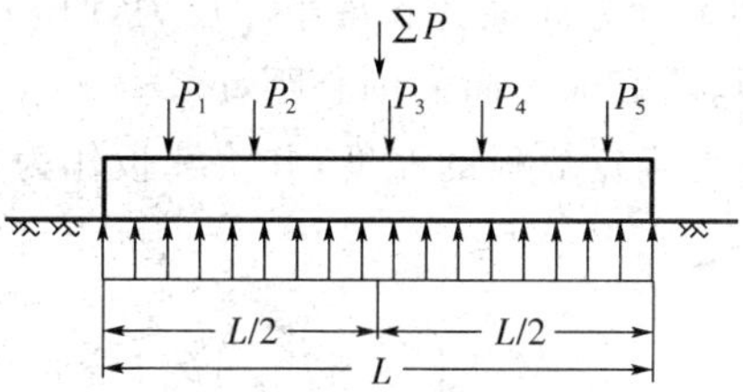

(a)中心受荷

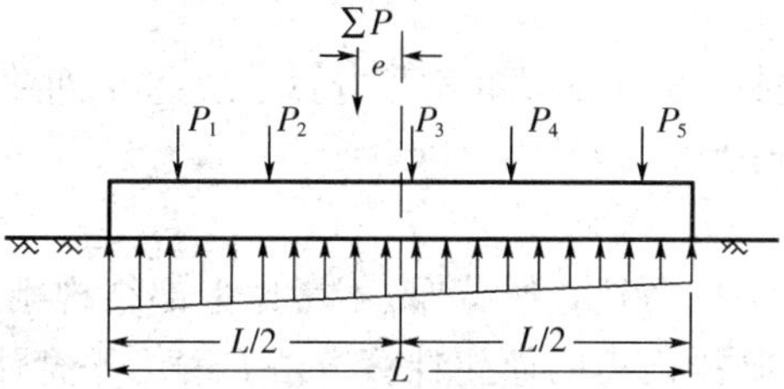

(b)偏心受荷

图 3-8　简化计算法的基底反力分布

基础宽度尺寸还应满足：

$$p_{kmax}\leqslant 1.2f_{a} \tag{3-13}$$

式中　p_{kmax}，p_{kmin}—— 相应于荷载标准组合时，基底边缘的最大和最小应力值，kPa；

W—— 相基础底抵抗矩，$W=1/6\cdot bL^{2}$，m^{3}；

e—— 荷载合力在基础长度方向的偏心距，m。

2. 翼板的计算

翼板可视为悬臂于肋梁两侧，按悬臂板考虑，先计算基础底板横向边缘最大地基净反力 p_{jmax} 和最小地基净反力 p_{jmin}，求出基础梁边处翼板的地基净反力 p_{j1}，如图 3-9，再计算基础梁边处翼板的截面弯矩和剪力，确定其厚度 h_{1} 和抗弯钢筋面积。

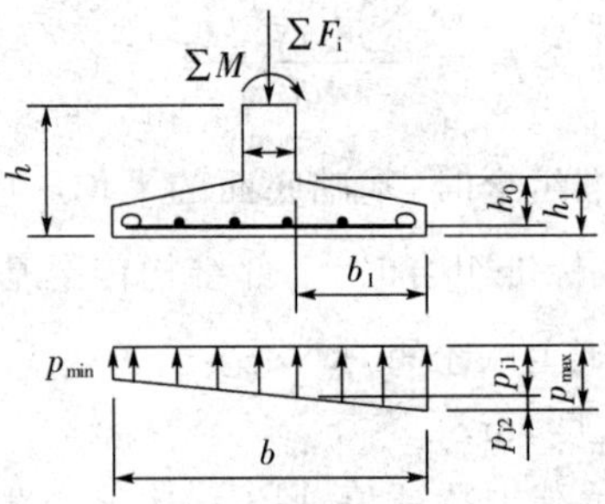

图 3-9　翼缘板计算示意图

先按式(3-14)计算沿宽度 b 方向的净反力：

$$p_{\substack{j\max \\ j\min}}=\frac{\sum F_i}{bL}\pm\frac{M}{W}=\frac{\sum F_i}{bL}\left(1\pm\frac{6e_b}{L}\right) \tag{3-14}$$

式中　$p_{j\max}$,$p_{j\min}$—— 基础宽度方向最大和最小净反力,kPa;

e_b—— 荷载合力在基础宽度方向的偏心距,m。

然后按斜截面抗剪承载力确定翼板的厚度,并将翼板作为悬臂按式(13-15)、式(3-16)计算弯矩和剪力：

$$M=\left(\frac{p_{j1}}{3}+\frac{p_{j2}}{2}\right)b_1^2 \tag{3-15}$$

$$V=\left(\frac{p_{j1}}{2}+p_{j2}\right)b_1 \tag{3-16}$$

式中　M,V—— 分别为柱或墙边的弯矩和剪力,p_{j1}、p_{j2}、b_1 如图 3-9 所示。

3. 基础梁纵向内力分析

(1) 静力平衡法

静力平衡法是假定地基反力按直线分布,不考虑上部结构刚度的影响,根据基础上所有的作用力按静定梁计算基础梁内力的简化计算方法。静力平衡法具体步骤：

先确定基础梁纵向每米长度上地基净反力设计值,可按式(3-11)或式(3-12)不计自重 G 计算其最大值为 $bp_{j\max}$,最小值为 $bp_{j\min}$,若地基净反力为均布则为 bp_j,如图 3-10 所示：

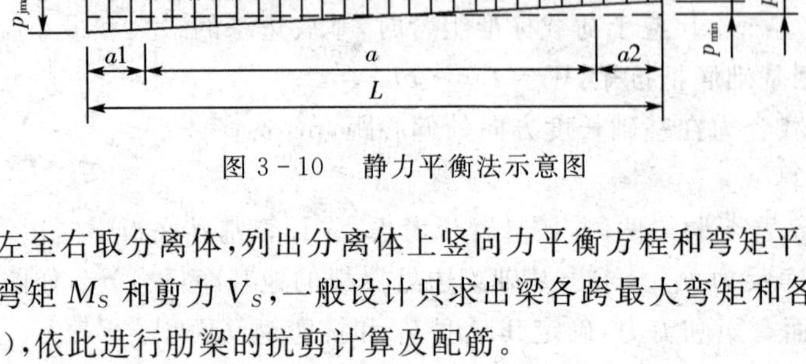

图 3-10　静力平衡法示意图

对基础梁从左至右取分离体,列出分离体上竖向力平衡方程和弯矩平衡方程,求解梁纵向任意截面处的弯矩 M_S 和剪力 V_S,一般设计只求出梁各跨最大弯矩和各支座弯矩及剪力即可(如图 3-11),依此进行肋梁的抗剪计算及配筋。

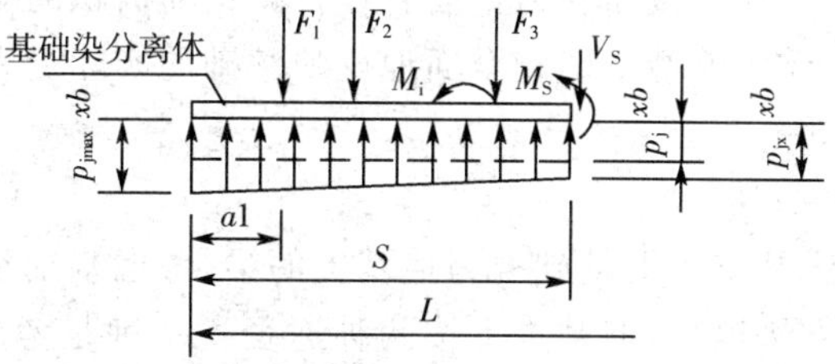

图 3-11 静力平衡法计算弯矩、剪力示意图

静力平衡法没有考虑基础与上部结构的相互作用，因而在荷载和直线分布的基底反力作用下产生整体弯曲。与其他方法比较，计算所得基础不利截面上的弯矩绝对值一般偏大。此法只宜用于上部为柔性结构且基础自身刚度较大的条形基础以及联合基础。

(2) 倒梁法

倒梁法认为上部结构是刚性的，各柱之间没有差异沉降，因而可把柱脚视为条形基础的支座，支座间不存在相对竖向位移，基础的挠曲变形不会改变地基压力，并假定基底净反力 p_jb 呈线性分布，且除柱的竖向集中力外各种荷载作用(包括柱传来的力矩) 均为已知，按倒置的普通连续梁计算梁的纵向内力，例如力矩分配法、力法、位移法等，如图 3-12 所示。

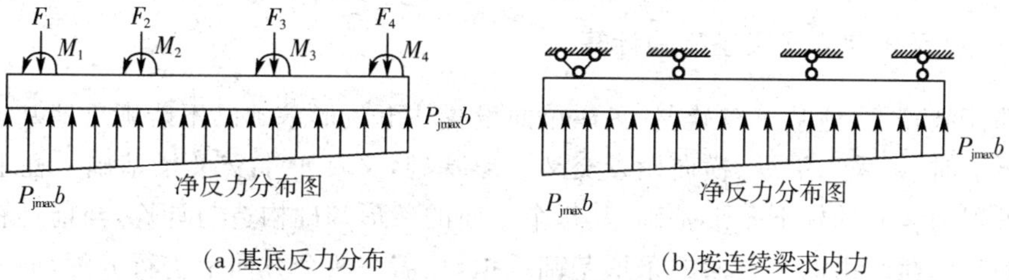

(a)基底反力分布 (b)按连续梁求内力

图 3-12 用倒梁法计算地基梁简图

该计算模型仅考虑了柱间基础的局部弯曲，而忽略了基础全长发生的整体弯曲，因而所得的柱位处截面的正弯矩与柱间最大负弯矩绝对值比其他方法计算结果均衡，所以基础不利截面的弯矩较小。另外，用倒梁法求得的支座反力一般不等于原柱作用的竖向荷载，可理解为上部结构的整体刚度对基础整体弯曲的抑制作用，使柱荷载分布均匀化。实际上，如果荷载和地基土层分布比较均匀，基础将发生正向弯曲，对于多层多跨框架结构下的条形基础而言，靠近基础中间的一些柱将发生较大的竖向位移，而边柱位移偏小，由于上部结构的协同工作，各柱的竖向位移趋于均匀，即中柱位移减小，边柱位移增大，从而导致边柱所受的实际荷载增大，中柱所受的实际荷载减小。

倒梁法求得的支座反力不等于原柱作用的竖向荷载，实践中常采用所谓“基底反力局部调整法”进行修正。即是将支座处的不平衡力均匀分布在本支座两侧各 1/3 跨度范围内求解梁的内力，该内力与前面求得的内力进行叠加，如此反复多次，直到支座反力接近柱荷载为止。

地基压缩性和基础荷载分布都比较均匀，基础高度大于柱距的 1/6，且上部结构刚度较好时的柱下条形基础，可按倒梁法计算。考虑到按倒梁法计算时基础及上部结构的刚度都较好，由于存在上述分析的架越作用，基础两端部的基底反力会比按直线分布的反力有所增加。所以，两边跨的跨中和柱下截面受力钢筋宜在计算钢筋面积的基础上适当增加，一般可增加15%～20%。由于计算模型不能较全面地反映基础的实际受力情况，设计时不仅允许而且应该做些调整。

(3) 弹性地基上梁的方法

弹性地基上梁的方法是将条形基础视为地基上的梁，考虑基础与地基的相互作用，对梁进行解答。具体的计算方法很多，但基本上按两种途径。一种是考虑不同地基模型的地基上梁的解法，如文克尔地基模型、弹性半空间地基模型等。另一种是寻求简化的方法求解，其可做一些假设，建立解析关系，采用数值法(例如有限差分法、有限单元法)求解；也可对计算图式进行简化，例如链杆法等。

链杆法的基本思路是：将连续支承于地基上的梁简化为用有限个链杆支承于地基上的梁，即将无穷个支点的超静定问题转化为支承在若干个弹性支座上的连续梁，因而可用结构力学方法求解。链杆起联系基础与地基的作用，通过链杆传递竖向力。每根刚性链杆的作用力，代表一段接触面积上地基反力的合力，因此将连续分布的地基反力简化为阶梯形分布的反力。为了保证简化的连续梁的稳定性，在梁的一端再加上一根水平链杆，如果梁上无水平力作用，该水平链杆的内力实际上等于零。只要求出各链杆内力，就可以求得地基反力以及梁的弯矩和剪力。

3.3.3 柱下十字交叉梁基础的计算

当上部荷载较大、地基土较软弱，只靠单向设置柱下条形基础已不能满足地基承载力和地基变形要求时，可采用沿纵、横向设置交叉条形基础，又称十字交叉梁基础。柱下十字交叉梁基础可视为双向的柱下条形基础，其每个方向的条形基础构造与计算，与前述相同。只是柱传递的竖向荷载由两个方向的条形基础承担，故需在两个方向上进行分配，而柱传递的弯矩 M_x、M_y 直接加于相应方向的基础梁上，不必再做分配，即不考虑基础梁承受的扭矩，然后分别按单向条形基础进行配筋。

柱传递的竖向荷载在正交的两个条形基础上的分配原则必须满足两个条件：静力平衡条件和变形协调条件(见图3-13)。

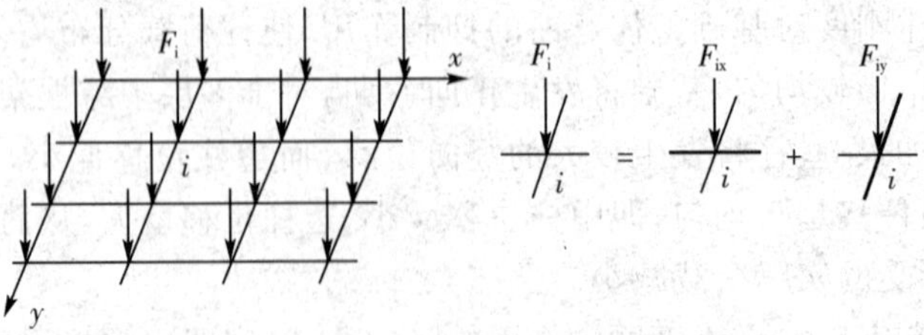

(a)轴线及竖向荷载 (b)节点荷载

图3-13 十字交叉梁基础示意图

第一个条件即指在节点处分配给两个方向条形基础的荷载之和等于柱荷载，表示为：

$$F_i = F_{ix} + F_{iy} \tag{3-17}$$

第二个条件即指分离后两个方向的条形基础在交叉节点处的竖向位移相等，表示为：

$$W_{ix} = W_{iy} \tag{3-18}$$

式中　F_i—— 第 i 节点的柱荷载；

F_{ix}—— 第 i 节点分配给 x 方向条形基的荷载；

F_{iy}—— 第 i 节点分配给 y 方向条形基的荷载；

W_{ix}—— 第 i 节点处 x 方向条形基的竖向位移；

W_{iy}—— 第 i 节点处 y 方向条形基的竖向位移。

用基床系数法文克尔模型计算基础梁的竖向位移：

对无限长梁

$$W=\frac{N}{2Kbs} \tag{3-19}$$

半无限长梁

$$W=\frac{2N}{Kbs} \tag{3-20}$$

式中　K—— 基床系数，kN/m³；

s—— 弹性特征长度，$s=4\sqrt{\frac{4E_cI}{Kb}}$，m；

I—— 基础横截面的惯性矩，m⁴；

E_c—— 混凝土弹性模量，kPa。

按以上原则进行荷载分配显然很复杂，必须做适当简化。因为只有求得弹性地基上梁的挠度才能给出节点位移，而此时两组梁上的荷载是待定的，因此，必须把柱荷载的分配与两组弹性地基梁的内力与挠度联合求解。为简化计算，一般采用文克尔地基模型，略去其他节点的荷载对本结点挠度的影响。具体步骤如下：

1. 节点荷载的初步分配

柱节点分为三种，中柱节点、边柱节点和角柱节点(见图 3-14)。对中柱节点，两个方向的基础可看作无限长梁；对边柱节点，一个方向基础视为无限长梁，而另一方向基础视为半无限长梁；对角柱节点两个方向基础均视为半无限长梁。

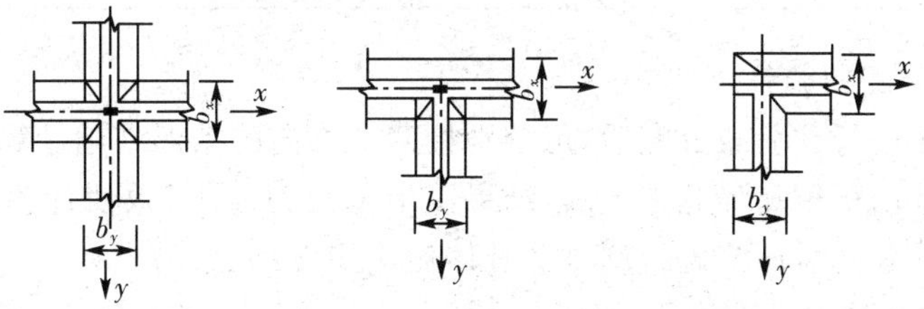

(a)中柱节点　　(b)边柱节点　　(c)角柱节点

图 3-14　十字交叉梁基础节点

(1) 中柱节点(十字)

$$F_{ix}=\frac{b_xs_x}{b_xs_x+b_ys_y}F_i \tag{3-21}$$

$$F_{iy}=\frac{b_ys_y}{b_xs_x+b_ys_y}F_i \tag{3-22}$$

(2) 边柱节点(T 字)

$$F_{ix}=\frac{4b_xs_x}{4b_xs_x+b_ys_y}F_i \tag{3-23}$$

$$F_{iy}=\frac{b_ys_y}{4b_xs_x+b_ys_y}F_i \tag{3-24}$$

当边柱有伸出悬臂长度时,可取悬臂长度 $l_x=(0.6\sim0.75)S_x$,而荷载分配为:

$$F_{ix}=\frac{\alpha b_xs_x}{\alpha b_xs_x+b_ys_y}F_i \tag{3-25}$$

$$F_{iy}=\frac{b_ys_y}{\alpha b_xs_x+b_ys_y}F_i \tag{3-26}$$

(3) 角柱节点(Γ 字)

一般公式和柱内节点相同。当角柱有一个方向伸出悬臂时,可取悬臂长度 $l_y=(0.6\sim0.75)S_y$,而荷载分配为:

$$F_{ix}=\frac{\beta b_xs_x}{\beta b_xs_x+b_ys_y}F_i \tag{3-27}$$

$$F_{iy}=\frac{b_ys_y}{\beta b_xs_x+b_ys_y}F_i \tag{3-28}$$

式中　b_x,b_y——x,y 方向基础梁底面宽度;

s_x,s_y——x,y 方向基础梁弹性特征值长度。

式中 α,β 值可查表 3-3。

表 3-3　计算系数 α,β 值

l/s	0.60	0.62	0.64	0.65	0.66	0.67	0.68	0.69	0.70	0.71	0.73	0.75
α	1.43	1.41	1.38	1.36	1.35	1.34	1.32	1.31	1.30	1.29	1.26	1.24
β	2.80	2.84	2.91	2.94	2.97	3.00	3.03	3.05	3.08	3.10	3.18	3.23

2. 节点荷载分配的调整

按照以上方法进行柱荷载分配后,可分别按两个方向的条形基础计算。但这种计算,在交叉点处基底重叠面积重复计算了一次,结果使地基反力减少,致使计算结果偏于不安全,故按上述节点荷载分配后还需进行调整。具体做法如下:

(1) 计算调整前的地基平均反力

$$p=\frac{\sum N}{\sum A+\sum \Delta A} \tag{3-29}$$

式中　$\sum N$—— 交叉梁基础上竖向荷载的总和;

$\sum A$—— 交叉梁基础总面积;

$\sum \Delta A$—— 交叉梁基础节点处重叠总面积之和。

(2) 地基反力增量

$$\Delta p=\frac{\sum \Delta A}{\sum A}p \tag{3-30}$$

(3)x,y 方向分配的荷载增量

$$\Delta N_x=\frac{N_x}{N}\Delta A\Delta p \tag{3-31}$$

$$\Delta N_y=\frac{N_y}{N}\Delta A\Delta p \tag{3-32}$$

(4) 调整后的分配荷载

$$N'_x=N_x+\Delta N_x \tag{3-33}$$

$$N'_y=N_y+\Delta N_y \tag{3-34}$$

3.4 筏形基础

当上部结构荷载过大,采用柱下交梁基础不能满足地基承载力要求或虽能满足要求,但基底间净距很小,或需加强基础刚度时,可考虑采用筏形基础,即将柱下交梁式基础基底下所有的底板连在一起,形成筏形基础,亦称筏片基础、满堂或满堂红基础,见图 3-15。它即可用于墙下,也可用于柱下。筏形基础从构造上一般可分为梁板式和平板式两种类型,也可按其上部结构形式分为柱下筏形基础和墙下筏形基础,其选型应根据工程地质、上部结构体系、柱距、荷载大小及施工条件等因素确定。一般当建筑物开间尺寸不大,或柱网尺寸较小以及对基础的刚度要求不很高时,为便于施工,可将其做成一块等厚度的钢筋混凝土平板,即平板式筏形基础,板上若带有梁,则称为梁板式或肋梁式筏形基础。筏形基础自身刚度较大,可有效地调整建筑物的不均匀沉降,特别是结合地下室,对提高地基承载力极为有利。

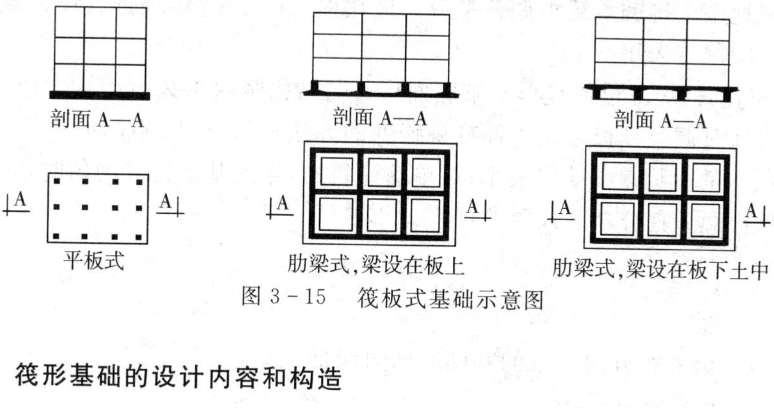

图 3-15 筏板式基础示意图

3.4.1 筏形基础的设计内容和构造

1. 筏形基础底面积的确定

(1) 筏形基础的选型应根据工程地质和水文地质条件、上部结构体系、柱距、荷载大小

以及施工条件等因素综合确定;其平面尺寸,应根据地基土的承载能力、上部结构的布置及荷载分布等因素按计算确定;在上部结构荷载和基础自重的共同作用下,按正常使用极限状态下的荷载效应标准组合时,应满足地基承载能力要求。如果将 xoy 坐标原点置于筏基底板形心处,则基底压力可按下式计算:

$$p_k(x,y)=\frac{\sum P_k+G_k}{A}\pm\frac{M_{kx}}{I_x}y\pm\frac{M_{ky}}{I_y}x \tag{3-35}$$

式中 $\sum P_k$—— 作用于筏板基础上的竖向荷载总和,kN;

G_k—— 筏板基础自重,kN;

A—— 筏板基础底面积,m^2;

I_x, I_y—— 筏基底面对 x 轴和 y 轴的惯性矩,m^3;

M_{kx}, M_{ky}—— 竖向荷载 $\sum P$ 对通过筏基底面形心 x 轴和 y 轴的力矩,kN·m;

x, y—— 计算点的 x 轴和 y 轴坐标。

基底压力平均值 $p_k=(p_{kmax}+p_{kmin})/2$ 及基底边缘的最大压力值 p_{kmax} 和修正后的地基持力层承载力特征值 f_a 之间应满足:

非地震区轴心荷载作用时,

$$p_k\leqslant f_a \tag{3-36}$$

偏心荷载作用时,除符合式(3-36)外,尚应满足:

$$p_{kmax}\leqslant 1.2f_a \tag{3-37}$$

在地震区,p_k 及 p_{kmax} 应为考虑地震效应组合后的基底压力平均值和基底边缘最大压力值,要求满足:

$$p_k\leqslant f_{aE} \tag{3-38}$$

$$p_{kmax}\leqslant 1.2f_{aE} \tag{3-39}$$

式中 $f_{aE}=\xi_s f_a$—— 经修正、调整后的地基土抗震承载力特征值,kPa;

ξ_s—— 地基土抗震承载力调整系数。应用时,按现行《建筑抗震设计规范》中的有关规定采用。

(2) 平面布置时,应尽量使筏形基础底面形心与结构竖向永久荷载合力作用点重合,若偏心距较大,可通过调整筏板基础外伸悬挑跨度的办法进行调整,不同的边缘部位,采用不同的悬挑跨度,尽量使其偏心效应最小;对单幢建筑物,当地基土比较均匀时,在荷载效应准永久组合下,偏心距 e 宜符合下式要求:

$$e\leqslant 0.1\frac{W}{A} \tag{3-40}$$

式中 W—— 与偏心距方向一致的基础底面边缘抵抗矩,m^3;

A—— 基础底面面积,m^2;

如果偏心距较大,不满足式(3-40)的要求,为减少偏心距和扩大基础底面积,可将筏板外伸悬挑,对于肋梁不外伸的悬挑筏板,跳出长度不宜大于 2m,如做成坡度,其边缘厚度不小于 200mm。

(3) 式(3-36) ～ 式(3-39) 中的基底压力可按直线分布时的简化公式计算;同时还必须满足下卧层土体承载力及地基变形的要求。

2. 构造要求

(1) 筏板厚度的确定

筏板厚度应根据抗冲切、抗剪要求确定。一般不小于柱网较大跨度的 1/20,并不得小于 200mm,一般取 200 ～ 400mm。也可根据楼层层数,按每层 50mm 确定。对于有肋梁的筏板基础,板厚不应小于 300mm。对高层建筑的筏基,可采用厚筏板,厚度一般取 1 ～ 3m。肋梁高度大于或等于柱距的 1/6。

(2) 筏形基础的配筋确定

筏形基础的配筋应根据内力计算结构分别计算底板和肋梁的配筋,即底板以肋梁为固定支座按双向板计算跨中和支座弯矩,并适当调整板跨中和支座的钢筋。筏板的配筋率一般在 0.5% ～ 1.0% 为宜。对于平板式筏板基础,按柱上板带的正弯矩计算板内下面的配筋,用跨中板带的负弯矩计算板内上面的钢筋。受力筋的最小直径不宜小于 8mm,一般不小于 12mm,间距 100 ～ 200mm。分布筋直径为 8 ～ 10mm,间距 200 ～ 300mm,当板厚 $h \leqslant 250$mm 时,取分布筋直径为 8mm,间距为 250mm;当板厚 $h > 250$mm 时,取分布筋直径为 10mm,间距 200mm。

筏板配筋除符合计算配筋外,纵横方向支座钢筋尚应有 0.15% 和 0.10%(全部受拉钢筋的 1/2 ～ 1/3) 的配筋率连通,跨中钢筋应按实际配筋率全部连通。

(3) 混凝土强度等级的确定

混凝土强度等级不应低于 C30,地下水位以下的地下室底板应考虑抗渗,并进行抗裂度验算。

3.4.2　筏形基础内力计算

1. 筏形基础内力计算方法

工程中经常采用简化方法近似进行筏形基础内力计算,即认为基础是绝对刚性,基底反力呈直线分布,并按静力学方法计算基底反力,如果上部结构和基础刚度足够大,这种假设可认为是合理的,因此可采用前述柱下板带、柱上板带及单向、双向多跨连续板的计算方法;若柱网布置比较均匀,相邻柱荷载相差不大,可沿轴向、柱列向分别将基础底板划分成若干个计算板带,以相邻柱间的中心线作为板带间的界线,各自按独立的条形基础计算内力,忽略板带间剪应力的影响,计算方法可大为简化。对柱下肋梁式筏板基础,如果框架柱网在两个方向的尺寸比小于 2,且柱网内无小基础梁时,可将筏形基础视为一倒置的楼盖,以地基净反力作为外荷载,筏板按双向多跨连续板、肋梁按多跨连续梁计算内力;若柱网内有小基础梁,把底板分割成边比大于 2 的矩形格板时,底板可按单向板计算,主、次肋仍按连续梁计算,即所谓"倒楼盖"法。否则,应按弹性地基上的梁板进行内力分析。

(1) 倒楼盖法

如前所述,倒楼盖法是将筏形基础视为一放置在地基上的楼盖,柱或墙视为该楼盖的支座,地基净反力为作用在该楼盖上的外荷载,按混凝土结构中的单向或双向梁板的肋梁楼盖方法进行内力计算。在基础工程中,对框架结构中的筏形基础,常将纵、横方向的梁设置成相等的截面高度和宽度，在节点处，由于纵、横方向的基础梁交叉，柱的竖向荷载需要在纵、横方向分配。求得柱荷载在纵、横两个方向的分配值，肋梁就可分别按两个方向上的条形基础计算了。

(2) 弹性地基上板的简化计算

如果柱网及荷载分布都比较均匀一致(变化不超过 20%)，当筏形基础的柱距小于 1.75λ(λ 为基础梁的柔度指数)或筏形基础上支撑着刚性的上部结构(如上部结构为剪力墙)时，可认为此时的筏形基础是刚性的，其内力及基底反力可按前述倒楼盖法计算，否则，筏基的刚度较弱，属于柔性基础，应按弹性地基上的梁板进行分析。若此时柱网及荷载分布仍比较均匀，可将筏形基础划分成相互垂直的条状板带，板带宽度即为相邻柱中心线间的距离，按前述文克尔弹性地基梁的办法计算；若柱距相差过大，荷载分布不均匀，则应按弹性地基上的板理论进行内力分析。

2. 筏形基础结构承载力计算

按前述方法计算出筏形基础的内力后，还需按现行《混凝土结构设计规范》中的有关规定计算基础底板的抗弯、抗剪及抗冲切承载力，同时还应满足规范中有关的构造要求。对 12 层以上建筑的梁板式筏基，其底板厚度与最大双向板格的短边净跨之比不应小于 1/4，且板厚不应小于 400mm。

(1) 梁板式筏形基础

① 对梁板式筏板基础的底板斜截面受剪承载力应符合下式要求：

$$V_S \leqslant 0.7\beta_{hS} f_t (l_{n2} - 2h_0) h_0 \tag{3-41}$$

$$\beta_{hS} = (800/h_0)^{1/4} \tag{3-42}$$

式中 V_S—— 距梁边缘 h_0 处，作用在图 3-16 中阴影部分面积上的地基平均净反力设计值；

f_t—— 混凝土轴心抗拉强度设计值；

h_0—— 底板的有效高度，mm；

β_{hS}—— 受剪承载力截面高度影响系数，当按式(3-41)计算时，板的有效高度 h_0 小于 800mm 时，h_0 取 800mm；h_0 大于 2000mm 时，h_0 取 2000mm。

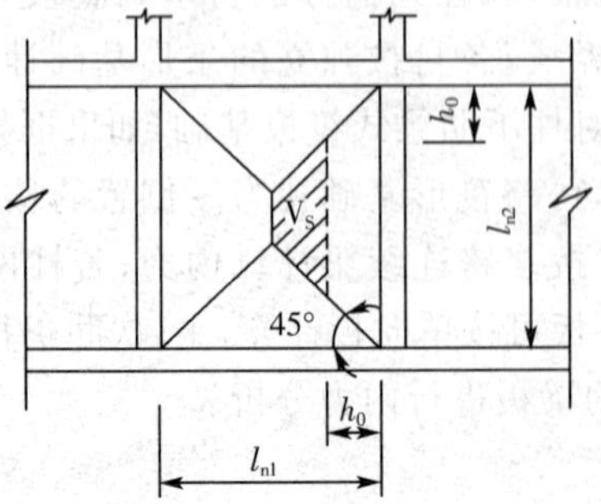

图 3-16 底板剪切计算示意图

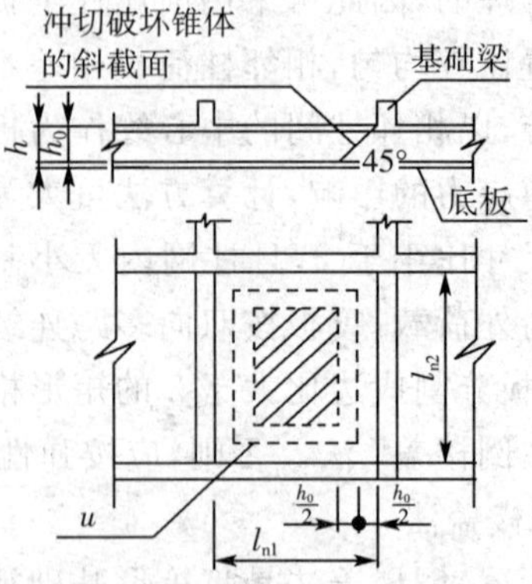

图 3-17 底板冲切计算示意图

② 梁板式筏板基础的底板受冲切承载力按下式计算：

$$F_l \leqslant 0.7\beta_{hp} f_t u_m h_0 \tag{3-43}$$

式中　F_l—— 作用在图 3 - 17 中阴影部分面积上的地基土平均净反力设计值，N。

β_{hp}—— 受冲切承载力截面高度影响系数，当 h 不大于 800mm 时，β_{hp} 取 1.0；当 h 大于等于 2000mm 时，β_{hp} 取 0.9，其间按线性内插法取用。

u_m—— 距基础梁边 $h_0/2$ 处冲切临界截面的周长，mm，见图 3 - 17。

当底板区格为矩形双向板时，底板受冲切所需厚度 h_0 按式(3 - 44) 计算：

$$h_0 = \frac{(l_{n1} + l_{n2}) - \sqrt{(l_{n1} + l_{n2})^2 - \dfrac{4pl_{n1}l_{n2}}{p + 0.7\beta_{hp} f_t}}}{4} \tag{3-44}$$

式中　l_{n1}、l_{n2}—— 计算板格的短边、长边净长度，mm；

p—— 相应于荷载效应基本组合的地基土平均净反力设计值，Pa。

③ 梁板式筏板基础尚应按现行《混凝土结构设计规范》有关规定验算底层柱下基础梁顶面的局部受压承载力。

(2) 平板式筏形基础

① 平板式筏形基础底板的受冲切承载力计算

高层建筑平板式筏形基础的板厚按受冲切承载力的要求计算时，应考虑作用在冲切临界截面重心上的不平衡弯矩产生的附加剪力。距柱边 $h_0/2$ 处冲切临界截面的最大剪应力 τ_{max} 应按式(3 - 45) 和式(3 - 46) 计算，板的最小厚度不应小于 400mm。

$$\tau_{max} = F_l/\mu h_0 + \alpha_s M_{unb} c_{AB}/I_s \tag{3-45}$$

$$\tau_{max} \leqslant 0.7(0.4 + 1.2/\beta_s)\beta_{hp} f_t \tag{3-46}$$

$$\alpha_s = 1 - 1/\left(1 + \frac{2}{3}\sqrt{c_1/c_2}\right) \tag{3-47}$$

式中　F_l—— 相应于荷载效应基本组合时的集中力设计值 N；对内柱取轴力设计值减去筏板冲切破坏锥体内的地基反力设计值；对边柱和角柱，取轴力设计值减去筏板冲切临界截面范围内的地基反力设计值，地基反力值应扣除底板的自重。

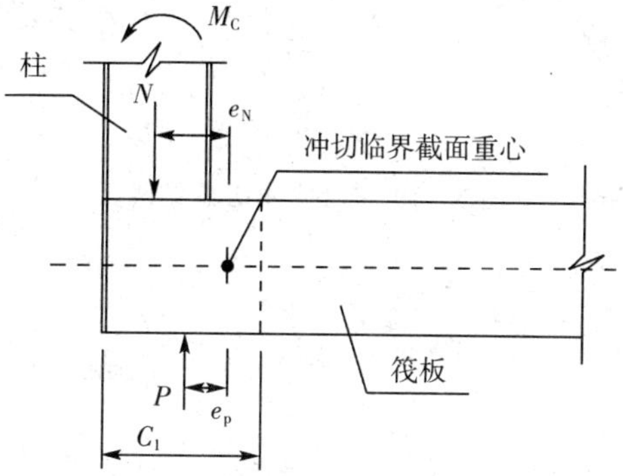

图 3 - 18　边柱 M_{unb} 计算示意图

μ—— 距柱边 $h_0/2$ 处冲切临界截面的周长，mm。

h_0—— 筏板的有效高度，mm。

α_s—— 不平衡弯矩通过冲切临界截面上的偏心剪力来传递的分配系数；按式(3-47)计算。

M_{unb}—— 作用在冲切临界截面重心上的不平衡弯矩设计值(见图 3-18)，按式(3-48)计算：

$$M_{unb} = Ne_N - Pe_p \pm M_c \tag{3-48}$$

N—— 柱根部柱轴力设计值，N。

M_c—— 柱根部弯矩设计值，N·mm。

P—— 冲切临界截面范围内基底压力设计值，N。

e_N—— 柱根部轴向力 N 到冲切临界截面的距离，mm。

e_p—— 冲切临界截面范围内基底压力设计值之和对冲切临界截面重心的偏心距，mm；对内柱，由于对称的缘故，$e_N = e_p = 0$ 所以，$M_{unb} = M_c$。

c_{AB}—— 沿弯矩作用方向，冲切临界截面重心至冲切临界截面最大剪应点的距离，mm。

β_s—— 柱截面长、短边的比值，当 $\beta_s < 2$ 时，β_s 取 2；当 $\beta_s > 4$ 时，β_s 取 4。

c_1—— 与弯矩作用方向一致的冲切临界截面的边长，mm。

c_2—— 垂直于 c_1 的冲切临界截面边长，mm；

I_s—— 冲切临界截面对其重心的极惯性矩，mm^4；

冲切临界截面的周长 μ 以及冲切临界截面对其重心的极惯性矩 I_s 等，应根据柱所处位置的不同，分别进行计算。内柱应按式(3-49)～式(3-53)计算(图 3-19)：

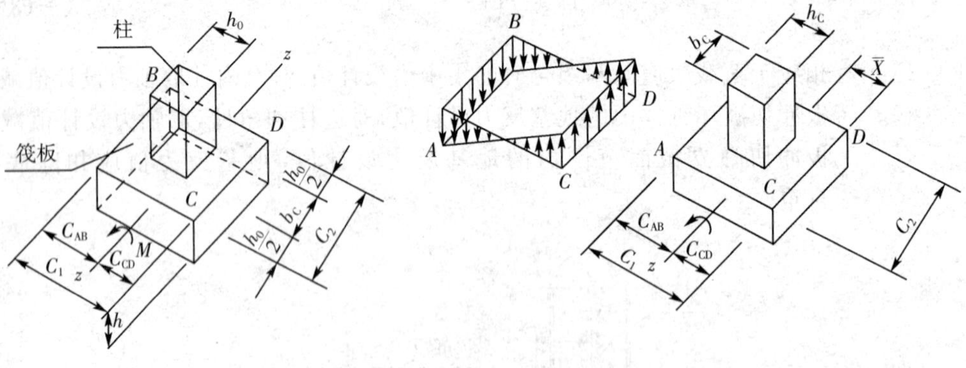

图 3-19　内柱冲切临界截面

$$\mu = 2c_1 + 2c_2 \tag{3-49}$$

$$I_s = ch_o^3/6 + c_1^3 h_0/6 + c_2 h_0 c_1^2/2 \tag{3-50}$$

$$c_1 = h_0 + h_0 \tag{3-51}$$

$$c_2 = b_c + h_0 \tag{3-52}$$

$$c_{AB} = c_1/2 \tag{3-53}$$

式中 h_c—— 与弯矩作用方向一致的柱截面边长，mm；

b_c—— 垂直于 h_c 的柱截面边长，mm；

边柱应按式(3-54)～式(3-59)计算(图3-20)：

$$\mu = 2c_1 + c_2 \tag{3-54}$$

$$c_1 = h_c + h_0/2 \tag{3-55}$$

$$I_s = c_1 h_o^3/6 + c_1^3 h_0/6 + 2c_1 h_0 (c_1/2 - \bar{x})^2 + c_2 h_0 \bar{x}^2 \tag{3-56}$$

$$c_2 = b_c + h_0 \tag{3-57}$$

$$c_{AB} = c_1 - \bar{x} \tag{3-58}$$

$$\bar{x} = c_1^2/2c_1 + c_2 \tag{3-59}$$

式中 $\bar{x}$—— 冲切临界截面中心位置。

角柱按式(3-60)～式(3-65)计算(图3-21)

$$\mu = c_1 + c_2 \tag{3-60}$$

$$I_s = c_1 h_o^3/6 + c_1^3 h_0/6 + 12c_1 h_0 (c_1/2 - \bar{x})^2 + c_2 h_0 \bar{x}^2 \tag{3-61}$$

$$c_1 = h_c + h_0/2 \tag{3-62}$$

$$c_2 = b_c + h_0/2 \tag{3-63}$$

$$c_{AB} = c_1 - \bar{x} \tag{3-64}$$

$$\bar{x} = c_1^2/2c_1 + 2c_2 \tag{3-65}$$

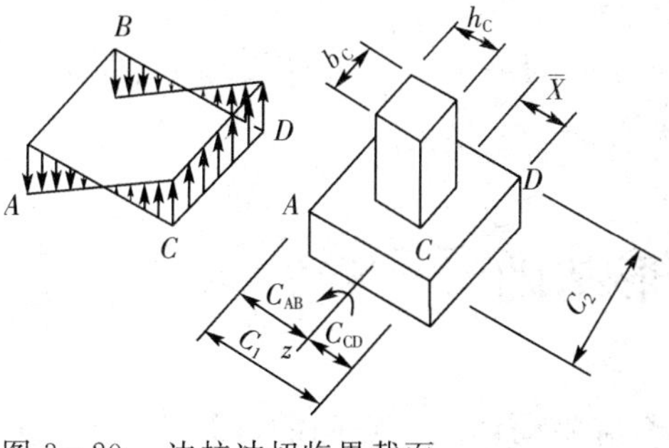

图3-20 边柱冲切临界截面

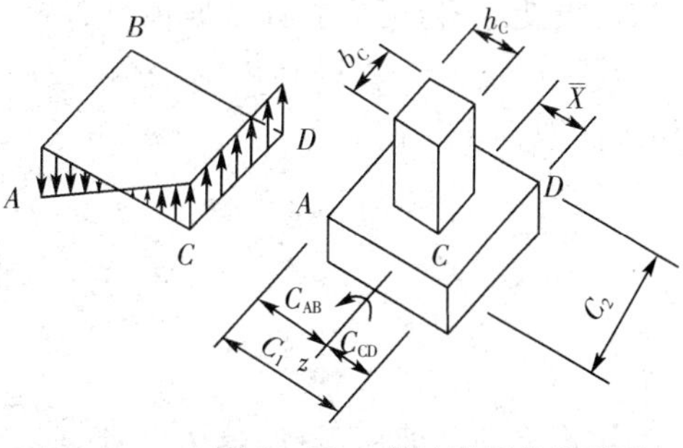

图3-21 角柱冲切临界截面

高层建筑在楼梯、电梯间大都设有内筒，采用平板式筏基时，内筒下的板厚也应满足抗冲切承载力的要求。其抗冲切承载力按式(3-66)计算：

$$F_l/\mu h_0 \leqslant 0.7\beta_{hp} f_t/\eta \tag{3-66}$$

式中 F_l—— 相应于荷载效应基本组合时的内筒所承受的轴力设计值减去筏板破坏锥体内的地基反力设计值，N，地基反力值应扣除板自重；

μ—— 距内筒外表面 $h_0/2$ 处冲切临界截面周长，mm；

h_0—— 距内筒外表面 $h_0/2$ 处筏板的截面有效高度，mm；

η—— 内筒冲切临界截面周长影响系数，取1.25。

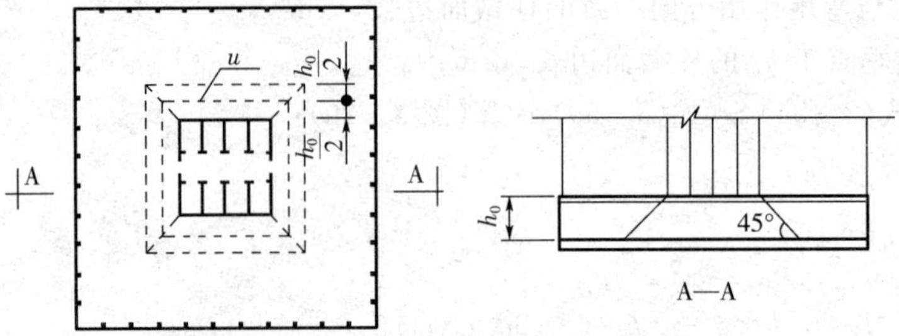

图 3-22　筏板受内筒冲切的临界截面位置

当需要考虑内筒根部弯矩影响时，距内筒外表面 $h_0/2$ 处冲切临界截面的最大剪应力可按式(3-67)计算：

$$\tau_{max} \leqslant 0.7\beta_{hp} f_t/\eta \tag{3-67}$$

② 梁板式筏形基础底板的受剪承载力计算

当柱荷载较大，等厚度筏板的抗冲切承载力不能满足要求时，可在筏板上面增设柱墩或在筏板下局部增加板厚或采用抗冲切箍筋来提高抗冲切承载能力。受剪承载力应按式(3-68)验算：

$$V_s \leqslant 0.7\beta_{hs} f_t b_w h_0 \tag{3-68}$$

式中　V_s—— 荷载效应基本组合下，地基土净反力平均值产生的距内筒或柱边缘 h_0 处筏板单位宽度的剪力设计值，N；

b_w—— 筏板计算截面单位宽度，mm；

h_0—— 距内筒或柱边缘 h_0 处筏板截面的有效高度，mm。

当筏板变厚时，尚应验算变厚度处筏板的受剪承载力。

当筏板厚度大于 2000mm 时，宜在板厚中间部位设置直径不小于 12mm、间距不大于 300mm 的双向钢筋网。

3.5　箱形基础

当建筑物高度的增加，荷载增大，而地下室不需要设计成大空间的建筑(如地下停车场等)，通常可以把基础设计成箱形基础，如图 3-23 所示空心的空间受力体系。箱形基础是由顶板、底板、内墙、外墙等组成的一种空间整体结构，由钢筋混凝土整浇而成，其空间部分可结合建筑物的使用功能设计成地下室、地下车库或地下设备层等，其具有很大的刚度和整体性，能有效地调整基础的不均匀沉降。箱形基础具有较大的埋深，土体对其具有良好的嵌固与补偿效应，因而具有较好的抗震性和补偿性，是目前高层建筑中经常采用的基础类型之一。

箱型基础设计主要包括以下内容：

(1) 确定的埋置深度；

(2) 进行箱形基础的平面布置及构造设计；

(3) 根据箱形基础的平面尺寸验算地基承载力;

(4) 箱形基础的沉降和整体倾斜验算;

(5) 箱形基础的内力分析及结构设计。

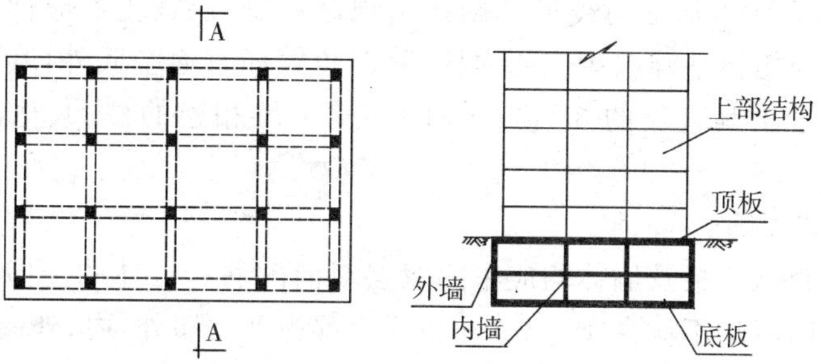

图 3-23 箱形基础组成示意图

3.5.1 箱形基础的构造

1. 箱形基础的高度

箱形基础的高度应满足地基承载力、变形和稳定性要求。一般取建筑物高度的 1/8 ~ 1/12,在抗震设防地区,除岩石地基外,其埋深不宜小于建筑物高度的 1/15,且不宜小于箱形基础长度的 1/18(不包括悬部分长度),同时基础高度要适合做地下室的使用要求,净高不应小于 2.2m(箱基高度指箱基底板底面到顶板顶面的外包尺寸)。

2. 箱形基础的平面尺寸

箱形基础的平面尺寸应根据地基承载力和上部结构的布局及荷载分布等条件综合确定,与筏基一样,平面上应尽量使箱基底面形心与结构竖向永久荷载合力作用点重合,当偏心距较大时,可通过调整箱基底板外伸悬挑跨度的办法进行调整。不同的边缘部位,采用不同的悬挑跨度,尽量使其偏心效应最小为好。对单幢建筑物,当地基土比较均匀时,在荷载效应准永久组合下,其偏心距不宜大于基础底面抵抗矩和基础底面面积之比的 0.1 倍。

3. 箱形基础顶板、底板的厚度

箱形基础顶板、底板的厚度应根据实际受力情况、整体刚度及防水要求确定,底板厚度不应小于 300mm,顶板厚度不应小于 200mm。底板除满足正截面抗弯承载力外,还应满足抗剪及抗冲切要求。

4. 箱形基础的外墙布置及厚度

箱形基础的外墙应沿建筑物四周布置,内墙宜按上部结构柱网尺寸和剪力墙位置纵、横交叉布置。一般每平方米基础面积上墙体长度不小于 400mm 或墙体水平截面面积不小于基础面积的 1/10(不包括底板悬挑部分面积),同时纵墙配置量不少于墙体总配置量的 3/5。箱基的墙体厚度应根据实际受力情况确定,外墙不应小于 250mm,常用 250 ~ 400mm,内墙不宜小于 200mm,常用 200 ~ 300mm。墙体一般采用双向、双层配筋,无论竖向、横向其配筋均不宜小于 $\phi10$ @200,除上部结构为剪力墙外,箱形基础墙顶部均宜配置两根以上不小于 $\varphi20$ 的通长构造钢筋。箱形基础中尽量少开洞口,必须开设洞口时,门洞应设在柱间居中位置,洞边至柱中心的距离不宜小于 1.2m,洞口上过梁的高度不宜小于层高的 1/5,洞口密集不宜大于柱距与箱形基础全高乘积的 1/6,墙体洞口周围按计算值加强钢筋。洞口四周附加钢筋面积应不小于洞口内被切断钢筋面积的一半，且不少于两根直径为16mm的钢筋，此钢筋应从洞口边缘外延长40倍钢筋直径。单层箱基洞口上、下过梁的受剪面积验算公式和过梁截面顶、底部纵向钢筋配置的弯矩设计值计算公式，详见JGJ6—99《高层建筑箱形基础与筏形基础技术规范》。底层柱主筋应伸入箱形基础一定的深度，三面或四面与箱形基础墙相连的内柱，除四角钢筋直通基底外，其余钢筋伸入顶板底皮以下的长度，不小于其直径的35倍，外柱、与剪力墙相连的柱、其他内柱主筋应直通到板底。

5. 箱形基础的配筋

箱形基础的顶板、底板及墙体均应采用双层双向配筋。墙体的竖向和水平钢筋直径均不应小于10mm，间距均不应大于200mm。除上部为剪力墙外，内、外墙的墙顶处宜配置两根直径不小于20mm的通长构造钢筋。

3.5.2 箱形基础地基承载力计算

箱形基础的基底反力分布受诸多因素影响，土的性质、上部结构的刚度、基础刚度、形状、埋深、相邻荷载等，精确分析十分困难。目前在设计中多采用简化方法，例如刚性法和基底反力系数法等。

基底压力值和修正后的地基持力层承载力特征值 f_a 之间应满足：

非地震区轴心荷载作用时，

$$p_k \leqslant f_a \tag{3-69}$$

偏心荷载作用时，除符合式(3-45)外，尚应满足：

$$p_{kmax} \leqslant 1.2 f_a \tag{3-70}$$

在地震区，p_k 及 p_{kmax} 应为考虑地震效应组合后的基底压力平均值和基底边缘最大压力值，要求满足：

$$p_k \leqslant f_{aE} \tag{3-71}$$

$$p_{kmax} \leqslant 1.2 f_{aE} \tag{3-72}$$

式中 p_k—— 荷载效应标准组合时或考虑地震效应组合后基底压力平均值，kPa；

p_{kmax}—— 荷载效应标准组合时或考虑地震效应组合后基底边缘的最大压力值，kPa；

$f_{aE}=\xi_s f_a$—— 经修正、调整后的地基土抗震承载力特征值，kPa；

ξ_s—— 地基土抗震承载力调整系数。应用时，按现行《建筑抗震设计规范》中的有关规定采用。

箱形基础的底面尺寸应按持力层土体承载力计算确定，并应进行软弱下卧层承载力验算，同时还应满足地基变形要求；验算时，除了地基承载力要求外，还应满足 $p_{kmin} \geqslant 0$。p_{kmin} 为荷载效应标准组合时基底边缘的最小压力值或考虑地震效应组合后基底边缘的最小压力值。

3.5.3　地基变形

计算箱形基础地基变形，采用线性变形体条件下的分层总和法，简称规范法。其中的ψ_s应为箱基的沉降经验系数，可参照《建筑地基基础设计规范》或地区性经验采用。

3.5.4　箱形基础内力分析

在上部结构荷载和基底反力共同作用下，箱形基础整体上是一个多次超静定体系，产生整体弯曲和局部弯曲。若上部结构为剪力墙体系，箱基的墙体与剪力墙直接相连，可认为箱基的抗弯刚度为无穷大，此时顶、底板犹如一支撑在不动支座上的受弯构件，仅产生局部弯曲，而不产生整体弯曲，故只需计算顶、底板的局部弯曲效应。顶板按实际荷载，底板按均布的基底净反力计算；底板的受力犹如一倒置的楼盖，一般均设计成双向肋梁板或双向平板，根据板边界实际支撑条件按弹性理论的双向板计算。考虑到整体弯曲的影响，配置钢筋时除符合计算要求外，纵、横向支座尚应分别有0.15%和0.10%的钢筋连通配置，跨中钢筋全部连通。当上部结构为框架体系时，上部结构刚度较弱，基础的整体弯曲效应增大，箱形基础内力分析应同时考虑整体弯曲与局部弯曲的共同作用。整体弯曲计算时，为简化起见，工程上常将箱形基础当作一空心截面梁，按照截面面积、截面惯性矩不变的原则，将其等效成工字形截面，以一个阶梯形变化的基底压力和上部结构传下来的集中力作为外荷载，用静力分析或其他有效的方法计算任一截面的弯矩和剪力，其基底反力值可按前述基底反力系数法确定。

1. 整体弯曲计算

由于上部结构共同工作，上部结构刚度对基础的受力有一定的调整、分担，基础的实际弯矩值要比计算值小，因此，应将计算的弯矩值按上部结构刚度的大小进行调整。1953年，迈耶霍夫(Meyerhof)首次提出了框架结构等效抗弯刚度的计算式，后经修正，列入我国《高层建筑箱形基础设计与施工规程》中。图3-24所示的框架结构，等效抗弯刚度的计算公式为：

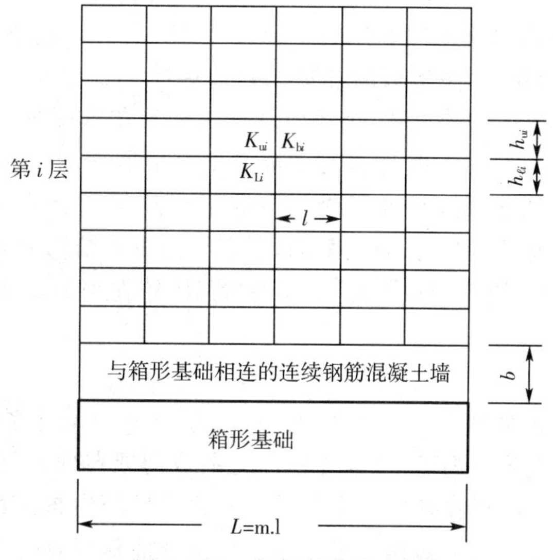

图3-24　框架结构示意图

$$E_B I_B = \sum_{1}^{n} \left[E_b I_{bi} \left(1 + \frac{K_{ui} + K_{Li}}{2K_{bi} + K_{ui} + K_{Li}} m^2 \right) \right] + E_w I_w \tag{3-73}$$

式中 $E_B I_B$—— 上部结构总折算刚度；

E_b—— 梁、柱混凝土弹性模量，kPa；

I_{bi}—— 第 i 层梁的截面惯性矩，m^4；

I_{ui}、I_{Li}、I_{ui}—— 第 i 层上柱、下柱和梁的惯性矩 m^4；

K_{ui}、K_{Li}、K_{bi}—— 第 i 层上柱、下柱和梁的线刚度，其值分别为 I_{ui}/h_{ui}、I_{Li}/h_{Li}、I_{bi}/h_{bi}，m^3；

L、l—— 上部结构弯曲方向的总长度和柱距，m；

h_{ui}、h_{Li}、h_{bi}—— 第 i 层上柱、下柱和梁的高度，m；

E_W—— 在弯曲方向与箱形基础相连的连续钢筋混凝土墙混凝土的弹性模量，kPa；

I_W—— 在弯曲方向与箱形基础相连的连续钢筋混凝土墙的惯性矩，m^4；其值为 $I_w = bh^3/12$；

b、h—— 分别为墙体的厚度和高度，m。

有了上部结构的等效刚度后，就可按式(3-74)对箱形基础考虑上部结构共同作用时所承担的整体弯矩进行折算：

$$M_F = M(E_F I_F)/(E_F I_F + E_B I_B) \tag{3-74}$$

式中 M—— 不考虑上部结构共同作用时箱形基础的整体弯矩，kN·m，按前述的静定分析法或其他有效方法计算；

M_F—— 考虑上部结构共同作用时箱形基础的整体弯矩，kN·m；

E_F—— 箱形基础混凝土的弹性模量，kPa；

I_F—— 箱形基础按工字形截面计算的惯性矩，m^4；工字形截面的上、下翼缘宽度分别为箱形基础的全宽，腹板厚度为在弯曲方向墙体厚度的总和。

在整体弯曲作用下，箱基的顶、底板可看成是工字形截面的上、下翼缘，靠翼缘的拉、压形成的力矩与荷载效应相抗衡，其拉力或压力等于箱基所承受的整体弯矩除以箱基的高度。由于箱基的顶、底板多为双层、双向配筋，所以按混凝土结构中的拉、压构件计算出顶板或底板整体弯曲时所需的钢筋用量应除以 2，均匀的配置在顶板或底板的上层和下层，即可满足整体受弯的要求。

2. 局部弯曲计算

当上部结构为平、立面规则的剪力墙、框架、框剪 — 剪力墙体系时，在局部弯曲作用下，顶、底板犹如一个支撑在箱基内墙上、承受横向力的双向或单向多跨连续板，顶板在实际的使用荷载及自重作用下，底板在基底压力扣除底板自重后的均布荷载(即地基净反力)作用下，按弹性理论的双向或单向多跨连续板可求出局部弯曲作用时的弯矩值；由于整体弯曲的影响，局部弯曲时计算的弯矩值乘以 0.8 的折减系数后再用其计算顶、底板的配筋量。算出的配筋量与前述整体弯曲配筋量叠加，即得顶、底板的最终配筋量。配置时，应综合考虑承受整体弯曲和局部弯曲钢筋的位置，以充分发挥钢筋的作用。箱形基础的顶板和底板钢筋配置除符合计算要求外，纵横方向支座钢筋尚应有 1/3 至 1/2 的钢筋连通，且连通钢筋的配筋率分别不小于 0.15%（纵向）、0.10%（横向），跨中钢筋按实际需要的配筋全部连通。钢筋接头宜采用机械连接。采用搭接接头时，搭接长度应按受拉钢筋考虑。

3.5.5　基础结构强度计算

箱形基础的结构强度计算包括顶、底板和墙身的计算。顶、底板除了满足正截面的抗弯要求外，还需要满足抗剪要求，底板还需满足抗冲切要求。内、外墙除了与剪力墙连接外，由柱根传给各片墙的竖向剪力设计值，可按相交于该柱下各片墙的刚度进行分配。具体可参见《高层建筑箱形与筏形基础技术规范》和《混凝土结构设计规范》。

(1) 对于顶板在剪力作用下，斜截面抗剪应满足：

$$V \leqslant 0.7bf_th_0 \tag{3-75}$$

式中　V—— 顶板剪力设计值，N；

b—— 计算所取板宽，mm；

f_t—— 混凝土抗拉强度设计值，N/mm^2；

h_0—— 顶板的有效高度，mm。

箱形基础底板应满足受冲切承载的要求，具体内容略。

2. 箱形基础纵墙墙身截面的剪力计算时，一般可将箱形基础当作一根在外荷和基底反力共同作用下的静定梁，用力学的方法求得各截面的总剪力 V_j 后，按式(3-76)将其分配至各道纵墙上：

$$\bar{V}_{ij} = \frac{V_j}{2}\left(\frac{b_i}{\sum b_i} + \frac{N_{ij}}{\sum N_{ij}}\right) \tag{3-76}$$

$\bar{V}_{ij}$ 为第 i 道纵墙 j 支座所分得的剪力值，将该剪力值分配至支座的左右截面后得：

$$V_{ij} = \bar{V}_{ij} - p(A_1 + A_2) \tag{3-77}$$

式中　V_{ij}—— 在第 i 道纵墙 j 支座处的截面左右处的剪力设计值，kN；

b_i—— 第 i 纵墙宽度，m；

$\sum b_i$—— 各道纵墙宽度总和，m；

N_{ij}—— 第 i 道纵墙 j 支座处柱竖向荷载设计值，kN；

$\sum Nij$—— 横向同一柱列中各柱的竖向荷载设计值之和，kN；

A_1、A_2—— 求 $\bar{V}_{ij}$ 时底板局部面积，m^2。

思考与练习题

1. 柱下条形基础的适用范围是什么？
2. 文克尔地基上梁的挠曲线微分方程是怎样建立的？
3. 集中荷载及集中力偶作用下，弹性地基梁的挠曲变形有何特征，受哪些因素影响？

4. 静定分析法与倒梁法分析柱下条形基础纵向内力有何差异，各适用什么条件？

5. 柱下十字交叉梁基础节点荷载怎样分配，为什么要进行调整？

6. 何谓筏形基础，适用于什么范围？计算上与柱下条形基础有何不同？

7. 什么是箱形基础，适用于什么条件？与前述的独立基础、条形基础相比有何特点？

8. 筏形基础、箱形基础有哪些构造要求？如何进行内力及结构计算？

9. 图 3－25 一柱下条形基础，所受外荷载大小及位置如图示，地基为均质黏性土，修正后的地基承载力特征值 $f_a=165\text{kPa}$，土的重度 $r=20\text{kN/m}^3$，基础埋深为 2.5m，试确定基础底面尺寸，翼缘的高度及配筋，并用倒梁法计算基础的纵向内力（材料、图中的 L_1、L_2 及截面尺寸自定）。

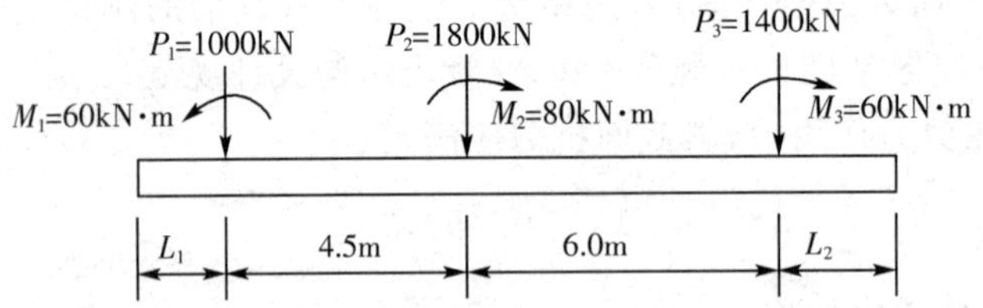

图 3－25

10. 十字交叉梁基础，某中柱节点承受荷载 $P=2000\text{kN}$，一个方向基础宽度 $b_x=1.5\text{m}$，抗弯刚度 $EI_x=650\text{MPa}\cdot\text{m}^4$；另一个方向基础宽度 $b_y=1.2\text{m}$，抗弯刚度 $EI_x=500\text{MPa}\cdot\text{m}^4$，基床系数 $k=4.5\text{MN/m}^3$，试计算两个方向分别承受的荷载 P_x、P_y。

11. 均质黏土地基，其孔隙比 $e=0.87$，土的重度 $\gamma=19\text{kN/m}^3$，在如图 3－26 所示的框架结构中拟修建柱下筏形基础。按正常使用极限状态下的荷载效应标准组合时，传至各柱室内地面(±0.00)标高的荷载如图，室外算起的基础埋深 $d=1.50\text{m}$，室外标高－0.30m，地基土承载力特征值修正后的地基承载力特征值 $f_a=120\text{kPa}$，试设计该基础（注：图中柱荷载单位为 kN，柱采用 C50 现浇混凝土，截面尺寸为 600mm × 600mm，柱外边缘悬挑跨度自定）。

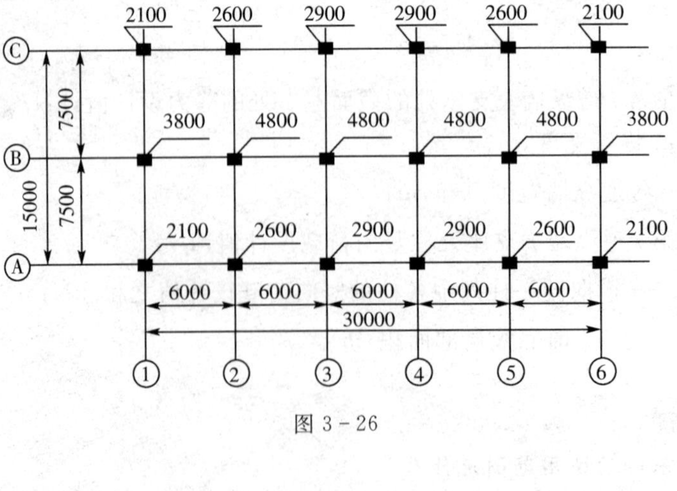

图 3－26

第 4 章　桩基础

4.1　概　述

4.1.1　桩基础的概念

在建筑工程中，当天然地基浅层土质不良，无法满足建筑物对地基变形和强度及稳定方面的要求时，可选地基深处较为坚实的土层或岩层作为持力层，用深基础来有效地传递荷载以满足建筑物的功能要求。深基础主要有桩基础、沉井和地下连续墙等几种类型。深基础由于埋置深度较大，需用专业的技术及施工方法建造且造价较高。其中，桩基础使用最为广泛，常见于工业与民用建筑、桥梁、港口、水利等工程领域中。

桩基础，简称桩基。由设置于岩土中的基桩和桩顶连接的承台共同组成的基础或由柱与桩直接连接的单桩基础，属于深基础之一。当承台底面设于地面以下时，承台称为低桩承台，相应的桩基础称为低承台桩基础，参见图 4－1(a)；当承台底面高于地面时，承台称为高桩承台，相应的桩基础称为高承台桩基础，见图 4－1(b)。低台桩基础常用于陆域工业与民用建筑，而高台桩基础在海洋与港湾等水域工程结构中有较广泛地应用。

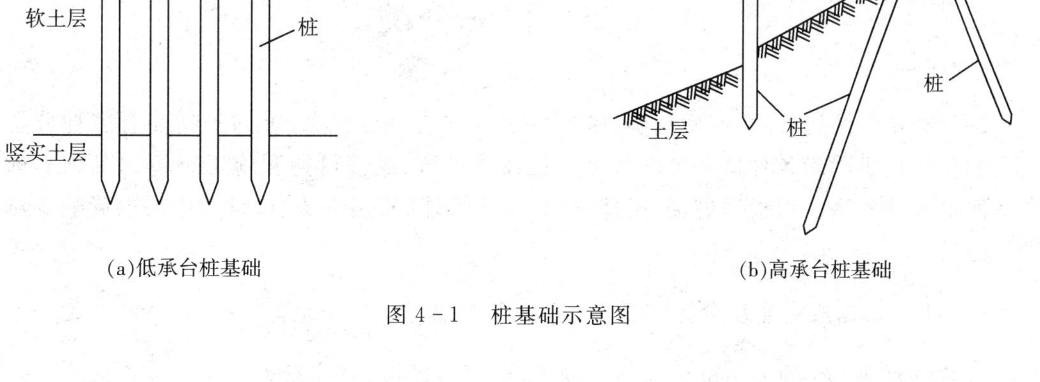

图 4－1　桩基础示意图

4.1.2 桩基础的特征

桩基础具有较高的承载能力与稳定性，是减少建筑物沉降与不均匀沉降的良好的基础类型；桩基础是克服复杂条件下不良地质现象危害的重要基础措施，具有良好的抗震、抗爆性能；桩基础具有很强的灵活性，对结构体系、范围及荷载变化等有较强的适应能力，而采用桩基础也可作为地基处理措施以提高地基的强度及稳定性。

虽然桩基础比一般天然地基的浅基础造价要高；施工难度较大，工作机理比较复杂，设计计算方法相对尚不完善，但是其不仅可以大幅度提高基础的承载力，减少基础的沉降，保证构筑物的稳定性，同时，还可以承受水平荷载和向上的拉拔荷载，具有较高的抗震(振)性能，所以现代桩基础的使用越来越广泛。

4.1.3 桩基础的应用

桩基础的使用有着悠久的历史，早在7000年前的浙江河姆渡遗址中就显示出古人已经采用木桩支撑房屋。而现存至今的北京御河桥、上海龙华塔、西安的灞桥都是我国古代使用桩基础(木桩)的典范。随着现代工业技术和科学技术的发展，桩的材料、种类和桩的形式、桩的施工工艺和设备、桩基设计计算理论和方法、桩的原型试验和检测方法等各方面都有了很大的发展。

一般来说，下列情况可考虑采用桩基础方案：

(1) 天然地基承载力和变形及稳定不能满足要求的建筑物；

(2) 只有较深处地基持力层能满足构筑物承载力要求的情况；

(3) 特殊类岩土地基上的各类永久性建筑物；

(4) 作用有较大水平荷载和上拔荷载的构筑物基础；

(5) 需要减弱其振动影响的动力基础，或为强化建筑物的抗震性能而选择桩基础；

(6) 荷载分布状况复杂的构筑物基础；

(7) 地基土有可能被水流冲刷的水工及桥梁基础；

除以上情况外，目前桩还广泛应用于各种工程支挡结构及锚定结构。

本章主要介绍桩基础的基本原理，桩基础的设计步骤，设计方法和构造要求，主要依据《建筑桩基技术规范》(JGJ—94—2008)，(下文简称《桩基规范》)和其他相关资料。

4.2 桩的分类

桩基础随着结构形式、使用功能、施工技术及方法、承载能力等的不同而有多种分类。分类的目的在于明确各种桩基础的特点。在技术可行、经济可行和施工可行的基础上选用合适的桩基础类型。现根据桩径、桩体材料、使用功能、施工方法、成桩对土层的影响等对桩进行分类。

4.2.1 根据成桩直径分类

桩按桩直径(d)的大小可分为大直径桩、中等直径桩、小桩三类。

(1) 大直径桩

$d \geqslant 800\text{mm}$ 的桩。在设计中因考虑侧阻力的松弛效应与端阻力的尺寸效应，通常用于高重型建筑物基础。

(2) 中等直径桩

$250\text{mm} < d < 800\text{mm}$ 的桩。这类桩成桩方法和工艺繁杂，长期以来在工业与民用建筑中大量使用。

(3) 小桩

$d \leqslant 250\text{mm}$ 的桩；长细比 L/d 较大的桩。施工机械和场地及施工方法一般较为简单。在地基托换、支护结构、抗浮、多层住宅地基处理等工程中得到广泛应用。

4.2.2　根据桩体材料分类

桩按桩身材料可分为混凝土桩、木桩、钢桩和组合桩等。

(1) 混凝土桩

混凝土桩一般均由钢筋混凝土制作，是目前使用最为广泛的桩。可分为预制混凝土桩和灌注混凝土桩两种。

预制混凝土桩多为钢筋混凝土桩，可以在工厂中生产，也可在场地附近预制。桩断面形式可以是方形、圆形等；也有实心或空心桩。其长度受到运输能力的限制，单节长度可达十余米。桩基要求长桩时，可将单节桩连续成所需的桩长。过去经常采用硫黄胶泥接桩，现大部分为焊接接桩。为提高混凝土抗裂性能和节省钢材，可做成预应力桩；为减少沉桩的挤土效应，可做成敞口预应力桩。

灌注桩是直接在所设计的桩位处用机械成孔，然后在孔内加放钢筋笼后再浇灌混凝土而成。灌注桩的横截面呈圆形，可以做成大直径桩和扩底桩。随着各种成孔设备和成孔方式的不断发展，灌注桩能适用于各种地层条件，并能灵活地调整桩长及桩径，从而成为目前工程领域中使用的主要桩型。

灌注桩品种繁多，依据成孔方式的不同可以分为沉管灌注桩、挖孔灌注桩、钻孔灌注桩和扩孔灌注桩等。

(2) 木桩

木材制桩从古代至20世纪初均有大量应用，随着现代建筑的发展，木桩因其长度小不利用接桩、承载力较低，以及材料自身强度的有限性和在变化的工程环境中易腐烂等缺点，在基础工程中受到很大的限制，只在少数工程中因地制宜地采用。

(3) 钢桩

按照断面形状可分为钢管桩、钢板桩、型钢和组合断面桩。其穿透能力强、自重轻、沉桩效果好、承载能力高，无论是起吊、运输还是接桩都很方便；且挤土少，对地层扰动有限。但钢桩的耗钢量较大，工程成本较高，抗腐蚀性较差，在设计与施工中需做特殊考虑。

(4) 组合桩

组合桩在指整个桩长范围内有两种或两种以上的材料组成的桩。这类桩种类很多，一般依据特定的工程条件及荷载条件而设计。比如在作为抗滑桩时，在混凝土中加入大型工字钢承受水平荷载；在用深层搅拌法制作的水泥墙中插入 H 型钢，形成地下连续墙。另外一种复合材料夯扩桩则是在桩端夯入块石，其上浇注干硬性混凝土，再浇注钢筋混凝土桩身。

4.2.3 根据使用功能分类

(1) 承压桩

承压桩指主要承受竖向受压荷载的桩，这类桩通常是垂直设置的，应进行竖向荷载承载力计算，必要时还需计算桩基沉降，验算软弱下卧层的承载力及负摩阻力产生的下拉荷载。根据土体提供的侧摩阻力与端阻力的相对比例，可分为摩擦桩、端承桩和端承摩擦桩及摩擦端承桩三类。

① 摩擦桩。外部荷载主要通过桩身侧表面与土层的摩阻力传递给周围的土层，桩尖部分承受的荷载很小，一般不超过 10%，摩擦桩上的竖向荷载完全或主要靠桩侧摩擦力承担。

② 端承桩。端承桩的竖向荷载完全或主要靠桩端阻力承担，一般不考虑桩侧摩阻力的作用。如果桩的长细比较大，由于桩本身的压缩，桩侧摩阻力也可能部分地发挥作用。

③ 端承摩擦桩与摩擦端承桩。在竖向荷载作用下，桩的端阻力和侧摩阻力都同时发挥作用。这是最常用的桩，这类桩的端摩阻力和侧摩阻力所分担的荷载比例与桩长、桩径、软土层的厚度和持力层的刚度有关。

工程实践中，设在深厚软土中的长桩，其端阻力可忽略不计，是典型的纯摩擦桩；如果桩端达到中等强度或坚硬土层中，这种桩常属于端承摩擦桩或摩擦端承桩；桩端进入稳定岩土持力层，且桩长不大及上部土层软弱或不稳定时，桩属于典型的端承桩。为了提高桩基承载能力和控制构筑物的沉降变形，要求桩端进入有效持力层内的一定深度处。

(2) 抗拔桩

抗拔桩指主要承受竖向上拔荷载的桩，应进行桩身强度和抗裂验算以及抗拔承载力验算，其抗拔力主要有土对桩向下的侧摩阻力和桩体自重来提供。抗拔桩在高耸构筑物、地下抗浮结构以及码头水工等结构物中有较多的应用，另外在单桩竖向静载试验中使用的锚桩也承受拉拔荷载。

(3) 水平荷载桩

水平荷载桩指主要承受地震力、风力及波浪力等水平荷载的桩，应进行桩身强度和抗裂验算以及水平荷载力和位移验算。这类桩的抗力通常由桩身强度、桩侧土体的水平侧限强度及桩顶的锚固方式决定，并以有限的水平变形量作为桩基础水平承载能力的控制条件。对于港口码头、输电塔架等结构物，有时为了更有效地抵抗水平荷载，可设斜桩或叉桩。

4.2.4 根据施工方法分类

桩按施工方法可分为预制桩和灌注桩两大类。

(1) 预制桩

预制桩是指在桩体沉入地基之前在预制厂或现场制作的桩。预制桩成桩质量较稳定可靠，预制桩除木桩、钢桩外，目前大量应用的是钢筋混凝土桩。预制桩的长度比较灵活，只受制桩设备能力限制，但可以分段制作然后在沉桩过程中接桩；其断面材料类别也有很大的灵活性，预制桩按桩截面形状又可分为实心桩和空心桩，圆形桩和方形桩、异形桩等。接桩的方法有钢板角钢焊接，法兰盘加螺栓联结，硫黄胶泥锚固以及机械联结（如插入楔块、销钉联结）等。限于运输条件和起吊能力，目前工厂预制的桩长一般不超过 13.5m。现预制桩的长度可以大些，但限于桩架高度，一般在 25 ～ 30m 以内。当桩长度不够时，需在沉桩过程中加以接长。

为了适应整个施工过程的需要，钢筋混凝土预制桩的混凝土标号不应低于 C30，桩内应配置一定数量的纵向钢筋（主筋）和箍筋。配筋率需由桩在起吊、运输和吊立过程中的弯曲应力确定，最小配筋率一般不宜小于 0.8%。

常用的预制混凝土桩的主要优点是承载力高，对于松散土层，由于挤土效应可使承载力提高；由于桩身混凝土密度大，抗腐蚀性能强；桩身质量易于保证和控制，制作方便，并能根据需要制作不同尺寸、不同形状的截面和长度，且施工不受地下水的影响；成桩速度快，不存在泥浆排放问题，特别适于大面积施工。缺点是费用比灌注桩高，采用锤击沉桩市噪声大、对周围扰动大，由于挤土效应会引起地面隆起等问题。

预制桩的沉桩方式主要有：锤击法、振动法和静压法等。

① 锤击法沉桩。锤击法沉桩是用桩锤（或辅以高压射水）将桩击入地基中的施工方法，适用于地基土为松散的碎石土、砂土、粉土以及可塑黏土的情况。缺点是有噪声、振动和地层扰动，在城市建设中应考虑其对环境的影响。

② 振动法沉桩。振动法沉桩是采用振动锤进行沉桩的施工方法，适用于可塑性的黏性土和砂土，对受振动时土的抗剪强度有较大降低的砂土地基和自重不大的钢桩，沉桩效果更好。

③ 静压法沉桩。静压法沉桩是采用静力压桩机将预制桩压入地基中的施工方法。静压法沉桩具有无噪声、无振动、无冲击力、施工应力小、桩顶不易损坏和沉桩精度较高等特点。但较长桩分节压入时，接头较多会影响压桩的施工效率等。

(2) 灌注桩

灌注桩是指在施工现场桩位处先成桩孔，然后在孔位内设置钢筋笼，再灌注混凝土而形成的桩。灌注桩无需像预制桩那样的制作、运输及设桩过程，因而比较经济，但施工技术较复杂，成桩质量控制比较困难。

灌注桩的主要优点是可适用于各种地层，桩长、桩径可灵活调整；费用比预制桩低。缺点是成桩质量不易控制和保证，容易形成断桩、缩颈、沉渣、混凝土灌注出现蜂窝或夹泥等质量问题；对于泥浆护臂灌注桩，存在泥浆排放造成的环境污染问题。灌注桩大体可分为沉管灌注桩、钻孔灌注桩、挖孔灌注桩和爆扩灌注桩四类。

① 沉管灌注桩。沉管灌注桩是指采用锤击沉管打桩机或振动沉管打桩机，将套上预制钢筋混凝土桩尖或带有活瓣桩尖的钢管沉入土层中成孔，然后边灌注混凝土，边锤击或边振动边拔出钢管并安放钢筋笼而形成的灌注桩。沉管灌注桩的直径一般在 300 ～ 500mm 之间，桩长常在 20m 以内，可打至硬塑黏土层或中、粗砂层。在黏性土中，振动沉管灌注桩的沉管穿透能力比锤击沉管灌注桩稍差，承载力也比锤击沉管灌注桩低些。这种桩施工设备简单，沉桩进度快，成本低，但很易产生缩颈等质量问题。

② 钻（冲、磨）孔灌注桩。各种钻（冲、磨）孔灌注桩在施工时都要把桩孔位置处的土排出地面，然后清除孔底残渣，安放钢筋笼，最后浇灌混凝土。

③ 挖孔桩。挖孔桩可采用人工或机械挖掘成孔，每挖 0.9 ～ 1.0m，就现浇或喷射一圈混凝土护壁（上下圈之间用插筋连接），然后安放钢筋笼灌注混凝土而成。人工挖孔桩直径

一般为 800 ～ 2000mm，最大可达 3500mm。挖孔桩的优点是可直接观察地层情况，孔底易清除干净，设备简单，噪声小，适应性强，比较经济。缺点是孔内空间小，劳动条件差，存在安全隐患等。

④ 爆扩灌注桩。爆扩灌注桩是指就地成孔后，在孔底放入炸药包并灌注适量混凝土后，用炸药爆扩孔底，再安放钢筋笼，灌注桩身混凝土而成的桩。爆扩灌注桩适应性强，除新填土外，其他各种地层均可用，最适宜在黏土中成形并支承在坚硬密室土层上的情况。

混凝土灌注桩中的弗朗克桩在欧洲流行甚广，我国也有用此法施工的工程。这种方法适用于松散砂、砾及超固结黏土，桩身直径 30 ～ 60cm，桩长 10 ～ 24m，管心锤重 25 ～ 50kN，落距 3 ～ 5m，单桩容许承载力可达 1500kN。旋转钢管下沉成孔的灌注桩，在钢管底部装有经过淬火的钢齿，可沉入至页岩或砂岩层，直径可达 1.5m。钢管用法兰盘联结，预压孔打入混凝土桩是介于打入桩和灌注桩之间的一种桩型。其施工步骤是先将钢制的传力杆打入土中 0.5 ～ 1.0m，然后拔出钢传力杆，往孔中灌注混凝土或砂浆，再将一根预制的钢筋混凝土桩置于孔中，打到预定深度，这种桩的承载力高于普通桩。各种成孔工艺及成孔方法的使用范围见表 4-1。

表 4-1　各种成孔工艺及成孔方法的使用范围

<table>
<tr><th>成孔工艺</th><th>成孔方法</th><th>使用范围</th></tr>
<tr><td rowspan="4">泥浆护壁成孔</td><td>冲抓、冲击</td><td rowspan="3">碎石土、砂土、粉土、黏性土及风化岩。冲击成孔进入中等风化和微风化岩层的速度比回转钻快，旋挖钻孔速度最快。深度可达 40m 以上</td></tr>
<tr><td>回转钻</td></tr>
<tr><td>旋挖钻</td></tr>
<tr><td>潜水钻</td><td>黏性土、淤泥、淤泥质土及砂土，深度可达 50m 以上</td></tr>
<tr><td rowspan="3">无护壁作
（干作业成孔）
成孔</td><td>螺旋钻 Φ400</td><td>地下水位以上的黏性土、粉土、砂土及人工填土，深度可达 50m</td></tr>
<tr><td>钻孔扩底</td><td>地下水位以上的坚硬、硬塑的黏性土及中密以上的砂土</td></tr>
<tr><td>机动洛阳铲（人工）</td><td>地下水位以上的黏性土、粉土、黄土及人工填土</td></tr>
<tr><td rowspan="2">套壁作业</td><td>振动 Φ310 ～ 800</td><td>硬塑黏性土、粉土及砂土，600 以上的可达强风化岩，深度可达 20 ～ 30m</td></tr>
<tr><td>锤击 Φ400 ～ 500</td><td>可塑黏性土、中细砂，深度可达 20m</td></tr>
<tr><td>爆破扩孔作业</td><td>爆破成孔，底部直径可达 Φ800</td><td>地下水位以上的黏性土、黄土、碎石土及风化岩</td></tr>
</table>

4.2.5　根据成桩方法对土层的影响分类

不同成桩方法对周围土层的排挤和扰动不同，都将直接影响到桩的承载能力、成桩质量及周围环境。根据成桩对土层的影响可分为挤土桩、部分挤土桩、非挤土桩三类。

(1) 挤土桩

挤土桩指打入或压入土中的实体预制桩和闭口管桩、沉管灌注桩。这类桩在沉桩过程中，或沉入钢套管的过程中，周围土体因受到桩体的挤压作用，使得土中超孔隙水压力增长，土体发生隆起，对周围环境造成严重的损害，如相邻建筑物的变形开裂，市政管线断裂造成水或煤气的泄漏等，因此，在大中城市的建成区已严格限制挤土桩的施工。

(2) 部分挤土桩

部分挤土桩指预钻孔打入式预制桩、打入式敞口桩。打入敞口桩管时，土可以进入桩管形成土壤，从而减少了挤土的作用，但在土塞的长度不再增加时，犹如闭口桩一样产生挤土的作用。打入实体桩时，为了减少挤土的作用，可以采取预钻孔的措施，将部分土体取走，也属于部分挤土桩。

(3) 非挤土桩

非挤土桩指采用干作业法、泥浆护壁法、套管护壁法的钻(冲、磨)孔、挖孔桩。非挤土桩在成孔的过程中对周围的桩间土没有挤压作用，不会引起土体中超孔隙水压力的增长，因而桩的施工不会危及周围建筑物的安全。

总之，根据不同建筑荷载要求及场地条件，可使用不同桩型，一些新桩型的发展，又有力地推动了上部结构的发展，为建筑结构的设计提供了许多可选择的方案。

4.3　竖向荷载作用下单桩的工作性能

4.3.1　单桩轴向荷载传递的概念

将桩垂直沉入地基后，由桩侧分布摩阻力 $q_s(z)$ 与桩端分布阻力 q_p 共同抵抗竖向荷载 Q。地基土在桩侧摩阻力 $q_s(z)$ 及桩端阻力 q_p 的作用下产生附加应力，因此导致地基土的变形，引起桩体的沉降；桩体受到荷载 Q 与土体阻力的共同作用而产生桩身轴力，从而导致桩体出现轴向压缩变形；在桩周处由于桩土受力条件的不同而产生相对位移，这种相对位移的大小随深度的变化对桩的侧摩阻力的影响很大；在桩端处桩的沉降与桩端阻力的大小有关。所以，单桩荷载传递理论主要研究桩土体系中的摩阻力分布与发展规律、桩端阻力的发挥过程及桩身内力与变形随荷载变化的分布和发展过程，如图 4-2 所示。

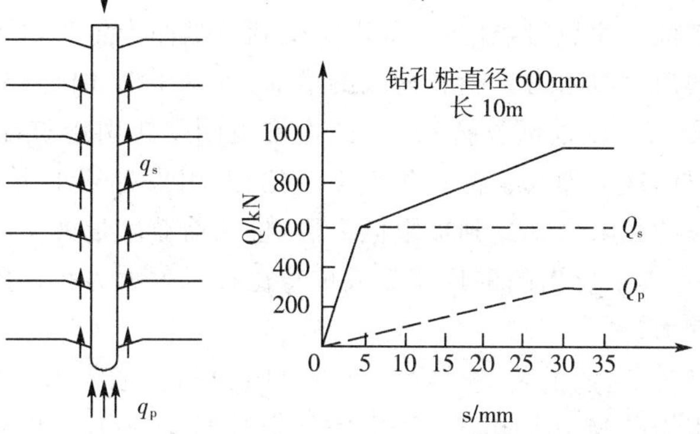

图 4-2　桩的侧阻力与桩的端阻力

桩侧阻力和桩端阻力的发挥过程就是桩土体系的荷载传递过程。桩顶受竖向压力后，桩身压缩并向下位移，桩侧表面与土间发生相对运动，桩侧表面开始受土的向上摩擦力，荷载通过侧阻力向桩周土中传递。由于摩阻力和桩身位移之间的相互关系，使桩身的轴力与桩身的压缩变形量随深度递减。随着荷载增加，桩身下部分的侧阻力及端阻力开始发挥作用，当荷载增加到一定值时，桩端开始发生位移，桩端的反力得到充分发挥。所以靠近桩身上部土层的侧阻力比上部的侧阻力优先发挥作用，侧阻力先于端阻力发挥作用。研究表明，侧阻力和端阻力发挥作用所需要的位移也是不同的。大量的常规直径的桩的测试结果表明，侧阻力所需要的作用相对位移一般不超过 20mm。对于大直径桩，一般在位移量 $s=(3\% \sim 5\%)d$ 的情况下，侧阻力也已经发挥了大部分作用。

端阻力的发挥情况比较复杂，与桩端土的类型与性质及桩的长度、直径、成桩工艺和施工质量等有关。

对于岩层和硬的土层，只需要很小的桩端位移就可充分使其端阻力发挥作用，对于一般土层，完全发挥端阻力作用所需的位移量则可能很大。以桩端持力层较为细粒的土的情况为例，要充分发挥端阻力作用，打入桩的桩端沉降 S_p 约为 10% 的桩径；钻孔桩桩端沉降 S_p 约为 20% ～ 30% 的桩径。

这样，对于一般桩基础，在工作荷载作用下，侧阻力可能已经发挥了大部分作用，而端阻力只发挥了很小一部分作用，只有对于支撑于坚硬基岩上的刚性短桩，由于桩端无法下沉，而桩身压缩量很小，摩擦阻力无法发挥作用，端阻力才先于侧阻力发挥作用。

综上所述，一般可归纳为如下几点：

(1) 在荷载增加的过程中，桩身上部的侧阻力先于下部侧阻力发挥作用；

(2) 一般情况下，侧阻力先于端阻力发挥作用；

(3) 在工作荷载下，对于一般摩擦型桩，侧阻力发挥作用的比例明显高于端阻力发挥的比例；

(4) 对于长径比较大的桩，即使桩端持力层为岩层或坚硬土层，由于桩身本身的压缩和桩身的弯曲变形，在工作荷载下端阻力也很难发挥。当长径比大于 100 时，端阻力基本可以忽略而成为摩擦桩。

4.3.2 桩身轴力、桩侧摩阻力和桩身位移的关系

当逐级增加单桩桩顶荷载时，桩身上部由于受到压缩而产生相对于土的向下位移，从而使桩侧表面受到土的向上摩阻力。随着荷载的增加，桩身压缩和位移也随之增大，从而使桩侧摩阻力从桩身上段向下段逐渐发挥；桩底持力层也因受压引起桩端的反力，导致桩端下沉、桩身随之整体下移，这又加大了桩身各截面的位移，引发桩侧上下各处摩阻力的进一步发挥。当沿桩身全长的摩阻力都达到极限值之后，桩顶荷载增量就全归桩端阻力承担，直到桩底持力层破坏、无力支承更大的桩顶荷载或桩身位移量过大为止。此时，桩顶所承受的荷载就是桩的极限承载力。

因此可见，单桩竖向荷载的传递过程就是桩侧阻力与桩端阻力的发挥过程。桩顶荷载通过发挥出来的侧阻力传递到桩周土层中去，从而使桩身轴力与桩身压缩变形随深度递减。一般来说，桩身上部土层的侧阻力先于下部土层发挥，侧阻力先于端阻力发挥。

图 4-3(a) 表示长度为 l 的竖向单桩在桩顶轴向力 $N_0=Q$ 的作用下，在桩身任一深度 z

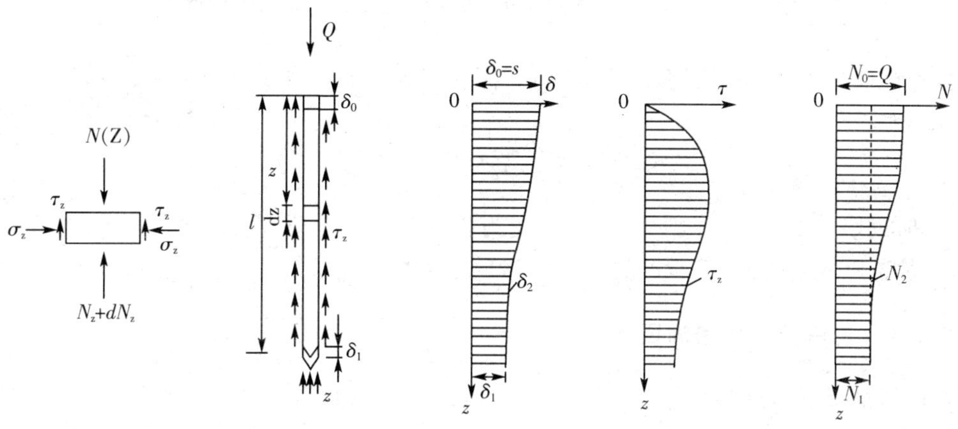

(a)微桩段的作用力　(b)轴向受压的单桩　(c)截面位移曲线　(d)摩阻力分布曲线　(e)轴力分布曲线

图 4-3　单桩轴向荷载传递

处横截面上所引起的轴力 N_z 将使截面下桩身压缩、桩端下沉 δ_l，致使该截面向下位移了 δ_z。作用于深度 z 处、周长为 u_p、厚度为 dz 的微小桩段上力的平衡条件：

$$N_z - \tau_z \cdot u_p \cdot dz - (N_z + dN_z) = 0 \tag{4-1}$$

可得桩侧摩阻力 τ_z 与桩身轴力 N_z 的关系：

$$\tau_z = -\frac{1}{u_p} \cdot \frac{dN_z}{dz} \tag{4-2}$$

式中　τ_z—— 桩侧单位面积上的荷载传递量

由于桩顶轴力 Q 沿桩身向下通过桩侧摩阻力逐步传给桩周土，因此轴力 N_z 就相应的随深度而递减。

桩底的轴力 N_l 即桩端总阻力 $Q_p = N_1$，而桩侧阻力 $Q_s = Q - Q_p$。

根据桩段 dz 的桩身压缩变形 δ_z 与桩身轴力 N_z 之间的关系 $d\delta_z = -N_z \dfrac{dz}{A_p E_p}$

可得：

$$N_z = -A_p E_p \frac{d\delta_z}{dz} \tag{4-3}$$

式中 A_p 及 E_p 为桩身横截面面积和弹性模量。

将式(4-3) 代入式(4-2) 得：

$$\tau_z = \frac{A_p E_p}{u_p} \frac{d^2 \delta_z}{dz^2} \tag{4-4}$$

式(4-4) 是单桩轴向荷载传递的基本微分方程。他表明桩侧摩阻力 τ 是桩截面对桩周土的相对位移 δ 的函数 $[\tau = f(\delta)]$，其大小制约着土对桩侧表面向上作用的正摩阻力 τ 的发挥程度。

由图 4-3(a) 可知，任一深度 z 处的桩身轴力 N_z 应为桩顶荷载 $A_0 = Q$ 与 z 深度范围内的桩侧总阻力之差：

$$N_z = Q - \int_0^z u_p \tau_z \mathrm{d}z \tag{4-5}$$

桩身截面位移 δ_z 则为桩顶位移 δ_0 与 z 深度范围内的桩身压缩量之差：

$$\delta_z = s - \frac{1}{A_p E_p}\int_0^z N_z \cdot \mathrm{d}z \tag{4-6}$$

上述二式中如取 $z=l$，则式(4-5)变为桩底轴力 N_l（即桩端总阻力 Q_p）表达式；式(4-6)则变为桩端位移 δ_l（即桩的刚体位移）表达式。

4.3.3　影响荷载传递的因素

在任何情况下，桩的长径比 l/d（桩长与桩径之比）对荷载传递的影响都较大。根据 l/d 的大小，桩可分为短桩（$l/d < 10$）、中长桩（$l/d > 10$）、长桩（$l/d > 40$）和超长桩（$l/d > 100$）。

N. S. 马特斯- H. G. 波洛斯（Mattes-Poulos，1969，1971）通过线性弹性理论分析，得到影响单桩荷载传递的因素主要有：

(1) 桩的长度(l)与直径(d)之比

随 l/d 的增大，传递到桩端的荷载减小，桩身下部侧阻力的发挥值相应降低。在均匀土层中的长桩，其桩端阻力分担的荷载比趋于零。对于超长桩，不论桩端土的刚度多大，其桩端阻力分担的荷载都小到可略而不计，即桩端土的性质对荷载传递不再有任何影响，且上述各影响因素均失去实际意义。可见，长径比很大的桩都属于摩擦桩，在设计这样的桩时，试图采用扩大桩端直径来提高承载力，实际上都是不可取的。

(2) 桩端扩底直径(D)与桩身直径(d)之比

D/d 愈大，桩端阻力分担的荷载比愈大；对于均匀土层中的中长桩，当 $D/d=3$ 时，桩端阻力分担的荷载比将由等直径桩（$D/d=1$）的约5%增至约35%；

(3) 桩端土刚度(B_b)与桩周土刚度(B_s)之比

B_b/B_s 愈小，桩身轴力沿深度衰减愈快，即传递到桩端的荷载愈小。对于中长桩，当 $B_b/B_s=1$（即均匀土层）时，桩侧摩阻力接近于均匀分布，几乎承担了全部荷载，桩端阻力仅占荷载的5%左右，即属于摩擦桩；当 B_b/B_s 增大到100时，桩身轴力上段随深度减小，下段近乎沿深度不变，即桩侧摩阻力上段可得到发挥，下段则因桩土相对位移很小（桩端无位移）而无法发挥出来，桩端阻力分担了60%以上的荷载，即属于端承型桩；B_b/B_s 再继续增大，对桩端阻力分担荷载比的影响不大。

(4) 桩身刚度(B_p)与桩周土刚度(B_s)之比

B_p/B_s 愈大，传递到桩端的荷载也愈大，但当 B_p/B_s 超过1000后，对桩端阻力分担荷载比的影响不大。而对于 $B_p/B_s \leqslant 10$ 的中长桩，其桩端阻力分担的荷载几乎为零，这说明对于砂桩、碎石桩、灰土桩等低刚度桩组成的基础，应按复合地基工作原理进行设计。

4.3.4　桩侧摩阻力和桩端阻力

桩侧摩阻力 τ 与桩—土界面相对位移 δ 的函数关系，可用图4-4中曲线 OCD 表示，且常简化为折线 OAB。OA 段表示桩—土界面相对位移 δ 小于某一限值 δ_u 时，摩阻力 τ 随 δ

线性增大；AB 段则表示一旦桩—土界面相对位移超过某一限值，摩阻力 τ 将保持极限值 τ_u 不变。依照传统经验，桩侧摩阻力达到极限值 τ_u 所需的桩—土相对滑移极限值 δ_u 基本上只与土的类别有关，而与桩径大小无关。根据试验资料显示约为 4～6mm(对黏性土)或 6～10mm(对砂类土)。

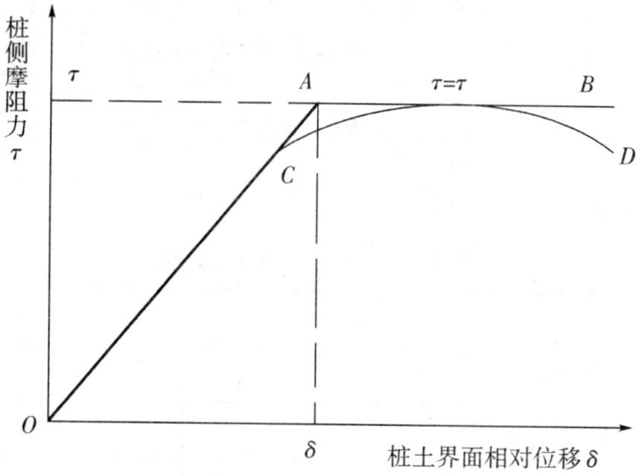

图 4－4　τ-δ 曲线

极限摩阻力 τ_u 可用类似土的抗剪强度的库伦公式表达：

$$\tau_u = c_a + \sigma_x \tan \varphi_a \tag{4-7}$$

式中　c_a——桩侧表面与土之间的附着力；

φ_a——桩侧表面与土之间的摩擦角；

σ_x——深度 z 处作用于桩侧表面的法向压力，它与桩侧土的竖向有效应力 σ'_v 成正比例，即：

$$\sigma_x = K_s \sigma'_v \tag{4-8}$$

式中 K_s 为桩侧土的侧压力系数，挤土桩 K_s 的取值范围为 $K_0 K_s K_p$；非挤土桩因桩孔中土被清除，而使 K_s 的取值范围为 $K_a K_s K_0$(K_a、K_0、K_p 分别为主动压力系数、静止压力系数、被动土压力系数)。

以式(4－7)、式(4－8)的有效应力法计算深度 z 处的单位极限侧阻时，如取 σ'_V，则侧阻将随深度线性增大。然而，砂土中的模型桩试验表明，当桩入土深度达某一临界深度后，侧阻就不随深度增加了，这个现象被称为侧阻的深度效应。A. S. 维西克(Vesic，1967)认为：它表明邻近桩周的竖向有效应力未必等于覆盖应力，而是线性增加到临界深度 Z_c 时达到一个极限(σ'_{VC})，他将其归因为土的“拱作用”。

由此可知，桩侧极限摩阻力与所在的深度、土的类别和性质、成桩方法等诸多因素有关，即发挥极限桩侧摩阻力 τ_u 所需的桩—土相对滑移极限值 δ_u 不仅与土的类别有关，还与桩径大小、施工工艺、土层性质和分布位置有关。

按土体极限平衡理论导得的、用于计算桩端阻力的极限平衡理论公式表达为：

$$q_{pu} = \zeta_c c N_c^* + \zeta_\gamma \gamma_1 b N_\gamma^* + \zeta_q \gamma h N_q^* \tag{4-9}$$

式中　c——土的黏聚力；

γ_1、γ—— 分别为桩端平面以下和桩端平面以上土的重度，地下水位以下取有效重度；

b、h—— 桩端宽度(直径)、桩的入土深度；

ζ_c、ζ_γ、ζ_q—— 桩端为方形、圆形时的形状系数；

N_c^*、N_γ^*、N_q^*—— 条形基础无量纲的承载力因素，仅与土的内摩擦角 φ 有关。

由于 N_γ 与 N_q 接近，而桩径 b 远小于桩深 h，故可略去式(4-9)中第二项，得：

$$q_{pu}=\xi_c cN_c^* + \xi_p \gamma h N_q^* \tag{4-10}$$

式中的形状系数 ζ_c、ζ_q 可按表 4-2 取值。

表 4-2　形状系数的取值

φ	ζ_c	ζ_q
22°	1.20	0.80
25°	1.21	0.79
30°	1.24	0.76
35°	1.32	0.68
40°	1.68	0.52

以式(4-10)计算单位极限端阻时，则端阻将随桩端入土深度线性增大。然而，模型和原型桩试验研究都表明，与侧阻的深度效应类似，端阻也存在深度效应现象。当桩端入土深度小于某一临界值时，极限端阻随深度线性增加，而大于该深度后则保持恒值不变。这一深度称为端阻的临界深度，它随持力层密度的提高、上覆荷载的减小而增大。

不同的资料给出侧阻与端阻的临界深度之比可变化于 0.3 ～ 1.0 之间，关于侧阻和端阻的深度效应问题都有待进一步研究，此外，当桩端持力层下存在软弱下卧层、且桩端与软弱下卧层的距离小于某一厚度时，桩端阻力将受软弱下卧层的影响而降低。这一厚度被称为端阻的临界厚度，它随持力层密度的提高、桩径的增大而增大。

通常情况下，单桩受荷过程中桩端阻力的发挥不仅滞后于桩侧阻力，而且其充分发挥所需的桩底位移值比桩侧摩阻力到达极限所需的桩身截面位移值大得多，根据小型桩试验所得的桩底极限位移 δ_u 值，对砂类土约为 $d/12 \sim d/10$，对黏性土约为 $d/10 \sim d/4$(d 为桩径)；但对于粗短的支承于坚硬基岩的桩，一般清底好，且桩不太长，桩身压缩量小和桩端沉降小，在桩侧阻力尚未充分发挥时便因桩身材料强度的破坏而失效。因此，对工作状态的单桩，除支承于坚硬基岩的短粗的桩外，桩端阻力的安全储备一般大于桩侧摩阻力的安全储备。

4.4　单桩承载力的确定

单桩竖向极限承载力，即达到最大承载能力或整体失稳或发生不适于继续承载而变形时所对应的最大承载力。《桩基规范》对单桩竖向极限承载力的确定有下列规定：

(1) 设计等级为甲级的建筑桩基,应通过单桩静载荷试验确定。

(2) 设计等级为乙级的建筑桩基,当地质条件简单时,可参照地质条件相同的试桩资料,结合静力触探等原位测试和经验参数综合确定。其余均应通过单桩静载荷试验确定。

(3) 设计等级为丙级的建筑桩基,可根据原位测试和经验参数确定。

单桩竖向极限承载力标准值、极限侧阻力标准值和极限端阻力标准值应按下列规定确定:

(1) 单桩竖向静载实验应按现行行业标准《建筑桩基检测技术规范》JGJ106—2003执行;

(2) 对于大直径端承型桩,也可通过深层平板(平板直径应与孔径一致)载荷试验确定极限端阻力;

(3) 对于嵌岩桩,可通过直径为0.3m岩基平板载荷试验确定极限端阻力标准值,也可通过直径为0.3m嵌岩短墩载荷试验确定极限侧阻力标准值和极限端阻力标准值;

(4) 桩的极限侧阻力标准值和极限端阻力标准值宜通过埋设桩身轴力测试元件由静载实验确定,并通过测试结果建立极限侧阻力标准值和极限端阻力标准值与土层物理指标、岩石饱和单轴抗压强度以及与静力触探等土的原位测试指标间的经验关系,以经验参数法确定单桩竖向极限承载力。

桩顶竖向荷载的计算

轴心竖向力作用下:

$$N_k = \frac{F_k + G_k}{n} \tag{4-11}$$

偏心竖向力作用下:

$$N_k = \frac{F_k + G_k}{n} \pm \frac{M_{xk} y_i}{\sum y_i^2} y \pm \frac{M_{xk} x_i}{\sum x_i^2} \tag{4-12}$$

式中 F_k—— 荷载效应标准组合下,作用于承台顶面的竖向力;

G_k—— 桩基承台和承台上土自重标准值,对稳定的地下水位以下部分应扣除水的浮力;

N_k—— 荷载效应标准组合轴心竖向力作用下,基桩或复合基桩的平均竖向力;

N_{ik}—— 荷载效应标准组合偏心竖向力作用下,第 i 基桩或复合基桩的竖向力;

M_{xk}、M_{yk}—— 荷载效应标准组合下,作用于承台底面,绕通过桩群形心的 x、y 主轴的力矩;

x_i、x_j、y_i、y_j—— 第 i、j 基桩或复合基桩至 y、x 轴的距离;

n—— 桩基中的桩数。

4.4.1 单桩竖向抗压承载力的计算

单桩承载力取决于地基土对桩的承载能力和装身强度,目前单桩极限承载力确定方法多种,主要有桩材料强度法、试验法、经验法等,及多种方法相结合的方法来确定。

1. 按材料强度确定

(1) 当桩顶以下 $5d$ 范围的桩身螺旋式箍筋间距不大于100mm时:

$$N \leqslant \psi_c f_c A_{ps} + 0.9 f'_y A'_s \tag{4-13}$$

(2) 当桩身配筋不符合上述规定时：

$$N \leqslant \psi_c f_c A_{ps} \tag{4-14}$$

式中　N—— 荷载效应基本组合下的桩顶轴向压力设计值；

f_c—— 混凝土轴心抗压强度设计值；

f'_y—— 纵向主筋抗压强度设计值；

A'_s—— 纵向主筋截面面积。

ψ_c—— 基桩成桩工艺系数，

基桩成桩工艺系数 ψ_c 应按下列规定取值：

(1) 混凝土预制桩、预应力混凝土空心桩：$\psi_c = 0.85$；

(2) 干作业非挤土灌注桩：$\psi_c = 0.90$；

(3) 泥浆护壁和套管护壁非挤土灌注桩、部分挤土灌注桩、挤土灌注桩：$\psi_c = 0.7 \sim 0.8$；

(4) 软土地区挤土灌注桩：$\psi_c = 0.6$。

计算轴心受压混凝土桩正截面受压承载力时，一般取稳定系数 $\varphi = 1.0$。对于高承台基桩、桩身穿越可液化土或不排水抗剪强度小于 10kPa 的软弱土层的基桩，应考虑压屈影响，可按本规范式(4-13)、(4-14)计算所得桩身正截面受压承载力乘以 φ 折减。其稳定系数 φ 可根据桩身压屈计算长度 l_c 和桩的设计直径 d(或矩形桩短边尺寸 b) 确定。桩身压屈计算长度可根据桩顶的约束情况、桩身露出地面的自由长度 l_0、桩的入土长度 h、桩侧和桩底的土质条件应按表 4-3-1 确定。桩的稳定系数可按表 4-4 确定。

表 4-3-1　桩身压屈计算长度 l_c

桩顶铰接				桩顶固接			
桩底支于非岩石土中		桩底嵌于岩石内		桩底支于非岩石土中		桩底嵌于岩石内	
$h < \frac{4.0}{\alpha}$	$h \geqslant \frac{4.0}{\alpha}$	$h < \frac{4.0}{\alpha}$	$h \geqslant \frac{4.0}{\alpha}$	$h < \frac{4.0}{\alpha}$	$h \geqslant \frac{4.0}{\alpha}$	$h < \frac{4.0}{\alpha}$	$h \geqslant \frac{4.0}{\alpha}$
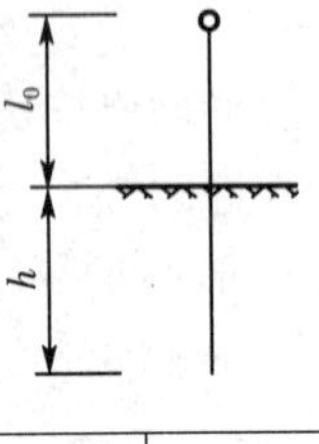		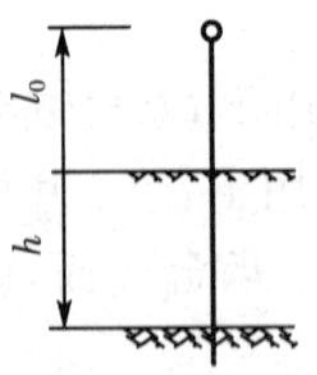		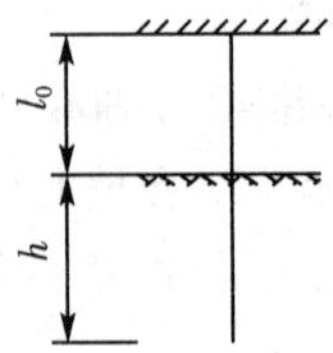		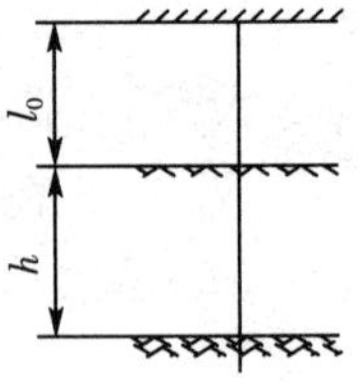	
$l_c = 1.0 \times (l_0 + h)$	$l_c = 0.7 \times \left(l_0 + \frac{4.0}{\alpha}\right)$	$l_c = 0.7 \times (l_0 + h)$	$l_c = 0.7 \times \left(l_0 + \frac{4.0}{\alpha}\right)$	$l_c = 0.7 \times (l_0 + h)$	$l_c = 0.5 \times \left(l_0 + \frac{4.0}{\alpha}\right)$	$l_c = 0.5 \times (l_0 + h)$	$l_c = 0.5 \times \left(l_0 + \frac{4.0}{\alpha}\right)$

注：① 表中 $\alpha = \sqrt[5]{\frac{mb_0}{EI}}$；

② l_0 为高承台基桩露出地面的长度，对于低承台桩基，$l_0 = 0$；

③ h 为桩的入土长度，当桩侧有厚度为 d_1 的液化土层时，桩露出地面长度 l_0 和桩的入土长度 h 分别调整为 $l'_0 = l_0 + \psi_1 d_1$，$h' = h - \psi_1 d_1$，ψ_1 按表 4-3-2 取值。

表 4-3-2　土层液化折减系数 ψ_l

$\lambda_N = \frac{N}{N_{cr}}$	自地面算起的液化土层深度 d_L(m)	ψ_l
$\lambda_N \leqslant 0.6$	$d_L \leqslant 10$ $10 < d_L \leqslant 20$	0 1/3
$0.6 < \lambda_N \leqslant 0.8$	$d_L \leqslant 10$ $10 < d_L \leqslant 20$	1/3 2/3
$0.8 < \lambda_N \leqslant 1.0$	$d_L \leqslant 10$ $10 < d_L \leqslant 20$	2/3 1.0

注：① N 为饱和土标贯击数实测值；N_{cr} 为液化判别标贯击数临界值；λ_N 为土层液化指数。
② 对于挤土桩当桩距小于 $4d$，且桩的排数不少于 5 排、总桩数不少于 25 根时，土层液化系数可取 $2/3 \sim 1$；桩间土标贯击数达到 N_{cr} 时，取 $\psi_l = 1$。

表 4-4　桩身稳定系数 φ

l_c/d	$\leqslant 7$	8.5	10.5	12	14	15.5	17	19	21	22.5	24
l_c/b	$\leqslant 8$	10	12	14	16	18	20	22	24	26	28
φ	1.00	0.98	0.95	0.92	0.87	0.81	0.75	0.70	0.65	0.60	0.56
l_c/d	26	28	29.5	31	33	34.5	36.5	38	40	41.5	43
l_c/b	30	32	34	36	38	40	42	44	46	48	50
φ	0.52	0.48	0.44	0.40	0.36	0.32	0.29	0.26	0.23	0.21	0.19

注：b 为矩形桩短边尺寸；d 为桩直径。

计算偏心受压混凝土桩正截面受压承载力时，可不考虑偏心距的增大影响，但对于高承台基桩、桩身穿越可液化土或不排水抗剪强度小于 10kPa 的软弱土层的基桩，应考虑桩身在弯矩作用平面内的挠曲对轴向力偏心距的影响，应将轴向力对截面重心的初始偏心矩 e_i 乘以偏心矩增大系数 η，偏心距增大系数 η 的具体计算方法可按现行国家标准《混凝土结构设计规范》GB50010 执行。

对于打入式钢管桩，可按以下规定验算桩身局部压曲：

(1) 当 $t/d = \frac{1}{50} \sim \frac{1}{80}$，$d \leqslant 600\text{mm}$，最大锤击压应力小于钢材强度设计值时，可不进行局部压屈验算；

(2) 当 $d > 600\text{mm}$，可按式(4-15)验算：

$$t/d \geqslant f'_y/0.388E \tag{4-15}$$

(3) 当 $d \geqslant 900\text{mm}$，除按式(4-15)验算外，尚应按式(4-16)验算：

$$t/d \geqslant \sqrt{f'_y/14.5E} \tag{4-16}$$

式中　t、d—— 钢管桩壁厚、外径；

E、f'_y—— 钢材弹性模量、抗压强度设计值。

2. 按静力载荷试验确定

静载试验是评价单桩承载力各方法中较可靠的一种方法，实验装置主要包括加荷系统、反力系统和量测系统三部分。常见装置如图 4－5，静载荷一般由安装在桩顶的油压千斤顶提供，以及重物加荷。常用的千斤顶加荷装置在反力装置的配合下对承载板施加荷载，有机械式和油压式两种。在同一条件下，进行静载试验的桩数不宜少于总桩数的 1%，且不应少于 3 根。

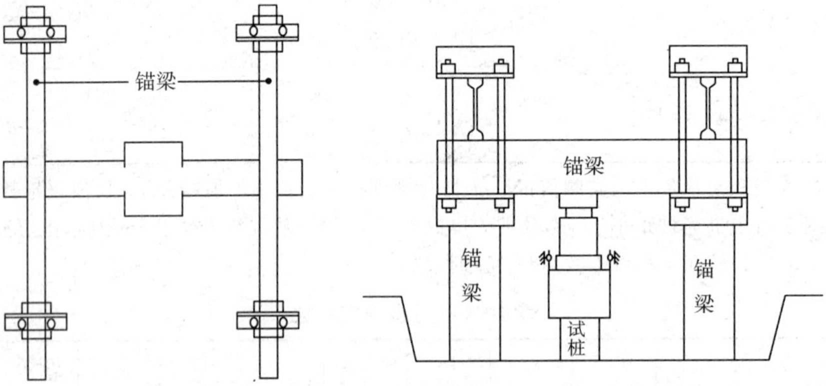

图 4－5　锚桩式经在实验装置

根据试验量测记录，可绘制各种试验曲线，荷载桩顶沉降（Q－s）曲线，沉降和时间（s－t）曲线（如图 4－6），或沉降－时间（对数）（s－logt）曲线。并由这些曲线的特征判断单桩竖向受压极限承载力，如：在 $Q-s$ 曲线上取第二拐点所对应的荷载，或桩顶总沉降量 $S=40$mm 所对应的荷载值；而 $s-logt$ 曲线中取曲线尾部明显向下曲折的前一级荷载为桩的极限承载力；当陡降段明显时，取相应于陡降段起点的荷载值；将单桩竖向极限承载力除以安全系数 2.0 作为单桩竖向承载力特征值 R_a。

还有其他原位试验方法可以确定单桩竖向受压承载力，如静力触探法等，这里不做介绍，详情请参照《桩基规范》。

单桩竖向静载荷试验的极限承载力必须进行统计，计算参加统计的极限承载力的平均值的极差不超过平均值的30%时，可取平均值为单桩竖向受压极限承载力 Q_u，否则，宜增加试桩数量并分析极差过大的原因，结合工程具体情况确定极限承载力 Q_u，对于桩数 3 根及 3 根以下的柱下桩台，则取其最小值作为单桩竖向受压极限承载力 Q_u。

将单桩竖向受压极限承载力 Q_u 除以安全系数 2，作为单桩竖向受压极限承载力特征值 R_a。

3. 经验参数法

利用经验公式确定单桩承载力的方法是一种沿用多年的传统方法，当根据土的物理指标与承载力参数之间的经验关系确定单桩竖向极限承载力标准值时，宜按式（4－17）估算：

$$Q_{uk}=Q_{sk}+Q_{pk}=u\sum q_{sik}l_i+q_{pk}A_p \tag{4-17}$$

式中　q_{sik}——桩侧第 i 层土的极限侧阻力标准值，如无当地经验时，可按《桩基规范》选取；

q_{pk}——极限端阻力标准值，如无当地经验时，可按桩基规范选取。

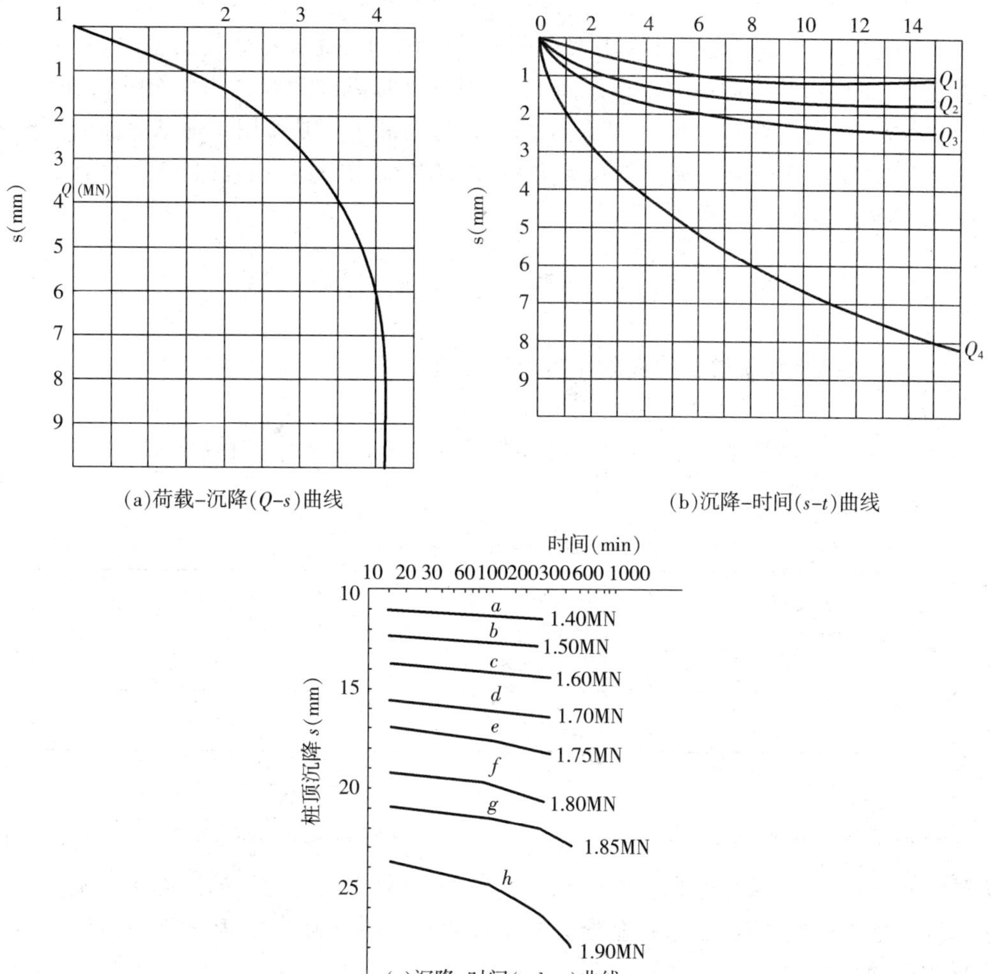

(a)荷载-沉降(Q-s)曲线　　(b)沉降-时间(s-t)曲线

(c)沉降-时间(s-log$t$)曲线

图 4-6　桩的垂直静载荷试验结果

为了便于计算,常常假定同一土层中的单位侧摩阻力是均匀分布的,于是可得到根据土的物理指标与承载力参数之间的经验关系,确定承载力标准值的公式。桩基规范针对不同的常用桩型,推荐了下述不同的估算表达式。

(1) 一般预制桩及灌注桩

$$Q_{\mathrm{uk}} = u \sum q_{\mathrm{sik}} l_i + q_{\mathrm{pk}} A_{\mathrm{p}} \qquad (4-18)$$

式中:q_{sik},q_{pk} 分别是桩侧第 i 层土的极限侧阻力标准值和极限端阻力标准值(kPa),其值可参照《建筑基桩技术规范》。

(2) 大直径桩(直径大于 0.8m)

对于直径大于 0.8m 的大直径桩,可根据土的物理指标与承载力之间的关系确定。侧阻及端阻要考虑到尺寸效应,侧阻的尺寸效应主要发生在沙、碎石类土中,这是因为大直径桩一般为钻、挖、冲孔灌注桩,在无黏性土中成孔过程中将会出现孔壁土的松弛效应,从而导致侧阻力降低。孔径越大，降幅越大。大直径桩的极限端阻力也存在着随桩径增大而成双曲线关系下降的现象。这主要是由于大直径桩，特别是扩底桩，其静载试验的 $Q-s$ 曲线一般呈缓变型，单桩承载力的取值常以沉降控制，根据计算沉降的弹性力学公式可知，当变形同时，桩承载力 p 与桩径 d 成反比，实际上由于桩端荷载 p 不是作用于地基表面而是作用于地基内部，因此 p 与 d 并不是简单的反比关系。《桩基规范》推荐用式(4-19)计算大直径单桩竖向极限承载力标准值，即

$$Q_{uk}=u\sum\Psi_{si}q_{sik}l_i+\Psi_p q_{pk}A_p \tag{4-19}$$

式中　q_{sik}—— 桩侧第 i 层土的极限侧阻力标准值；

q_{pk}—— 桩径 d 为 0.8m 时的极限端阻力标准值；

ψ_{si}，ψ_p—— 分别为大直径桩侧阻力、端阻力尺寸效应系数，按表 4-5 取值；

A_p—— 桩底面积。

表 4-5　大直径桩侧阻力尺寸效应系数 ψ_{si}、ψ_p

土类型	黏性土、粉土	砂土、碎石类土
ψ_{si}	$(0.8/d)^{\frac{1}{5}}$	$(0.8/d)^{\frac{1}{3}}$
ψ_p	$(0.8/d)^{\frac{1}{4}}$	$(0.8/d)^{\frac{1}{3}}$

(3) 嵌岩桩

由于现代建筑物的层数不断增多，荷载不断增大及其复杂化，往往形成单桩竖向受压承载力较大的状况，为寻求桩基础更好的承载状态，安全可靠的持力层的选择是桩基础工程中必须认真考虑的问题。为此，选择基岩为桩基础的持力层较为常见，从而形成了深浅不同的嵌岩桩基础的设计。

过去对这类桩都是按纯端承桩计算承载力，经过近十多年的模型与原型试验研究表明，一般情况下，上覆土层的侧阻力能部分发挥作用。另外，嵌岩深度内也有侧阻力作用，因而传递到桩端的应力随嵌岩深度增大而减小，当嵌岩深度达到 5 倍桩径时，传递到桩端的应力已接近于零。这说明，桩端嵌岩深度一般不必过大，超过某一界限无助于提高其竖向承载力。桩端置于完整、较完整基岩的嵌岩桩单桩竖向极限承载力，由桩周土总极限侧阻力和嵌岩段总极限阻力组成。当根据岩石单轴抗压强度确定单桩竖向极限承载力标准值时，可按下列公式计算：

$$Q_{uk}=Q_{sk}+Q_{rk} \tag{4-20}$$

$$Q_{sk}=u\sum q_{sik}l_i \tag{4-21}$$

$$Q_{rk}=\zeta_r f_{rk}A_p \tag{4-22}$$

式中　Q_{sk}、Q_{rk}—— 分别为土的总极限侧阻力、嵌岩段总极限阻力。

q_{sik}—— 桩周第 i 层土的极限侧阻力，无当地经验时，可根据成桩工艺按桩基规范

取值。

f_{rk}—— 岩石饱和单轴抗压强度标准值，黏土岩取天然湿度单轴抗压强度标准值。

ζ_r—— 嵌岩段侧阻和端阻综合系数，与嵌岩深径比 h_r/d、岩石软硬程度和成桩工艺有关，可按桩基规范采用；表 4－6 中数值适用于泥浆护壁成桩，对于干作业成桩（清底干净）和泥浆护壁成桩后注浆，ζ_r 应取表列数值的 1.2 倍。

表 4－6　嵌岩段侧阻和端阻综合系数 ζ_r

嵌岩深径比 h_r/d	0	0.5	1.0	2.0	3.0	4.0	5.0	6.0	7.0	8.0
极软岩、软岩	0.60	0.80	0.95	1.18	1.35	1.48	1.57	1.63	1.66	1.70
较硬岩、坚硬岩	0.45	0.65	0.81	0.90	1.00	1.04				

注：① 极软岩、软岩指 $f_{rk} \leqslant 15$MPa，较硬岩、坚硬岩指 $f_{rk} > 30$MPa，介于二者之间可内插取值。

② h_r 为桩身嵌岩深度，当岩面倾斜时，以坡下方嵌岩深度为准；当 h_r/d 为非表列值时，ζ_r 可内差取值。

用经验公式法确定单桩承载力，无疑要比用静载试验法简便的多，但关键问题是按土的物理特征，查用各土层的侧阻力 q_{si} 和端阻力 q_p，不一定能如实提供各项阻力值，因此，通常只用于初步设计时估算或等级较低的建筑物桩基设计中。

（4）后注浆灌注桩

作为一种深基础，桩基成孔后的孔底清底工作经常受到施工设备和施工能力的制约，孔底常留有一定孔底残渣层，造成桩基础承载后出现因孔底残渣层压缩而形成的桩基础沉降量过大。为此，桩基础承载前通过后注水泥浆或水泥砂浆的方式加固桩底的残渣层，起到强化桩端阻力，增大桩侧阻力的作用，以保证桩基础在容许沉降量的范围内有足够的承载能力。

在确定后注浆灌注桩的单桩极限承载力时，应通过静载实验。在规范的注浆技术条件下，后注浆单桩极限承载力标准值可按式（4－23）估算：

$$\begin{aligned} Q_{uk} &= Q_{sk} + Q_{gsk} + Q_{gpk} \\ &= u\sum q_{sik} l_j + u\sum \beta_{si} q_{sik} l_{gi} + \beta_p q_{pk} A_p \end{aligned} \tag{4-23}$$

式中　Q_{sk}—— 后注浆非竖向增强段的总极限侧阻力标准值。

Q_{gsk}—— 后注浆竖向增强段的总极限侧阻力标准值。

Q_{gpk}—— 后注浆总极限端阻力标准值。

u—— 桩身周长。

l_j—— 后注浆非竖向增强段第 j 层土厚度。

l_{gi}—— 后注浆竖向增强段内第 i 层土厚度：对于泥浆护壁成孔灌注桩，当为单一桩端后注浆时，竖向增强段为桩端以上 12m；当为桩端、桩侧复式注浆时，竖向增强段为桩端以上 12m 及各桩侧注浆断面以上 12m，重叠部分应扣除；对于干作业灌注桩，竖向增强段为桩端以上、桩侧注浆断面上下各 6m。

q_{sik}、q_{sjk}、q_{pk}—— 分别为后注浆竖向增强段第 i 土层初始极限侧阻力标准值、非竖向

增强段第 j 土层初始极限侧阻力标准值、初始极限端阻力标准值。根据桩基规范采用。

β_{si}、β_p——分别为后注浆侧阻力、端阻力增强系数，无当地经验时，可按表 4－7 取值。对于桩径大于 800mm 的桩，应按《桩基规范》进行侧阻和端阻尺寸效应修正。

表 4－7　后注浆侧阻力增强系数 β_{si}，端阻力增强系数 β_p

土层名称	淤泥 淤泥质土	黏性土 粉土	粉砂 细砂	中砂	粗砂 砾砂	砾石 卵石	全风化岩 强风化岩
β_{si}	1.2～1.3	1.4～1.8	1.6～2.0	1.7～2.1	2.0～2.5	2.4～3.0	1.4～1.8
β_p	——	2.2～2.5	2.4～2.8	2.6～3.0	3.0～3.5	3.2～4.0	2.0～2.4

注：干作业桩、挖孔桩，β_p 按表列值乘以小于 1.0 的折减系数。当桩端持力层为黏性土或粉土时，折减系数取 0.6；为砂土或碎石土时，取 0.8。

例 4－1　某一泥浆护壁钻孔灌注嵌岩桩，桩入土 28m，桩直径 900mm，土层分布情况：黏土层厚 12.2m，$q_{sk}=25$kPa；细砂层厚 14m，$q_{sk}=52$kPa；往下为中风化岩石。混凝土强度 C30，$f_c=15000$kPa，岩石强度 $f_{rc}=5000$kPa。确定该桩的单桩极限承载力。

解：嵌岩深径比

$$\frac{h_r}{d}=\frac{28-12.2-14}{0.9}=2$$

查表 4－6，得：

桩嵌岩段侧阻和端阻综合系数 $\zeta_r=0.90$

$$\begin{aligned}Q_{uK}&=Q_{sk}+Q_{rK}=u\sum q_{sik}l_i+\zeta_r f_{rk}A_p\\&=0.9\pi(12.2\times25+14\times52)+0.9\times5000\times\pi\times\left(\frac{0.9}{2}\right)^2\\&=5780.59\text{kN}\end{aligned}$$

Q_{sK}，Q_{rK}：分别为土的总极限侧阻力标准值，嵌岩段总极限阻力标准值。

泥浆护壁钻孔灌注嵌岩桩，基桩成桩工艺系数 $\psi_c=0.7\sim0.8$，取 $\psi_c=0.75$

根据桩身混凝土强度，单桩承载力设计值为：

$$R=\psi_c A_p f_c=0.75\times\left(\frac{0.9}{2}\right)^2\times\pi\times15000=7156.88\text{kN}$$

其极限值更大，取小值。

因此，该桩的极限承载力标准值为 5780.59kN。

4.4.2　抗拔桩承载力的计算

桩基础除了承受竖向受压荷载之外，也经常承受上拔力荷载，在结构类型方面，桩基础之上的高耸建筑物(如电视塔、高层及超高层建筑等),以及受地下水浮托力的地下构筑物(如地下室、深井泵房、船坞等)与承压桩不同,当桩受到拉拔荷载时,桩周土产生应力状态、应力路径和土的变形都不同于承压桩的情况,所以抗拔的摩阻力小于抗压的摩阻力。

在确保桩身抗拉强度的前提下,桩在承受上拔荷载后,其抗力一般可来自三个方面:桩的侧向摩阻力、桩体自重以及桩端扩大头的桩端阻力。由于桩基础抗拔承载力的影响因数较为复杂,对桩的抗拔机理研究不够充分,对于重要的建筑物和在没有经验的情况下,以现场抗拔静载试验确定单桩抗拔承载力,仍然是最主要和最可靠的方法。对于非重要性建筑物,按照以下方法确定群桩基础及其基桩的抗拔承载力。

(1) 承受拔力的桩基,应按下列公式同时验算群桩基础呈整体破坏和呈非整体破坏时基桩的抗拔承载力:

$$N_k \leqslant T_{gk}/2 + G_{gp} \tag{4-24}$$

$$N_k \leqslant T_{uk}/2 + G_p \tag{4-25}$$

式中　N_k—— 按荷载效应标准组合计算的基桩拔力;

T_{gk}—— 群桩呈整体破坏时基桩的抗拔极限承载力标准值,应按《桩基规范》取用;

T_{uk}—— 群桩呈非整体破坏时基桩的抗拔极限承载力标准值,应按《桩基规范》取用;

G_{gp}—— 群桩基础所包围体积的桩土总自重除以总桩数,地下水位以下取浮重度;

G_P—— 基桩自重,地下水位以下取浮重度,对于扩底桩应按《桩基规范》确定桩、土柱体周长,计算桩、土自重。

(2) 群桩基础及其基桩的抗拔极限承载力的确定应符合下列规定:

① 对于设计等级为甲级和乙级建筑桩基,基桩的抗拔极限承载力应通过现场单桩上拔静载荷试验确定。单桩上拔静载荷试验及抗拔极限承载力标准值取值可按现行行业标准《建筑基桩检测技术规范》(JGJ—106) 进行。

② 如无当地经验时,群桩基础及设计等级为丙级建筑桩基,基桩的抗拔极限载力取值可按下列规定计算:

A. 群桩呈非整体破坏时,基桩的抗拔极限承载力标准值可按式(4-26) 计算:

$$T_{uk} = \sum \lambda_i q_{sik} u_i l_i \tag{4-26}$$

式中　T_{uk}—— 基桩抗拔极限承载力标准值。

u_i—— 桩身周长,对于等直径桩取 $u = \pi d$;对于扩底桩按表 4-8 取值。

q_{sik}—— 桩侧表面第 i 层土的抗压极限侧阻力标准值,可按桩基规范取值。

λ_i—— 抗拔系数,可按表 4-9 取值。

表 4-8　扩底桩破坏表面周长 u_i

自桩底起算的长度 l_i	$\leqslant (4 \sim 10)d$	$> (4 \sim 10)d$
u_i	πD	πd

注:l_i 对于软土取低值,对于砾石取高值;l_i 取值按内摩擦角增大而增加。

表 4-9 抗拔系数 λ

土类	λ 值
砂土	0.50 ~ 0.70
黏性土、粉土	0.70 ~ 0.80

注：桩长 l 与桩径 d 之比小于 20 时，λ 取小值。

B. 群桩呈整体破坏时，基桩的抗拔极限承载力标准值可按式(4-27)计算：

$$T_{gk}=\frac{1}{n}u_l\sum\lambda_i q_{sik}l_i \tag{4-27}$$

式中 u_l—— 桩群外围周长。

(3) 膨胀土上轻型建筑的短桩基础，应按下列公式验算群桩基础呈整体破坏和非整体破坏的抗拔稳定性：

$$u\sum q_{ei}l_{ei}\leqslant T_{gk}/2+N_G+G_{gP} \tag{4-28}$$

$$u\sum q_{ei}l_{ei}\leqslant T_{uk}/2+N_G+G_P \tag{4-29}$$

式中 T_{gk}—— 群桩呈整体破坏时，大气影响急剧层下稳定土层中基桩的抗拔极限承载力标准值，可按桩基规范确定；

T_{uk}—— 群桩呈非整体破坏时，大气影响急剧层下稳定土层中基桩的抗拔极限承载力标准值，可按桩基规范确定；

q_{ei}—— 大气影响急剧层中第 i 层土的极限胀切力，由现场浸水试验确定；

l_{ei}—— 大气影响急剧层中第 i 层土的厚度。

例 4-2 已知某建筑桩基安全等级为二级的建筑物地下室采用一柱一桩，基桩上拔力设计值为 800kN，拟采用桩型为钢筋混凝土预制方桩，边长为 400mm，桩长为 22m，桩顶入土深度为 6m，桩端入土深度为 28m，场区地层条件见表 4-10。按《建筑桩基技术规范》(JGJ94—2008) 计算桩基抗拔极限承载力标准值。

表 4-10 场地地层条件及主要土层物理力学指标

层序	土层名称	层底深度 (m)	厚度 (m)	含水量	天然重度	孔隙比	塑性指数	黏聚力、内摩擦角(固结)		压缩模量	桩极限侧阻力标准值
				ω_0 (%)	γ_0 (kN/m³)	e_0	I_p	C (kPa)	Ψ (/°)	Es (MPa)	q_{sik} (kPa)
①	填土	1.20	1.20		18						
②	粉质黏土	2.00	0.80	31.7	18.0	0.92	18.3	23.0	17.0		
③	淤泥质黏土	12.00	10.00	46.6	17.0	1.34	20.3	13.0	8.5		28
④	黏土	22.70	10.70	38	18.0	1.08	19.7	18.0	14.0	4.50	55
⑤	中密粉砂	28.80	6.10	30	19.0	0.78		5.0	29.0	15.00	100
⑥	粉质黏土	35.30	6.50	34.0	18.5	0.95	16.20	15.0	22.0	6.00	
⑦	粉砂	40.00	4.70	27	20.0	0.70		2.0	34.5	30.00	

注：地下水位离地表为 0.5m。

解：按《桩基规范》

群桩呈非整体破坏，基桩的抗拔极限承载力标准值可按下式计算：

$$T_{uk} = \sum \lambda_i q_{sik} u_i L_i$$

λ_i 为抗拔系数，由表 4－9 查得。

桩长 L 与桩径 d 之比小于 20 时，λ 取大值。

所以 $L/d = 22/0.4 = 55 > 20\lambda$ 取大值。

(1) 深度 6 ～ 12m，为淤泥质黏土，则 $\lambda_1 = 0.8$

$$\lambda_1 q_{s1k} u L_1 = 0.8 \times 28 \times 1.6 \times 6 = 215.0\text{kN}$$

(2) 深度 12 ～ 22.72m，为黏土，则 $\lambda_2 = 0.8$

$$\lambda_2 q_{s2k} u L_2 = 0.8 \times 55 \times 1.6 \times 10.7 = 753.3\text{kN}$$

(3) 深度 22.72 ～ 28m，为中密粉砂，$\lambda_3 = 0.7$

$$\lambda_3 q_{s3k} u L_3 = 0.7 \times 100 \times 1.6 \times 5.3 = 593.6\text{kN}$$

(4) 桩基抗拔极限承载力标准值

$$T_{uk} = \sum \lambda_i q_{sik} u_i L_i$$

$$T_{uk} = \sum \lambda_i q_{sik} u_i L_i$$

$$= 215.0 + 753.3 + 593.6$$

$$= 1561.9\text{kN}$$

$$= 1561.9\text{kN}$$

4.4.3　桩侧负摩阻力计算

1. 桩侧负摩阻力概念

对于竖向受压桩来说，桩土相对位移产生的桩侧摩擦力是竖向受压桩的承载因素之一。当桩周土层由于某些原因使竖向受压本身向下的位移量小于周围土体向下的位移量，从而使桩侧土体作用在桩侧的摩擦力向下，这种向下的摩擦力已经不属于土体的抗力，实际上成为作用在桩身的下拉荷载，因而称其为桩侧负摩阻力。与向上的摩阻力相似，桩侧负摩阻力本质上仍然是桩土界面处的剪应力，但作用力方向相反。

在工程中，在符合下列条件之一的桩基，当桩周土产生的沉降超过基桩的沉降时，在计算基桩承载力时应计入桩侧负摩阻力。

(1) 桩穿越较厚散填土、自重湿陷性黄土、欠固结土、液化土层进入相对较硬土层时；

(2) 桩周存在较软弱土层,邻近桩侧地面承受局部较大的长期荷载,或地面大面积堆载(包括填土)时;

(3) 由于降低地下水位,使桩周土有效应力增大,并产生显著压缩沉降时。

2. 桩的负摩阻力的分布特征

在论及桩基负摩阻力时,桩身有一特定点,在该点以上桩侧土体的下沉量均大于桩身各点的向下位移量,此点以上是桩侧负摩阻力非线性分布区段,而在此点以下桩侧土体的下沉量均小于桩身各点向下的位移量,属于桩侧正阻力的分布区段。而两区段的交界点,桩身和桩侧土没有相对位移,且不存在桩侧摩阻力,此特定点称为中性点。

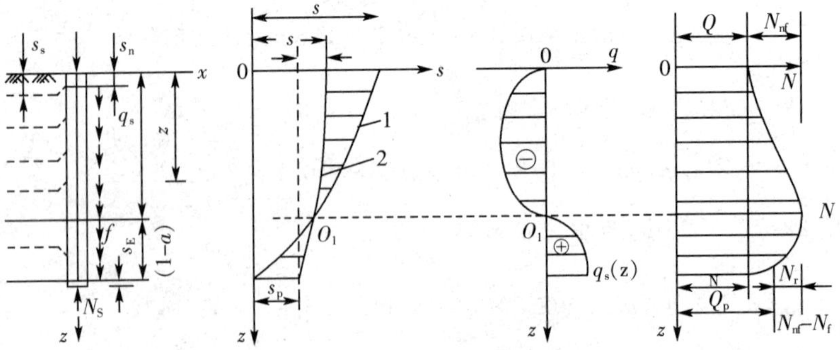

图 4-7 单桩负摩阻力时荷载的传递

中性点的深度与桩侧土的压缩性和固结性、土的变形条件、土层的分布与组合及桩侧的表面状况、桩身的刚度条件等相关,在众多因素的影响下很难准确确定中性点的准确位置。由于桩侧土体的沉降和固结随着时间而发展,因而桩侧负摩阻力大小以及沿桩身分布的范围也随时间而变化。严格地说,随着时间的发展中性点的深度也是从小至大而逐渐趋于稳定的。以下涉及的中性点位置理论上属于桩侧土体固结或者沉降稳定时的状况。

3. 负摩阻力的计算

(1) 桩周土沉降可能引起桩侧负摩阻力时,应根据工程具体情况考虑负摩阻力对桩基承载力和沉降的影响;当缺乏可参照的工程经验时,可按下列规定验算。

① 对于摩擦型基桩可取桩身计算中性点以上侧阻力为零,并可按式(4-30)验算基桩承载力:

$$N_k \leqslant R_a \tag{4-30}$$

② 对于端承型基桩除应满足上式要求外,尚应考虑负摩阻力引起基桩的下拉荷载 Q_g^n,并可按式(4-31)验算基桩承载力:

$$N_k + Q_g^n \leqslant R_a \tag{4-31}$$

③ 当土层不均匀或建筑物对不均匀沉降较敏感时,尚应将负摩阻力引起的下拉荷载计入附加荷载验算桩基沉降。

④ 基桩的竖向承载力特征值 R_a 只计中性点以下部分侧阻值及端阻值。

(2) 桩侧负摩阻力及其引起的下拉荷载，当无实测资料时可按下列规定计算：

① 中性点以上单桩桩周第 i 层土负摩阻力标准值，可按公式(4－32)计算：

$$q_{si}^{n}=\xi_{ni}\sigma'_{i} \tag{4-32}$$

当填土、自重湿陷性黄土湿陷、欠固结土层产生固结和地下水降低时：$\sigma'_i=\sigma'_{\gamma i}$

当地面分布大面积荷载时：$\sigma'_i=p+\sigma'_{\gamma i}$

$$\sigma'_{\gamma i}=\sum_{m=1}^{i-1}\gamma_m\Delta z_m+\frac{1}{2}\gamma_i\Delta z_i \tag{4-33}$$

式中　q_{si}^{n}——第 i 层土桩侧负摩阻力标准值；当按式(4－32)计算值大于正摩阻力标准值时，取正摩阻力标准值进行设计。

ξ_{ni}——桩周第 i 层土负摩阻力系数，可按表 4－11 取值。

$\sigma'_{\gamma i}$——由土自重引起的桩周第 i 层土平均竖向有效应力；桩群外围桩自地面算起，桩群内部桩自承台底算起。

σ'_i——桩周第 i 层土平均竖向有效应力。

γ_i、γ_m——分别为第 i 计算土层和其上第 m 土层的重度，地下水位以下取浮重度。

Δz_i、Δz_m——第 i 层土、第 m 层土的厚度。

p——地面均布荷载。

表 4－11　负摩阻力系数 ξ_n

土类	ξ_n
饱和软土	0.15 ～ 0.25
黏性土、粉土	0.25 ～ 0.40
砂土	0.35 ～ 0.50
自重湿陷性黄土	0.20 ～ 0.35

注：① 在同一类土中，对于挤土桩，取表中较大值，对于非挤土桩，取表中较小值；
② 填土按其组成取表中同类土的较大值。

② 考虑群桩效应的基桩下拉荷载可按式(4－34)、式(4－35)计算：

$$Q_g^n=\eta_n\cdot u\sum_{i=1}^{n}q_{si}^{n}l_i \tag{4-34}$$

$$\eta_n=s_{ax}\cdot s_{ay}\Big/\left[\pi d\left(\frac{q_s^n}{\gamma_m}+\frac{d}{4}\right)\right] \tag{4-35}$$

式中　n——中性点以上土层数；

l_i——中性点以上第 i 土层的厚度；

η_n——负摩阻力群桩效应系数；

s_{ax}、s_{ay}—— 分别为纵横向桩的中心距；

q_s^n—— 中性点以上桩周土层厚度加权平均负摩阻力标准值；

γ_m—— 中性点以上桩周土层厚度加权平均重度(地下水位以下取浮重度)。

对于单桩基础或按式(4-33)计算的群桩效应系数 $\eta_n > 1$ 时，取 $\eta_n = 1$。

③ 中性点深度 l_n 应按桩周土层沉降与桩沉降相等的条件计算确定，也可参照表 4-12 确定。

表 4-12　中性点深度 l_n

持力层性质	黏性土、粉土	中密以上砂	砾石、卵石	基岩
中性点深度比 l_n/l_0	0.5～0.6	0.7～0.8	0.9	1.0

注：① l_n、l_0 分别为自桩顶算起的中性点深度和桩周软弱土层下限深度；

② 桩穿过自重湿陷性黄土层时，l_n 可按表列值增大 10%(持力层为基岩除外)；

③ 当桩周土层固结与桩基固结沉降同时完成时，取 $l_n = 0$；

④ 当桩周土层计算沉降量小于 20mm 时，l_n 应按表列值乘以 0.4～0.8 折减。

例 4-3　已知钢筋混凝土预制方桩边长为 300m，桩长为 22m，桩顶入土深度为 2m，桩端入土深度为 24m，场地地层条件参见表 4-10，当地下水由 0.5m 下降至 5m，按《建筑桩基技术规范》(JGJ94—2008) 计算桩基础基桩由于负摩阻力引起的下拉荷载。

解：按《桩基规范》，由地质条件可知，第 ④，⑤ 层土将产生固结沉降而引起桩侧摩阻力。

(1) 确定中性点深度 L_n

桩长范围内压缩层厚度 $L_0 = 20.7$m，桩端为中密粉砂，按《桩基规范》查表 4-12 得

$$L_n = 0.7L_0 = 0.7 \times 20.7 = 14.5\text{m}$$

(2) 计算单桩负摩阻力标准值

$$q_{si}^n = \varepsilon_{ni}\sigma'_i$$

ε_{ni}—— 桩周第 i 层土负摩阻力系数，可查表 4-11 取值。

σ'_i—— 桩周第 i 层土平均竖向有效应力。

深度 2～5m

$$q_{s1}^n = 0.2 \times (2 \times 18 + 3 \times 17/2) = 12.3\text{kPa}$$

深度 5～12m

$$q_{s2}^n = 0.2 \times (2 \times 18 + 3 \times 17 + 7 + 7/2) = 22.3\text{kPa} < 28\text{kPa}$$

深度 12～16.5m

$$q_{s3}^n = 0.2 \times (2 \times 18 + 3 \times 17 + 7 \times 7 + 4.5 \times 8/2) = 46.2\text{kPa} < 55\text{kPa}$$

(3) 计算基桩的下拉荷载

$$Q_g^n = \eta_u u \sum q_{si}^n L_i$$

η_n—— 负摩阻力群桩效应系数，单桩基础 $\eta_n=1$；
n—— 中性点以上土层数；
L_i—— 中性点以上第 i 土层的厚度。

$$Q_g^n = 1 \times 1.2 \times (12.3 \times 3 + 22.3 \times 7 + 46.2 \times 4.5) = 481.1\text{kN}$$

4.5　桩的水平承载力与位移

大多数桩基以承受竖向受压荷载为主，但有时也要承受一定的水平荷载。作用在桩顶的水平荷载按性质分包括：长期作用的水平荷载(如上部结构传递的或由土、水压力施加的以及拱的推力等水平荷载)，反复作用的水平荷载(如风力、波浪力，船舶撞击力以及机械制力等水平荷载)和地震作用所产生的水平力。由于大多数情况下水平荷载不大，往往采用竖直受压桩同时抵抗水平荷载。下面将讨论竖直受压桩在水平荷载下的承载力。

4.5.1　单桩水平承载力的影响因素

在水平荷载作用下，单桩会由于桩周土发生变形而产生抗力。当水平荷载较低时，这一抗力主要由靠近地面部分的土提供，土的变形也主要是由于弹性压缩变形。随着荷载加大，桩的变形也加大，表层土将逐步发生塑性屈服，从而使水平荷载向更深土层传递。当水平变形增大到桩顶水平位移所不能允许的程度，或者桩周土失去稳定时，就达到了桩的水平极限承载能力。单桩水平承载力，应满足如下三个要求：

(1) 桩周土不丧失稳定；

(2) 桩身不发生断裂破坏；

(3) 建筑物不因桩顶水平位移过大而影响其正常使用。

而影响单桩水平承载力的因素则包括桩周的土质条件、桩的入土深度、桩的截面刚度、桩的材料强度、桩顶的嵌固条件和群桩中个桩的相互影响以及建筑物的性质等因素。土质愈好，土的抗力愈大，桩的水平承载力也就愈高。抗弯性能差的桩，如配筋率低的灌注桩，往往因桩身断裂而破坏；而抗弯性能好的如钢筋混凝土桩和钢柱等桩体，承载力往往受周围土体的性质所控制。当桩顶有刚性承台约束时，桩顶不能转动，只能平移，在同样的水平荷载下，它使承台的水平位移减小，而使桩顶的弯矩加大。而在群桩中，水平荷载使各桩发生水平位移，前排桩的位移所留下的空隙使后排桩的抗力减少；当桩数较多且桩距较小时，这种影响尤为显著。图 4－8 表示不同类型的桩在有无桩顶嵌固条件下变形与破坏的示意图。

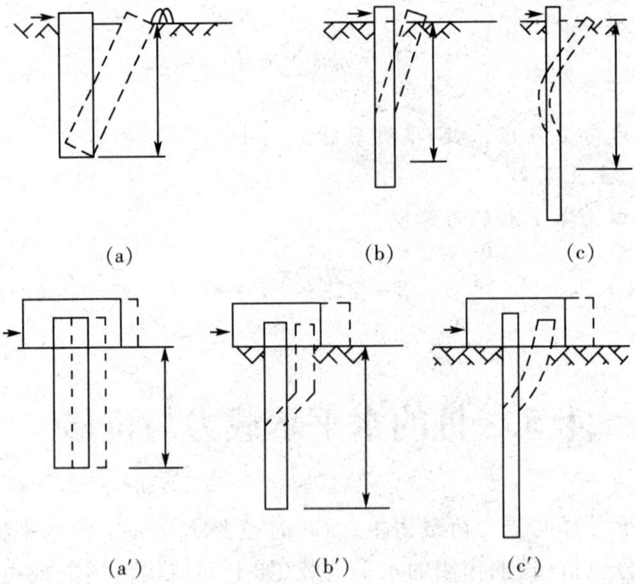

图 4-8　水平荷载作用下的破坏性状

(a)、(a′) 刚性桩　(b)、(b′) 半刚性桩　(c)、(c′) 柔性桩　(a)、(b)、(c) 桩顶自由　(a′)、(b′)、(c′) 桩顶嵌固。

4.5.2　单桩水平静载荷试验

桩的水平静载荷试验是在现场条件下进行的，影响桩的承载力的各种因素都将在试验过程中真实地反映出来，由此得到的承载力值和地基水平抗力系数最符合实际情况。图 4-9 为试验的示意图。

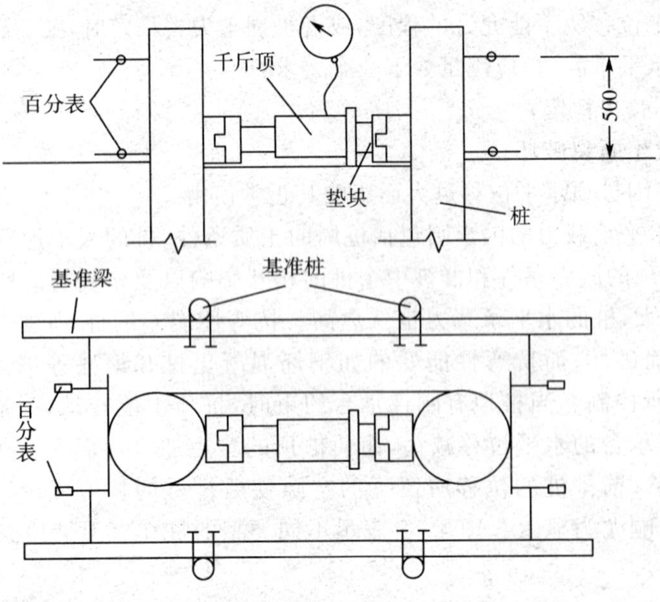

图 4-9　单桩静力水平载荷试验装置

1. 试验装置

进行单桩静载荷试验时，常采用一台水平放置的千斤顶同时对两根试桩进行加荷。为了不影响桩顶的转动，在朝向千斤顶的桩侧应对中放置半球形支座。量测桩的位移的大量程百分表，应放置在桩的另一侧（外侧），并应成对称布置。有可能时宜在上方 500mm 处再对称布置一对百分表，以便从上、下百分表的位移差求出地面以上的桩轴转角。固定百分表的基准桩宜打设在试验桩的侧面，与试验桩的净距不应少于一倍桩径。

2. 加荷方法

加荷的方法常采用循环加卸载法，以便与桩基所承载的瞬时、反复的水平荷载情况一致；对于受长期水平荷载的桩基，也可采用慢速加载法进行试验。对于承受反复作用的水平荷载的桩基，其单桩试验宜采用多循环加卸载方式。每级荷载的增量为预估水平极限承载力的 1/10 ～ 1/15，或取 2.5 ～ 20kN（当桩径为 300 ～ 1000mm 时），每级荷载施加后，保持恒载 4 分钟测度水平位移，然后卸载到 0，停 2 分钟测读残余水平位移，至此完成一个加卸载循环。如此循环 5 次便完成了一次荷载的试验观测。然后再进行下一级荷载的试验，如此循环共约进行 10 ～ 15 级荷载的测试，试验不得中途停顿。

3. 终止加荷的条件

当出现下列情况之一时，即可终止试验：

(1) 桩身已断裂；

(2) 桩侧地表出现明显裂缝或隆起；

(3) 桩顶水平位移超过 30 ～ 40mm（软土取 40mm）；

4. 资料整理

由试验记录可绘制桩顶水平荷载-时间-桩顶水平位移（H_0-t-u_0）曲线（图 4-11(b)）及水平荷载-位移梯度（$H_0-\Delta X_0/\Delta H_0$）曲线（图 4-10）。当具有桩身应力量测资料时，尚可绘制桩身应力分布图以及水平荷载与最大弯矩截面钢筋应力（$H_0-\sigma_g$）曲线，如图 4-10 所示。

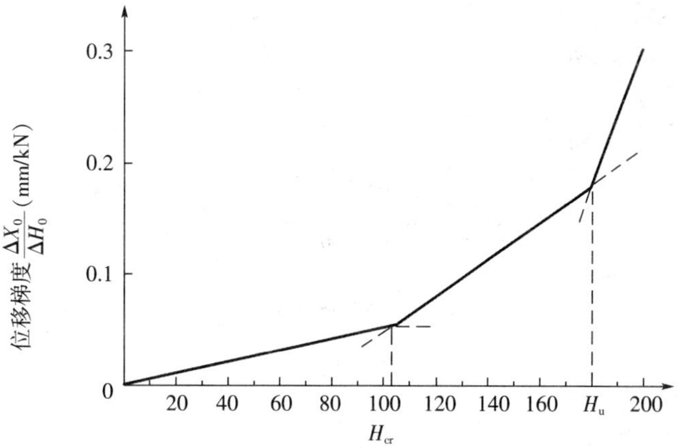

图 4-10　水平荷载与水平位移梯度关系

5. 水平临界荷载与极限荷载

根据一些试验成果分析，在上列各种曲线中常发现两个特征点，这两个特征点所对应的桩顶水平荷载，可称为临界荷载和极限荷载。

水平临界荷载(H_{cr})是相当于桩身开裂、受拉区混凝土不参加工作时的桩顶水平力。其数值可按下列方法综合确定：

(1) 取 H_0-t-u_0 曲线出现突变点(在荷载增量相同的条件下出现比前一级明显增大的位移增量)的前一级荷载；

(2) 取 $H_0-\Delta X_0/\Delta H_0$ 曲线的第一直线段的终点所对应的荷载；

(3) 取 $H_0-\sigma_g$ 曲线第一突变点对应的荷载(图 4-11(a))。

水平极限荷载(H_u)是相当于桩身应力达到强度极限时的桩顶水平力，此外，使得桩顶水平位移超过 30 ~ 40mm，或者使得桩侧土体破坏的前一级水平荷载，宜作为极限荷载看待。确定 H_u 时，可根据下列方法，并取其中的较小值。

① 取 H_0-t-u_0 曲线明显陡降的第一级荷载，或按该曲线各级荷载下水平位移包络线的凹向确定。若包络线向上方凹曲，则表明在该级荷载下，桩的位移逐渐趋于稳定。如包络线朝下方凹曲(如图 4-11(b) 中当 $H_0=195$kN 时的水平位移包络线所示)，则表明在该级荷载作用下，随着加卸荷循环次数的增加，水平位移仍在增加，且不稳定。因此可认为该级水平力为桩的破坏荷载，而其前一级水平力则为极限荷载。

② 取 $H_0-\Delta X_0/\Delta H_0$ 曲线第二直线段终点所对应的荷载。

③ 取桩身断裂或钢筋应力达到极限的前一级荷载。

由水平极限荷载 H_u 确定允许承载力时应除以安全系数 2.0。

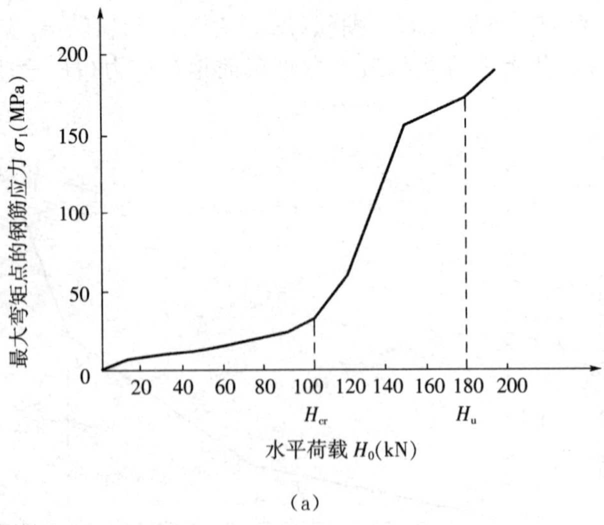

(a)

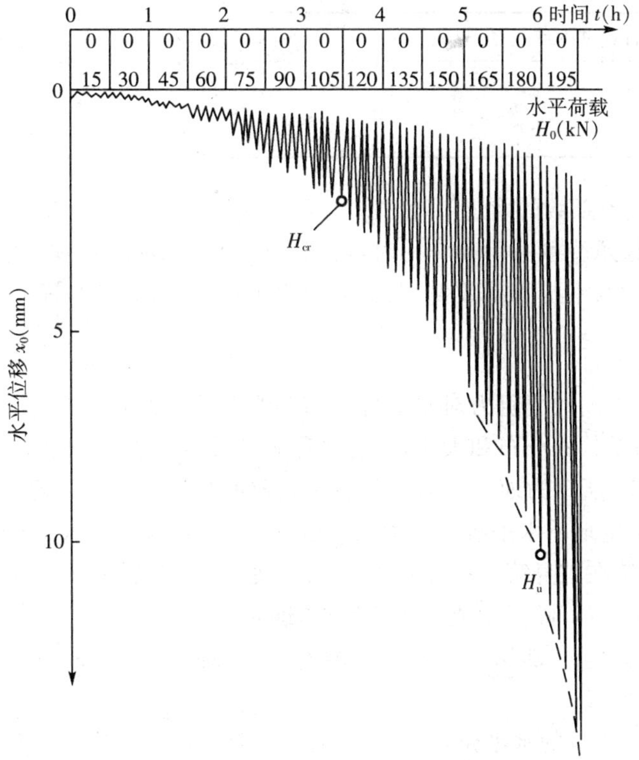

(b)

图 4-11　水平荷载与最大弯矩点钢筋应力

4.5.3　弹性长桩在水平荷载作用下的理论分析

弹性长桩的水平变形与承载力通常按横向弹性地基梁的方法进行分析。其分析的方法主要有地基反力系数法、弹性理论法和有限元法，这里介绍目前常用的地基反力系数法。

地基反力系数法是应用文克尔地基模型，研究在横向荷载和桩侧土抗力共同作用下桩的挠度，通过挠度曲线微分方程，可求出桩身各截面的弯矩、剪力和变形。

桩的挠度曲线的微分方程为

$$EI\frac{d^4x}{dz^4}=-p_x \tag{4-36}$$

式中　p_x—— 土作用于桩上的水平抗力，kN/m，按文克尔的假定为：

$$p_x=k_x x b_0 \tag{4-37}$$

式中　b_0—— 桩的计算宽度，m，见表 4-13；

x—— 桩的水平位移，m；

k_x—— 土的水平抗力系数，或称为水平基床系数，kN/m³。

表 4-13　桩身截面计算深度 b_0

截面宽度 b 或直径 d/m	圆桩	方桩
>1	$0.9(d+1)$	$b+1$
≤1	$0.9(1.5d+0.5)$	$1.5b+0.5$

1. 土的水平抗力系数的确定

基本假设：单桩承受水平荷载作用时，可把土体视为线形变形体，假定深度 z 处的水平抗力 σ_X 等于该点的水平抗力系数 kx 与该点的水平位移 x 的乘积，即

$$\sigma_X = k_x x \tag{4-38}$$

此时忽略桩土之间的摩阻力对水平抗力的影响以及邻桩的影响。

地基水平抗力系数的分布和大小，将直接影响挠度曲线微分方程的求解和桩身截面内力的变化。图 4-12 所示为地基反力系数法所确定的几种较为常用的 k_x 分布图式：

(1) 常数法：假定地基水平抗力系数沿深度为均匀分布，即是 $K_x = Kh$。

(2)"k" 法：假定在桩身第一挠曲零点(深度 t 处) 以上按抛物线变化，以下为常数。

(3)"m" 法：假定 K_x 随深度成正比地增加，即是 $K_x = mz$。

(4)"c 值" 法：假定 k_x 随深度按 $cz^{0.5}$ 的规律分布，即是 $K_x = cz^{0.5}$(c 为比例常数，随土类不同而异)。

实验资料表明，当桩的水平位移较大时，在大多数情况下"m" 法的计算结果较为接近实际，在我国"m" 法应用的也比较多。"m" 法中，"m" 值的大小随土类及土的状态而不同。

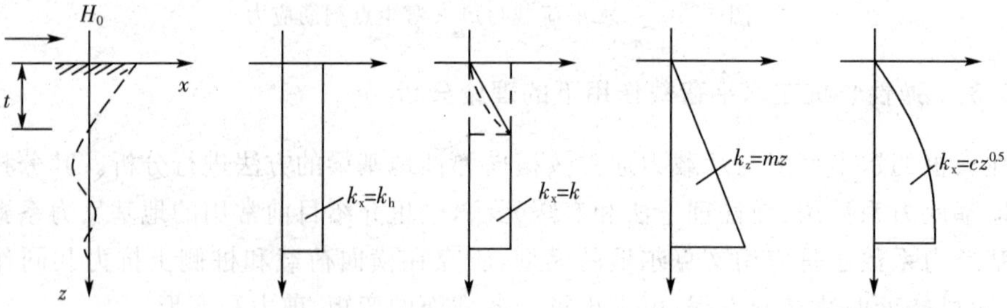

(a)常数法　　(b)"k"法　　(c)"m"法　　(d)"c 值"法

图 4-12　地基水平抗力系数的分布图

2. 单桩挠度曲线微分方程

单桩在 H_0、M_0 和地基水平抗力 σ_X 作用下产生挠曲，H_0、M_0、σ_X 由下列各式所确定：

$$N_O = \frac{F+G}{n};H_0 = \frac{H}{n};M_0 = \frac{M}{n}$$

式中　n 为同一承台的桩数。

取图所示的坐标系统，根据材料力学中梁的挠曲微分方程得到：

$$EI\frac{d^4 x}{dz^4} = -\sigma_X b_0 = -k_x x b_0 \tag{4-39}$$

或
$$\frac{\mathrm{d}^4 x}{\mathrm{d}z^4}+\frac{k_x b_0}{EI}x=0$$

在上列方程中，按不同的 K_x 图式求解，就得到不同的计算方法。“m”法假定的 $K_x=mz$，带入上式得到：

$$\frac{\mathrm{d}^4 x}{\mathrm{d}z^4}+\frac{mb_0}{EI}zx=0 \tag{4-40}$$

令
$$\alpha=\sqrt[5]{\frac{mb_0}{EI}}$$

α 称为桩的水平变形系数，其单位是 1/m。将上式代入式(4－40)，得到：

$$\frac{\mathrm{d}^4 x}{\mathrm{d}z^4}+\alpha^5 zx=0 \tag{4-41}$$

代入边界条件，这一微分方程可用幂函数求解，得到完全埋置桩沿桩身 z 的水平土压力、各截面的内力和变形，其简化表达式如下：

位移
$$x_z=\frac{H_0}{\alpha^3 EI}Ax+\frac{M_0}{\alpha^3 EI}B_x \tag{4-42}$$

转角
$$\varphi_z=\frac{H_0}{\alpha^3 EI}A_\varphi+\frac{M_0}{\alpha^3 EI}B_\varphi \tag{4-43}$$

弯矩
$$M_z=\frac{H_0}{\alpha}A_M+M_0 B_M \tag{4-44}$$

剪力
$$V_Z=H_0 A_V+\alpha M_0 B_V \tag{4-45}$$

土抗力
$$p_x(z)=\frac{1}{b_0}(\alpha H_0 A_p+\alpha^2 M_0 B_p) \tag{4-46}$$

对弹性长桩，式中 $A_x,B_x,A_\varphi,B_\varphi,A_M,B_M,A_V,B_V,A_p,B_p$ 均可从表 4－14 中查出，按上式可计算并绘出单桩的水平土压力、内力和变形随深度的分布，如图 4－13 所示。

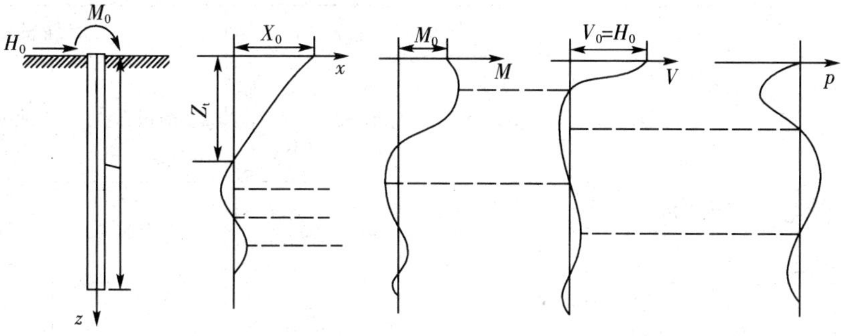

(a)x 图　(b)M 图　(c)V 图　(d)σ_x 的分布图

图 4－13　单桩的挠度 x、弯矩 M、剪力 V 和水平抗力 σ_x 的分布曲线

表 4-14 长桩的内力和变形计算常数

α_z	A_x	A_φ	A_M	A_V	A_p	B_x	B_φ	B_M	B_V	B_p
0	2.435	−1.623	0	1	0	1.623	−1.75	1	0	0
0.1	2.273	−1.618	0.1	0.989	−0.227	1.453	−1.65	1	−0.007	−0.145
0.2	2.112	−1.603	0.198	0.956	−0.422	1.293	−1.55	0.999	−0.028	−0.259
0.3	1.952	−1.578	0.291	0.906	−0.586	1.143	−1.45	0.994	−0.058	−0.343
0.4	1.796	−1.545	0.379	0.84	−0.718	1.003	−1.351	0.987	−0.095	−0.401
0.5	1.644	−1.503	0.459	0.764	−0.822	0.873	−1.253	0.976	−0.137	−0.436
0.6	1.496	−1.454	0.532	0.677	−0.897	0.752	−1.156	0.96	−0.181	−0.451
0.7	1.353	−1.397	0.595	0.585	−0.947	0.642	−1.061	0.939	−0.226	−0.449
0.8	1.216	−1.335	0.649	0.489	−0.973	0.54	−0.968	0.914	−0.27	−0.432
0.9	1.086	−1.268	0.693	0.392	−0.977	0.448	−0.878	0.885	−0.312	−0.403
1	0.962	−1.197	0.727	0.295	−0.962	0.364	−0.792	0.852	−0.35	−0.364
1.2	0.738	−1.047	0.767	0.109	−0.885	0.223	−0.629	0.775	−0.414	−0.268
1.4	0.544	−0.893	0.772	−0.056	−0.761	0.112	−0.482	0.668	−0.456	−0.157
1.6	0.381	−0.741	0.746	−0.193	−0.609	0.029	−0.354	0.594	−0.477	−0.047
1.8	0.247	−0.596	0.696	−0.298	−0.445	−0.03	−0.245	0.498	−0.476	0.054
2	0.142	−0.464	0.628	−0.371	−0.283	−0.07	−0.155	0.404	−0.456	0.14
3	−0.075	−0.04	0.225	−0.349	0.226	−0.089	0.057	0.059	−0.213	0.268
4	−0.05	0.052	0	−0.106	0.201	−0.028	0.049	−0.042	0.017	0.112
5	−0.009	0.025	−0.033	0.015	0.046	0	−0.011	−0.026	0.029	−0.002

桩受水平荷载的理论分析，在“m”法中反映地基土性质的参数是 m 值，m 值应通过水平静载试验确定。当无试验资料时，可参考表 4-15 所列的经验值。

表 4-15 地基土水平抗力系数的比例系数 m 值

序号	地基土类型	预制桩、钢桩		灌注桩	
		m(MN/m^4)	相应单桩在地面处水平位移(mm)	m(MN/m^4)	相应单桩在地面处水平位移(mm)
1	淤泥、淤泥质土饱和湿陷性黄土	2～4.5	10	2.5～6	6～12
2	流塑($Il>1$)、软塑($0.75<Il\leqslant 1.0$)状黏性土、$e>0.9$ 粉土、松散粉细松散、稍密填土	4.5～6.0	10	6～14	4～8

（续表）

序号	地基土类型	预制桩、钢桩		灌注桩	
		m(MN/m⁴)	相应单桩在地面处水平位移(mm)	m(MN/m⁴)	相应单桩在地面处水平位移(mm)
3	可塑($0.25 < Il \leqslant 0.75$)状黏性土、$e = 0.7 \sim 0.9$粉土、湿陷性黄土、中密填土、稍密细砂	6.0～10	10	14～35	3～6
4	硬塑($0 < Il \leqslant 0.25$)坚硬($Il \leqslant 0$)状黏性土、湿陷性黄土、$e < 0.75$粉土、中密的中粗砂、密实的老填土	10～22	10	35～100	2～5
5	中密、密实的砾砂，碎石类土			100～300	1.5～3

注：① 当桩顶横向位移大于表列数值或当灌注桩配筋率较高(≥0.65%)时，m值应当适当降低；当预制桩的横向位移小于10mm时，m值可适当提高。

② 当横向荷载为长期或经常出现的荷载时，应将表列数值乘以0.4降低使用。

③ 当地基为可液化土层时，表列数值尚应乘以有关系数。

表4-16　各类桩的桩顶位移系数 $A_x(z=0)$ 和 $B_x(z=0)$

α_l	支承在土上		支承在岩石上		嵌固在岩石中	
	$A_x(z=0)$	$B_x(z=0)$	$A_x(z=0)$	$B_x(z=0)$	$A_x(z=0)$	$B_x(z=0)$
0.5	72.004	192.026	48.006	96.037	0.042	0.125
1	18.03	24.106	12.049	12.149	0.329	0.494
1.5	8.101	7.349	5.498	3.889	1.014	1.028
2	4.737	3.418	3.381	2.081	1.841	1.468
3.0	2.727	1.758	2.406	1.568	2.385	1.586
≥4.0	2.441	1.621	2.419	1.618	2.401	1.600

3. 桩顶的水平位移 x_0

桩顶水平位移是控制单桩横向承载力的主要因素，从表(4-14)中查出折算深度 $az=0$ 时的 A_x 和 B_x 值，代入式(4-40)，求得的位移 $xz=0$ 就是弹性长桩的水平位移。对于弹性中长桩($2.5 < \alpha_l < 4$)及刚性短桩($\alpha_l \leqslant 2.5$)的情况，可由表4-16根据 αl 及桩端支承条件查得桩顶处的位移系数 A_x 和 B_x，代入式(4-40)中，即可计算桩顶的水平位移。同样方法，也可计算出弹性长桩桩顶的转角 $\varphi_z=0$。

4. 桩身最大弯矩及其位置

为进行配筋计算，设计受水平荷载时需要确定桩身最大弯矩的大小及位置，当配筋率较小时，桩身能承受的最大弯矩决定了桩的水平承载力。最大弯矩点的深度 z_0 的位置为

$$z_0 = \frac{\bar{h}}{\alpha} \tag{4-47}$$

式中　$\bar{h}$—— 折算深度，对弹性长桩，可在表 4-17 中，通过系数 C_1 查得 $\bar{h}$。

$$C_1 = \alpha \frac{M_0}{H_0} \tag{4-48}$$

最大弯矩值可用下列式计算：

$$M_{max} = C_{11} M_0 \tag{4-49}$$

对于弹性长桩，式中的系数 C_{11} 也可从表 4-17 中根据 C_1 查得。

表 4-17　计算最大弯矩位置及弯矩系数 C_1 和 C_{11} 值

$\bar{h}=\alpha z0$	C_1	C_{11}	$\bar{h}=\alpha z0$	C_1	C_{11}
0.0	∞	1.000	1.4	-0.145	-4.596
0.1	131.252	2.001	1.5	-0.299	-1.876
0.2	34.182	1.001	1.6	-0.434	-1.128
0.3	15.544	1.012	1.7	-0.555	-0.740
0.4	8.781	1.029	1.8	-0.665	-0.530
0.5	5.539	1.057	1.9	-0.768	-0.396
0.6	3.710	1.101	2.0	-0.862	-0.304
0.7	2.566	1.169	2.2	-1.048	-0.187
0.8	1.791	1.274	2.4	-1.230	-0.118
0.9	1.283	1.441	2.6	-1.420	-0.074
1.0	0.824	1.728	2.8	-1.635	-0.045
1.1	0.503	2.299	3.0	-1.893	-0.026
1.2	0.246	3.876	3.5	-2.994	-0.003
1.3	0.034	23.438	4.0	-0.045	-0.011

注：此表是根据 $\alpha l = 4.0$ 的情况编制，对 $\alpha l > 4.0$，也可使用。

单缺少单桩水平静载试验资料时。可根据上述的理论分析计算桩顶的变形和桩身内力，然后按一定的标准确定单桩水平承载力。对于预制桩、钢桩、桩身配筋率不小于 0.65% 的灌注桩，桩的水平承载力主要是由桩顶位移控制；而对于桩身配筋率小于 0.65% 的灌注桩，桩的水平承载力则主要由桩身强度控制，同时当建筑物对桩有抗裂要求时，对水平受力桩也应进行抗裂验算。

4.5.4　单桩水平承载力特征值

影响桩的水平承载力的因素较多，如桩的材料强度、截面刚度、入土深度、土质条件、桩顶水平位移允许值和桩顶嵌固情况等。显然，材料强度高和截面抗弯刚度大的桩，当桩侧土质良好而桩又有一定的入土深度时，其水平承载力也较高。桩顶嵌固（刚接）于承台中的桩，其抗弯性能好，因而其水平承载力大于桩顶自由的桩。

确定单桩水平承载力的方法，除水平静载荷试验外，也可根据理论计算，从桩顶水平位移限值、材料强度或抗弯验算出发加以确定，有可能时还应参考当地经验。

(1) 单桩的水平承载力特征值应通过现场水平载荷试验确定，必要时可进行带承台桩的载荷试验。试验宜采用慢速维持荷载法。

(2) 对于钢筋混凝土预制桩、钢桩、桩身全截面配筋率大于0.65%的灌注桩，根据静载试验结果取地面处水平位移为10mm(对于水平位移敏感的建筑物取水平位移6mm)所对应的荷载的75%为单桩水平承载为特征值。

(3) 对于桩身配筋率小于0.65%的灌注桩，取单桩水平静载试验的临界荷载的75%为单桩水平承载力特征值。

(4) 当缺少单桩水平静载试验资料时，可按下列公式估算桩身配筋率小于0.65%的灌注桩的单桩水平承载力特征值：

$$R_{Ha}=\frac{0.75\alpha\gamma_m f_m w_0}{v_m}(1.25+22\rho_g)\left(1\pm\frac{\zeta_N\cdot N}{\gamma_m f_t A_n}\right)\tag{4-50}$$

式中　"±"号——根据桩顶竖向力性质确定，压力取"+"，拉力取"−"；

α——桩的水平变形系数；

R_{Ha}——单桩水平承载力设计值，根据桩顶竖向力性质，压力取"+"，拉力取"−"；

γ_m——桩截面抵抗塑性系数，圆形截面 $\gamma_m=2$，矩形截面 $\gamma_m=1.75$；

f_t——桩身混凝土抗拉强度设计值；

w_0——桩身换算截面受拉边缘的弹性抵抗矩。

圆形截面为：

$$W_0=\frac{\pi d}{32}[d^2+2(\alpha_E-1)\rho_g d_0^2]\tag{4-51}$$

方形截面为：

$$W_0=\frac{b}{6}[b^2+2(\alpha_E-1)\rho_g b_0^2]\tag{4-52}$$

其中　d——桩直径，d_0 为扣除保护层的桩直径；b 为方形截面边长，b_0 为扣除保护层厚度的桩截面宽度；α_E 为钢筋弹性模量与混凝土弹性模量的比值。

v_m——桩身最大弯矩系数，按表4-18取值，单桩基础和单桩桩基纵向轴线与水平方向相垂直的情况，按桩顶铰接考虑。

ρ_g——桩身配筋率。

A_n——桩身换算截面面积。

对圆形截面为：

$$A_n=\frac{\pi d^2}{4}[1+(\alpha_E-1)\rho_g]\tag{4-53}$$

方形截面为：

$$A_n=b^2[1+(\alpha_E-1)\rho_g]\tag{4-54}$$

ζ_N——桩顶竖向力影响系数，竖向压力取 $\zeta_N=0.5$；竖向拉力取 $\zeta_N=1.0$. 配筋率大于0.65%的灌注桩等的单桩水平承载力特征值：

$$R_{Ha}=0.75\frac{\alpha^3 EI}{v_X}\chi_a^0\tag{4-55}$$

式中　EI—— 桩身抗弯刚度，对于混凝土桩，$EI=0.85E_cI_0$。其中，I_0 为桩身换算截面惯性矩，对圆形截面为：$I_0=\frac{W_0d_0}{2}$；矩形截面为：$I_0=\frac{W_0b_0}{2}$。

χ_a^0—— 桩顶允许水平位移。

υ_X—— 桩顶水平位移系数，按表 4-18 取值，取值方法同 υ_m。

表 4-18　桩顶(身)最大弯矩系数 υ_m 和桩顶水平位移系数 υ_x

桩顶约束情况	桩的换算埋深(αh)	υ_m	υ_x
铰接、自由	4.0	0.768	2.441
	3.5	0.750	2.502
	3.0	0.703	2.727
	2.8	0.675	2.905
	2.6	0.639	3.163
	2.4	0.601	3.526
固接	4.0	0.926	0.940
	3.5	0.934	0.970
	3.0	0.967	1.028
	2.8	0.990	1.055
	2.6	1.018	1.079
	2.4	1.045	1.095

注：① 铰接(自由)的 υ_m 系桩身的最大弯矩系数，固接 υ_m 系桩顶的最大弯矩系数；

② 当 $\alpha h>4$，取 $\alpha h=4.0$，h 为桩的入土深度。

当作用于桩基上的外力主要为水平力时，应根据使用要求对桩顶变位的限制，对桩基的水平承载力进行验算。验算永久荷载控制的桩基的水平承载力时，应将按上述方法确定的单桩水平承载力特征值乘以调整系数 0.80；验算地震作用桩基的水平承载力时，应将按上述方法确定的单桩水平承载力特征值乘以调整系数 1.25。

当外力作用面得桩距较大时，桩基的水平承载力可视为各单桩的水平承载力的总和。当承台侧面的土未经扰动或回填密实时，应计算土抗力的作用。

水平荷载作用下桩的水平位移和水平极限承载力主要受地面以下深度为 3～4 倍桩直径范围内土的土性决定。因而设桩方法和加载方式(静力的、动力的或循环的等)都是有关的因素，水平位移受到这些因素的影响比桩中弯矩或极限承载力所受到的影响还大，设计时要特别注意这一深度范围内的土性调查、评定和沉桩以及加载方式等的影响。

4.5.5　群桩基础的水平承载力

群桩基础(不含水平力垂直于单排桩基纵向轴线和力矩较大的情况)的基桩水平承载力特征值应考虑由承台、桩群、土相互作用产生的群桩效应，可按下列公式确定：

$$R_h=\eta_hR_{ha}\tag{4-56}$$

考虑地震作用且 $s_a/d\leqslant 6$ 时：

$$\eta_h=\eta_i\eta_r+\eta_l\tag{4-57}$$

$$\eta_i = \frac{\left(\frac{s_a}{d}\right)^{0.015n2+0.45}}{0.15n1 + 0.10n2 + 1.9} \tag{4-58}$$

$$\eta_l = \frac{m\chi_{0a}B'_c h_c^2}{2n_1 n_2 R_{ha}} \tag{4-59}$$

$$\chi_{0a} = \frac{R_{ha}\upsilon_x}{\alpha^3 EI} \tag{4-60}$$

其他情况：

$$\eta_h = \eta_i\eta_r + \eta_l + \eta_b \tag{4-61}$$

$$\eta_b = \frac{\mu P_c}{n_1 n_2 R_h} \tag{4-62}$$

$$B'_c = B_c + 1 \tag{4-63}$$

$$P_c = \eta_c f_a k(A - nA_{ps}) \tag{4-64}$$

式中　η_h—— 群桩效应综合系数；

η_i—— 桩的相互影响效应系数；

η_r—— 桩顶约束效应系数(桩顶嵌入承台长度 50 ～ 100mm 时)，按表 4 - 19 取值；

η_l—— 承台侧向土水平抗力效应系数(承台外围回填土为松散状态时 $\eta_l = 0$)；

η_b—— 承台底摩阻效应系数；

s_a/d—— 沿水平荷载方向的距径比；

n_1，n_2—— 分别为沿水平荷载方向与垂直水平荷载方向每排桩中的桩数；

m—— 承台侧向土水平抗力系数的比例系数，当无试验资料时可按表 4 - 15 取值；

χ_{0a}—— 桩顶(承台) 的水平位移允许值，当以位移控制时，可取 $\chi_{0a} = 10$mm(对水平位移敏感的结构物取 $\chi_{0a} = 6$mm)；当以桩身强度控制(低配筋率灌注桩)时，可近似按式(4 - 60) 确定；

B'_c—— 承台受侧向土抗力一边的计算宽度(m)；

B_c—— 承台宽度(m)；

h_c—— 承台高度(m)；

μ—— 承台底与地基土间的摩擦系数，可按表 4 - 20 取值；

P_c—— 承台底地基土分担的竖向总荷载标准值；

η_c—— 承台效应系数，

A—— 承台总面积；

A_{ps}—— 桩身截面面积。

表 4 - 19　桩顶约束效应系数 η_r

换算深度 αh	2.4	2.6	2.8	3.0	3.5	≥ 4.0
位移控制	2.58	2.34	2.20	2.13	2.07	2.05
强度控制	1.44	1.57	1.71	1.82	2.00	2.07

注：h 为桩的入土深度。

表 4-20　承台底与地基土间的摩擦系数 μ

土的类别		摩擦系数 μ
黏性土	可塑	0.25 ~ 0.30
	硬塑	0.30 ~ 0.35
	坚硬	0.35 ~ 0.45
粉土	密实、中密(稍湿)	0.30 ~ 0.40
中砂、粗砂、砾砂		0.40 ~ 0.50
碎石土		0.40 ~ 0.60
软岩、软质岩		0.40 ~ 0.60
表面粗糙的较硬岩、坚硬岩		0.65 ~ 0.75

例 4-4　如图 4-14 所示桩基，桩侧土水平抗力系数 $m_1=25\text{MN/m}^4$，承台侧面水平抗力系数的比例系数 $m_2=15\text{MN/m}^4$，承台底与地基土间的摩擦系数 $\mu=0.3$，建筑桩基重要性系数 $\gamma_0=1$，承台底地基土分担竖向荷载 $P_c=1500\text{kN}$，单桩 $\alpha h>4.0$，其水平承载力设计值 $R_{ha}=100\text{kN}$，承台容许水平位移 $\chi_{oa}=6.0\text{mm}$。按《桩基规范》验算复合基桩水平荷载力特征值。

解：由《桩基规范》

$$R_h=\eta_h R_{ha}$$

(1) 桩的相互影响效应系数

$$\eta_i=\frac{\left(\dfrac{S_a}{d}\right)^{0.015n_2+0.45}}{0.15n_1+0.10n_2+1.9}$$

$$=\frac{3\,(0.015\times3+0.45)}{0.15\times3+0.10\times3+1.9}$$

$$=0.65$$

(2) 承台侧向土水平抗力效应系数

$$\eta_l=\frac{m_2\chi_{oa}B'_c h_c^2}{2n_1 n_2 R_{ha}}$$

$$=\frac{15\times10^3\times0.006\times[(6.4+1)\times2.0^2]}{2\times3\times3\times100}$$

$$=1.48$$

(3) 承台底摩阻效应系数

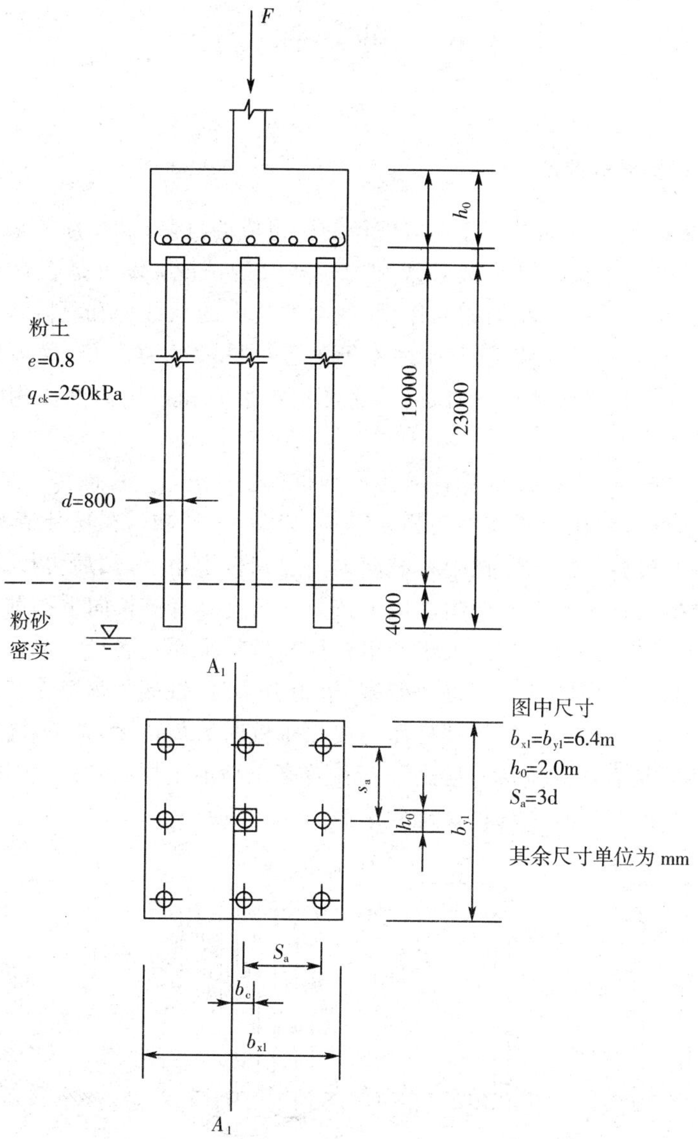

图 4－14　例题4图

$$\eta_b=\frac{\mu P_c}{n_1 n_2 R_{ha}}=\frac{0.3\times1500}{3\times3\times100}=0.5$$

(4) 桩顶约束效应系数，查表4－19，得：$\eta_r=2.05$

(5) 群桩效应综合系数

$$\eta_h=\eta_i\eta_r+\eta_1+\eta_b$$

则

$$R_h=\eta_h R_{ha}=(0.65\times2.05+1.48+0.5)\times100=331.25\text{kN}$$

4.6　桩基础设计

4.6.1　群桩及群桩效应

有3根及3根以上且桩间距小于6倍桩径的桩组成的桩基础时，应考虑是否其为群桩基础（不含水平力垂直于单排桩基纵向轴线和力矩较大的情况）以及是否存在着群桩效应。由于桩、桩间土和承台三者之间的相互作用，使得群桩中的承载力和沉降性状与单桩明显不同。群桩基础受力后，其总的承载力往往不等于各单桩承载力之和，这种现象称为群桩效应。群桩效应不仅在竖向荷载作用时发生，在受到水平力和拉拔力的作用时也会产生群桩效应。

对于端承桩，桩上的力通过桩身直接传递到桩端持力层上，若该持力层较坚硬，桩端承压的面积很小，各桩端的压力基本不会相互影响，如图4-15(a)，在这种情况下，不会产生群桩效应。摩擦桩通过桩侧面的摩擦力将竖向力传递到桩周土上，然后再传递到桩端土层上，一般认为桩侧摩擦力在土中引起的附加应力按某一角度θ沿桩长向下扩散到桩端平面上。当桩数较少时，并且桩间距较大时（大于6倍桩径），桩端平面处各桩传来的附加应力互不重叠或重叠不多，如图4-15(b)；但当桩数较多，桩距较小时，桩端处地基中各桩传来的压力就会相互叠加，如图4-15(c)，使得桩端处压力要比单桩时数值增大，荷载作用面积加宽，影响深度更深。此种情况下若桩端持力层之下存在着高压缩性土层的情况，如图4-15(d)，则有可能由于沉降控制而明显减小群桩基础的承载力。

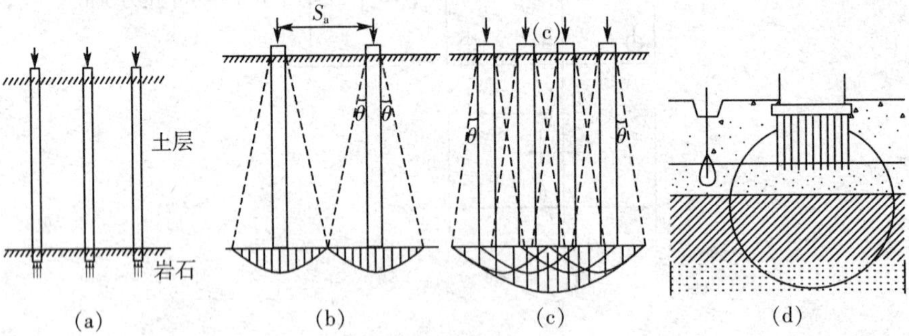

图4-15　群桩效应

承台在群桩效应中起重要作用，承台与桩间土直接接触，在竖向荷载作用下承台会发生向下的位移，桩间土表面承受压力，分担了作用在桩上的压力，有时候能达到总荷载的三分之一，甚至更高的比例，只有在承台与土面分开或者不能接触的情况下才不分担作用在桩上的荷载。同时，承台对于各桩的摩阻力和端承力也有影响，由于在承台底部，土、桩、承台三者有基本相同的位移，减少了桩与土间的相对位移，使得桩顶部位的桩的侧阻力不能发挥出来。

群桩效应可包括两方面，即承载力效应和变形效应，分别以群桩效应系数η及变形比ξ两个指标来反映群桩效应的强弱及评价群桩的工作性状。对竖向受压桩基，定义群桩效率

系数 η 为

$$\eta = 群桩基础承载力 / 组成群桩基础的各单桩承载力之和 \tag{4-65}$$

对群桩基础的竖向沉降，定义群桩基础的沉降比 ξ 为

ξ = 群桩基础在 n 倍单桩荷载作用下的沉降量 / 单桩荷载作用下的沉降量

n = 群桩基础中的单桩数量。

通过现场静载试验、群桩模型试验及有关理论分析，对群桩基础的竖向受压承载力与沉降之间的关系有了以下的初步认识：

(1) 桩间距对群桩效应的影响：在相同的条件下，桩间距增大，群桩效应系数会提高，而沉降比会下降。当桩间距达到一定程度后，群桩效应的影响会变得不显著。

(2) 桩的排列方式对群桩效应的影响：单排桩群桩效应比行列组合式群桩的整体影响性偏小。

(3) 承台面积的影响：当承台面积一定时，增加桩数会使桩间距变小，这样会使群桩效应系数有所下降，而沉降比相对增大；否则反之。

(4) 桩长对群桩效应的影响：在相同的条件下，摩擦桩越长群桩效应系数越低，而沉降比越大。

(5) 桩基础上的荷载水平以及荷载方式对群桩效应系数和沉降比有一定的影响。

(6) 地基土及持力层的物理力学性状对群桩效应的影响也十分明显。

上述认识对群桩竖向抗拔承载力的情况也基本适用。据相关的试验资料与理论分析，当桩间距小于3倍桩径时，地基中附加应力叠加现象严重，群桩效应系数较低，而变形比大；当桩间距大于6倍桩径时，地基中附加应力叠加现象较轻，群桩效应系数较高，而变形比较小。认识这一性质并结合实际工程经验可以对群桩承载力及变形问题做出适当的处理，以满足构筑物功能的需要。

4.6.2 桩基设计的依据

桩基础设计应遵循和执行相应的技术规范的规定。目前我国制定的与桩基直接相关的规范分为三个层次：中华人民共和国国家标准即《建筑地基基础设计规范》(GB50007—2002) 中关于桩基的部分；中华人民共和国行业标准即《建筑桩基技术规范》(JGJ94—94)；各省市标准《建筑地基基础设计规范》中关于桩基的部分等，其中以国家标准《建筑地基基础设计规范》(GB50007—2002) 中关于桩基部分的强制性条文层次最高，必须严格执行。

4.6.3 桩基设计的原则

在《桩基规范》中，关于桩基设计原则作了较为具体的规定。

根据地基复杂程度、建筑物规模、功能特征以及由于地基问题可能造成建筑物破坏或影响正常使用的程度，将桩基设计分为三个设计等级，设计时应根据具体情况，按表(4-21) 选用。

表 4-21 建筑桩基设计等级

设计等级	建筑类型
甲级	(1) 重要的建筑 (2)30 层以上或高度超过 100m 的高层建筑 (3) 体形复杂且层数相差超过 10 层的高低层(含纯地下室) 连体建筑 (4)20 层以上框架-核心筒结构及其他对差异沉降有特殊要求的建筑 (5) 场地和地基条件复杂的 7 层以上的一般建筑及坡地、岸边建筑 (6) 对相邻既有工程影响较大的建筑
乙级	除甲级、丙级以外的建筑
丙级	场地和地基条件简单、荷载分布均匀的 7 层及 7 层以下的一般建筑

地基基础设计时，所采用的荷载效应最不利组合与相应的抗力限值应按下列规定：

(1) 按地基承载力确定基础底面积及埋深或按单桩承载力确定桩数时，传至基础或承台底面上的荷载效应，应按正常使用状态下荷载效应的标准组合，相应的抗力应采用地基承载力特征值或单桩承载力特征值。

(2) 计算地基变形时，传至基础底面上的荷载效应，应按正常使用极限状态下荷载效应的准永久组合，不应计入风荷载和地震作用。相应的限值应为地基变形允许值。

(3) 计算挡土墙土压力、地基或斜坡稳定及滑坡推力时，荷载效应应是承载能力极限状态下荷载效应的基本组合，但其分项系数均为 1.0。

(4) 在确定基础或桩台高度、支挡结构截面、计算基础或支挡结构应力、确定配筋和验算材料强度时，上部结构传来的荷载效应组合和相应的基底反力，应按承载能力极限状态下荷载效应的基本组合，采用相应的分项系数。

当需要验算基础裂缝宽度时，应按正常使用极限状态荷载效应标准组合。

(5) 基础设计安全等级、结构设计使用年限、结构重要性系数应按有关规范的规定采用，但结构重要性系数不应小于 1.0，桩基设计时，应结合地区经验考虑桩、土、承台的共同工作。

对于特殊条件的桩基，按下列条款进行考虑：

(1) 特殊条件的桩基，应按有关规范的规定考虑特殊土对桩基的影响。应考虑岩溶等场地的特殊性，并在桩基设计中采取有效措施。抗震设防区的桩基应按现行《建筑抗震设计规范》(GB5001—2001) 有关规定执行。

(2) 软土地区的桩基应考虑桩周土的自重固结、蠕变、大面积堆载及施工中挤土对桩基的影响；在深厚软土中不易采用大面密集有挤土效应的桩基。

(3) 位于坡地岸边的桩基应进行桩基稳定性验算。

(4) 对于预制桩，尚应进行运输、吊装和锤击等过程中的强度及抗裂验算。

4.6.4 桩基设计的内容与步骤

1. 桩基设计的内容

桩基设计一般应包括如下内容：桩形的选择与布置、桩与承台的构造设计、桩顶作用效应计算、桩基竖向承载力计算、桩基沉降计算、桩基水平承载力与位移计算、桩身承载力与抗裂计算、承台计算及群桩、土、承台和上部结构共同作用分析等。

2. 桩基础的设计步骤

设计桩基础时，首先应该搜集必要的资料，包括上部结构形式与使用要求，荷载的性质与大小，地质和水文资料，以及材料供应和施工条件等。据此拟定出设计方案（包括选择桩基类型、桩长、桩径、桩数、桩的布置、承台位置与尺寸等），然后进行基桩和承台以及桩基础整体的强度、稳定、变形试验，经过计算、比较、修改，以保证承台、基桩和地基在强度、变形及稳定性方面满足安全和使用上的要求，并同时考虑技术和经济上的可能性与合理性，最后确定较理想的设计方案。

(1) 桩基础类型的选择

选择桩基础类型时，应根据设计要求和现场的条件，并考虑各种类型桩基础具有的不同特点，综合分析选择。

① 承台底面标高的考虑

承台底面的标高应根据桩的受力情况，桩的刚度和地形、地质、水流、施工等条件确定。承台低稳定性较好，但在水中施工难度较大，因此可用于季节性河流、冲刷小的河流或旱地上其他结构物的基础。当承台埋设于冻胀土层中时，为了避免由于土的冻胀引起桩基础损坏，承台底面应位于冻结线以下不少于 0.25m。对于常年有流水，冲刷较深，或水位较高，施工排水困难的，在受力条件允许时，应尽可能采用高桩承台。承台如在水中或有流冰的河道，承台底面也应适当放低，以保证基桩不会直接受到撞击，否则应设置防撞装置。当作用在桩基础上的水平力和弯矩较大，或桩侧土质较差时，为减少桩身所受的内力，可适当降低承台底面标高。有时为节省墩台身圬工数量，则可适当提高承台底面标高。

② 端承桩桩基和摩擦桩桩基的考虑

端承桩和摩擦桩的选择主要根据地质和受力情况确定。端承桩桩基础承载力大，沉降量小，较为安全可靠，因此当基岩埋深较浅时，应考虑采用端承桩桩基。若岩层埋置较深或受施工条件的限制不宜采用柱桩，则可采用摩擦桩。但在同一桩基础中不宜同时采用端承桩和摩擦桩，同时也不宜采用不同材料、不同直径和长度相差过大的桩，以避免桩基产生不均匀沉降或丧失稳定性。

当采用端承桩时，除桩底支承在基岩上（即柱承桩）外，如覆盖层较薄，或水平荷载较大，还需将桩底端嵌入基岩中一定深度成为嵌岩桩，以增加桩基的稳定性和承载能力。为保证嵌岩桩在横向荷载作用下的稳定性，需嵌入基岩的深度与桩嵌固处的内力及桩周岩石强度有关，应分别考虑弯矩和轴力要求，由各参数的最大值来控制设计深度。

③ 桩形与成桩工艺

桩形与工艺选择应根据结构类型、荷载性质、桩的使用功能、穿越土层、桩端持力层土类、地下水位、施工设备、施工环境、施工经验、桩的材料供应条件等，选择经济、合理、安全适用的桩形和成桩工艺。各行业的相关规范中都附有成桩工艺适用性的表格，可供选择时参考。

(2) 桩径、桩长的拟定

桩径与桩长的设计，应综合考虑荷载的大小、土层性质与桩周土阻力状况、桩基类型与结构特点、桩的长径比以及施工设备与技术条件等因素后确定，力争做到既满足使用要求，又造价经济，最有效地利用和发挥地基土和桩身材料的承载性能。设计时，首先拟定尺寸，然后通过基桩计算和验算，视所拟定的尺寸是否经济合理，再行最后确定。

① 桩径拟定

桩的类型选定后，桩的横截面（桩径）可根据各类桩的特点与常用尺寸选择确定。

② 桩长拟定

确定桩长的关键在于选择桩端持力层，因为桩端持力层对于桩的承载力和沉降有着重要影响。设计时，可先根据地质条件选择适宜的桩端持力层初步确定桩长，并应考虑施工的可行性（如钻孔灌注桩钻机钻进的最大深度等）。

一般都希望把桩底置于岩层或坚硬的土层上，以得到较大的承载力和较小的沉降量。如在施工条件容许的深度内没有坚硬土层存在，应尽可能选择压缩性较低、强度较高的土层作为持力层，要避免使桩底坐落在软土层上或离软弱下卧层的距离太近，以免桩基础发生过大的沉降。

对于摩擦桩，有时桩底持力层可能有多种选择，此时确定桩长与桩数两者相互牵连，遇此情况，可通过试算比较，选择较合理的桩长。摩擦桩的桩长不应拟定太短，一般不应小于4m。因为桩长过短达不到设置桩基把荷载传递到深层或减小基础下沉量的目的，且必然增加桩数很多，扩大了承台尺寸，也影响施工的进度。此外，为保证发挥摩擦桩桩底土层支承力，桩底端部应尽可能达到该土层的桩端阻力的临界深度。

（3）确定基桩根数及其平面布置

① 桩的根数估算

桩数主要受到荷载的量级、单桩承载力以及承台结构强度的影响。桩数确定的基本要求是满足单桩及群桩的承载力。

● 对主要受竖向荷载的桩基，可按照下列方法初估桩数。当桩基受轴心压力时

$$n \geqslant \frac{F_K + G_K}{R_a} \tag{4-66}$$

式中 n—— 桩的根数；

F_K—— 相应于荷载效应标准组合时候桩基竖向轴心压力，kN；

G_K—— 承台自重标准值，kN；

R_a—— 单桩竖向抗压承载力特征值，kN。

当桩基偏心受压时，一般先安轴心受压初步估算桩数，然后根据偏心荷载的大小将桩数增加10％～20％，这样定出的桩数也是初步的，最终要根据桩基总承载力与变形、单桩受力以及承台强度等要求决定。

● 对于主要承担水平荷载的桩基，也可以按照上述原则估计桩数，并由桩基总承载力与水平位移、单桩受力分析最终确定。

② 桩间距的确定

为了避免桩基础施工可能引起土的松弛效应和挤土效应对相邻基桩的不利影响，以及桩群效应对基桩承载力的不利影响，布设桩时，应该根据土类成桩工艺以及排列确定桩的最小中心距。一般情况下，穿越饱和软土的挤土桩，要求桩中心距最大，部分挤土桩或穿越非饱和土的挤土桩次之，非挤土桩最小；对于大面积的桩群，桩的最小中心距宜适当加大。对于桩的排数为1～2排、桩数小于9根的其他类型摩擦型桩基，桩的最小中心距可适当

减小。

摩擦桩的群桩中心距，从受力角度考虑最好是使各桩端平面处压力分布范围不相重叠，以充分发挥其承载能力。根据这一要求，经试验测定，中心距定为 $6d$。但桩距如采用 $6d$ 就需要很大面积的承台，因此一般采用的群桩中心距均小于 $6d$。为了使桩端平面处相邻桩作用于土的压应力重叠不至太多，不致因土体挤密而使桩挤不下去，根据经验规定，打入桩的桩端平面处的中心距不小于 $3d$。震动下沉桩，因土的挤压更为显著，规定在桩端平面处不小于 $4d$（d 为桩的直径或边长）。

③ 桩的平面布置

工程中建筑物的桩基常有多根桩组成，合理的平面布桩形式和桩的间距，是充分发挥群桩性能的关键因素之一。桩的布置要和基础底面及作用于基础上的荷载分布相适应，桩的布置应尽可能使群桩的形心与长期作用的荷载的重心相重合，可使上部结构更好地抵抗倾覆，同时也有利于减少沉降差。在基地面积允许的条件下，疏桩布置可使桩基具有较大的抗弯稳定性。

桩的布置亦应兼顾到施工的条件和可行性，应考虑到方便可靠的施工可提高桩基的质量。

桩的布置应符合有关规范的要求：

● 摩擦型桩的中心距不宜小于桩身直径的 3 倍；扩底灌注桩的中心距不宜小于扩底直径的 1.5 倍，当扩底直径大于 2m 时，桩端净距不应小于 1m。在确定桩距时尚应考虑施工工艺中的挤土等效应对临近桩的影响。

● 扩底灌注桩的扩底直径，不应大于桩身直径的 3 倍。

● 桩底进入持力层的深度，根据地质条件、荷载及施工工艺确定，宜为桩身直径的 1 ～ 3 倍。在确定桩底进入持力层深度时，尚应考虑特殊土、岩溶以及震陷液化等影响。嵌岩灌注桩周边嵌入完整和较完整的未风化、微风化、中风化硬质岩体的最小深度，不宜小于 0.5m。

● 布置桩位时宜使桩基承载力合力点与竖向永久荷载合力作用点重合。

桩数确定后，可根据桩基受力情况选用单排桩或多排桩桩基。多排桩的排列形式常采用行列式（图 4 - 16(a)）和梅花式（图 4 - 16(b)），在相同的承台底面积下，后者可排列较多的基桩，而前者有利于施工。桩基础中桩的平面布置，除应满足前述的最小桩距等构造要求外，还应考虑基桩布置对桩基受力有利。为使各桩受力均匀，充分发挥每根桩的承载能力，设计布置时，应尽可能使桩群横截面的重心与荷载合力作用点重合或接近，通常桥墩桩基础中的基桩采取对称布置，而桥台多排桩桩基础视受力情况在纵桥向采用非对称布置。

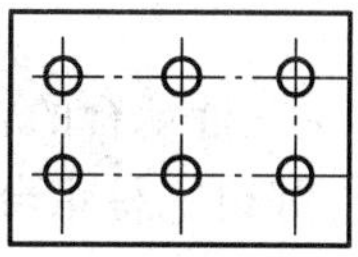

(a)行列式

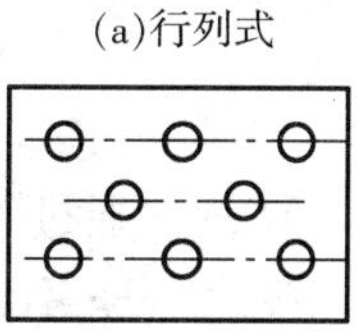

(b)梅花式

图 4 - 16　桩的平面布置

当作用于桩基的弯矩较大时，宜尽量将桩布置在离承台形心较远处，采用外密内疏的布置方式，以增大基桩对承台形心或合力作用点的惯性距，提高桩基的抗弯能力。此外，基桩布置还应考虑使承台受力较为有利，例如桩柱式墩台应尽量使墩柱轴线与基桩轴线重合，盖梁式承台的桩柱布置应使承台发生的正负弯矩接近或相等，以减小承台所承受的弯曲应力。

4.6.5　承台计算

1. 受弯计算

桩基承台应进行正截面受弯承载力计算。承台应有足够的厚度及受力钢筋以保证其抗弯及抗剪切强度。柱下独立桩基承台的正截面弯矩设计值可按下式计算：

(1) 两桩条形承台和多桩矩形承台弯矩计算截面取在柱边和承台变阶处(图 4－17(a))，可按下列公式计算：

$$M_x = \sum N_i y_i \tag{4-67}$$

$$M_y = \sum N_i x_i \tag{4-68}$$

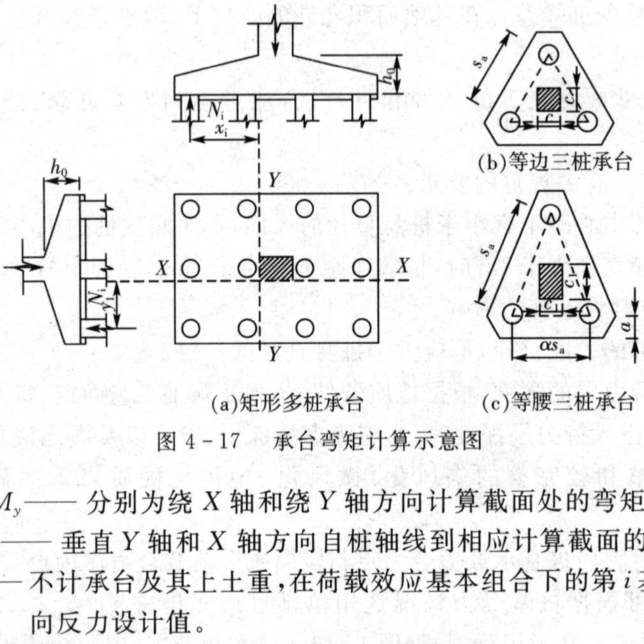

(a)矩形多桩承台　(b)等边三桩承台　(c)等腰三桩承台

图 4－17　承台弯矩计算示意图

式中　M_x、M_y—— 分别为绕 X 轴和绕 Y 轴方向计算截面处的弯矩设计值；

x_i、y_i—— 垂直 Y 轴和 X 轴方向自桩轴线到相应计算截面的距离；

N_i—— 不计承台及其上土重，在荷载效应基本组合下的第 i 基桩或复合基桩竖向反力设计值。

(2) 三桩承台的正截面弯距值应符合下列要求：

① 等边三桩承台(图 4－17(b))

$$M = \frac{N_{\max}}{3}\left(s_a - \frac{\sqrt{3}}{4}c\right) \tag{4-69}$$

式中　M—— 通过承台形心至各边边缘正交截面范围内板带的弯矩设计值；

$N_{\max}$—— 不计承台及其上土重，在荷载效应基本组合下三桩中最大基桩或复合基桩竖向反力设计值；

s_a—— 桩中心距；

c—— 方柱边长，圆柱时 $c=0.8d$(d 为圆柱直径)。

② 等腰三桩承台(图 4－17(c))

$$M_1 = \frac{N_{\max}}{3}\left(s_a - \frac{0.75}{\sqrt{4-\alpha^2}}c_1\right) \tag{4-70}$$

$$M_2 = \frac{N_{max}}{3}(\alpha s_a - \frac{0.75}{\sqrt{4-\alpha^2}}c_2) \tag{4-71}$$

式中　M_1、M_2—— 分别为通过承台形心至两腰边缘和底边边缘正交截面范围内板带的弯矩设计值；

s_a—— 长向桩中心距；

α—— 短向桩中心距与长向桩中心距之比，当 α 小于 0.5 时，应按变截面的二桩承台设计；

c_1、c_2—— 分别为垂直于、平行于承台底边的柱截面边长。

2. 受冲切计算

桩基承台厚度应满足柱(墙)对承台的冲切和基桩对承台的冲切承载力要求。

轴心竖向力作用下桩基承台受柱(墙)的冲切：

(1) 冲切破坏锥体应采用自柱(墙)边或承台变阶处至相应桩顶边缘连线所构成的锥体，锥体斜面与承台底面之夹角不应小于 45°(图 4-18)。

(2) 受柱(墙)冲切承载力可按下列公式计算：

$$F_l \leqslant \beta_{hp}\beta_0 u_m f_t h_0 \tag{4-72}$$

$$F_l = F - \sum Q_i \tag{4-73}$$

$$\beta_0 = \frac{0.84}{\lambda + 0.2} \tag{4-74}$$

式中　F_l—— 不计承台及其上土重，在荷载效应基本组合下作用于冲切破坏锥体上的冲切力设计值。

f_t—— 承台混凝土抗拉强度设计值。

β_{hp}—— 承台受冲切承载力截面高度影响系数，当 $h \leqslant 800$mm 时，β_{hp} 取 1.0；$h \geqslant 2000$mm 时，β_{hp} 取 0.9，其间按线性内插法取值。

u_m—— 承台冲切破坏锥体一半有效高度处的周长。

h_0—— 承台冲切破坏锥体的有效高度。

β_0—— 柱(墙)冲切系数。

λ—— 冲跨比，$\lambda = a_0/h_0$，a_0 为柱(墙)边或承台变阶处到桩边水平距离；当 $\lambda < 0.25$ 时，取 $\lambda = 0.25$；当 $\lambda > 1.0$ 时，取 $\lambda = 1.0$。

F—— 不计承台及其上土重，在荷载效应基本组合作用下柱(墙)底的竖向荷载设计值。

$\sum Q_i$—— 不计承台及其上土重，在荷载效应基本组合下冲切破坏锥体内各基桩或复合基桩的反力设计值之和。

(3) 对于柱下矩形独立承台受柱冲切的承载力可按下列公式计算(图 4-18)：

$$F_l \leqslant 2\,[\beta_{ox}(b_c + a_{oy}) + \beta_{oy}(h_c + a_{ox})]\beta_{hp} f_t h_0 \tag{4-75}$$

式中　β_{0x}、β_{0y}—— 由式(4-74)求得，$\lambda_{0x} = a_{0x}/h_0$，$\lambda_{0y} = a_{0y}/h_0$；$\lambda_{0x}$、$\lambda_{0y}$ 均应满足范围在 0.25 ～ 1.0 的要求；

h_c、b_c—— 分别为 x、y 方向的柱截面的边长；

a_{ox}、a_{oy}—— 分别为 x、y 方向柱边离最近桩边的水平距离。

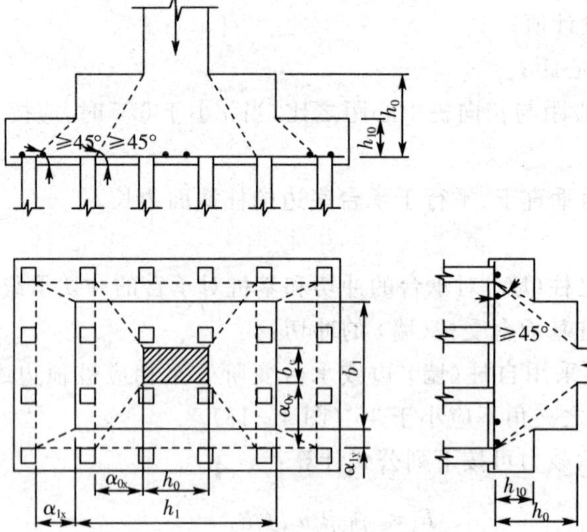

图 4-18 柱对承台的冲切计算示意图

(4) 对于柱下矩形独立阶形承台受上阶冲切的承载力可按下列公式计算(图 4-18)：

$$F_l \leqslant 2\left[\beta_{1x}(b_1 + a_{1y}) + \beta_{1y}(h_1 + a_{1x})\right]\beta_{hp} f_t h_{10} \tag{4-76}$$

式中 β_{1x}、β_{1y}—— 由式(4-74)求得，$\lambda_{1x} = a_{1x}/h_{10}$，$\lambda_{1y} = a_{1y}/h_{10}$；$\lambda_{1x}$、$\lambda_{1y}$ 均应满足范围在 0.25 ~ 1.0 的要求；

h_1、b_1—— 分别为 x、y 方向承台上阶的边长；

a_{1x}、a_{1y}—— 分别为 x、y 方向承台上阶边离最近桩边的水平距离。

对于圆柱及圆桩，计算时应将其截面换算成方柱及方桩，即取换算柱截面边长 $b_c = 0.8d_c$（d_c 为圆柱直径），换算桩截面边长 $b_p = 0.8d$（d 为圆桩直径）。

对于柱下两桩承台，宜按深受弯构件（$l_o/h < 5.0$，$l_o = 1.15l_n$，l_n 为两桩净距）计算受弯、受剪承载力，不需要进行受冲切承载力计算。对位于柱（墙）冲切破坏锥体以外的基桩，如四桩以上（含四桩）、三桩三角形、箱形、筏形承台可按相关规范计算。

3. 受剪计算

柱（墙）下桩基承台，应分别对柱（墙）边、变阶处和桩边联线形成的贯通承台的斜截面的受剪承载力进行验算。当承台悬挑边有多排基桩形成多个斜截面时，应对每个斜截面的受剪承载力进行验算。

(1) 柱下独立桩基承台斜截面受剪承载力计算

① 承台斜截面受剪承载力可按下列公式计算(图 4-19)：

$$V \leqslant \beta_{hs} \alpha f_t b_0 h_0 \tag{4-77}$$

$$\alpha = \frac{1.75}{\lambda + 1} \tag{4-78}$$

$$\beta_{hs}=\left(\frac{800}{h_o}\right) \tag{4-79}$$

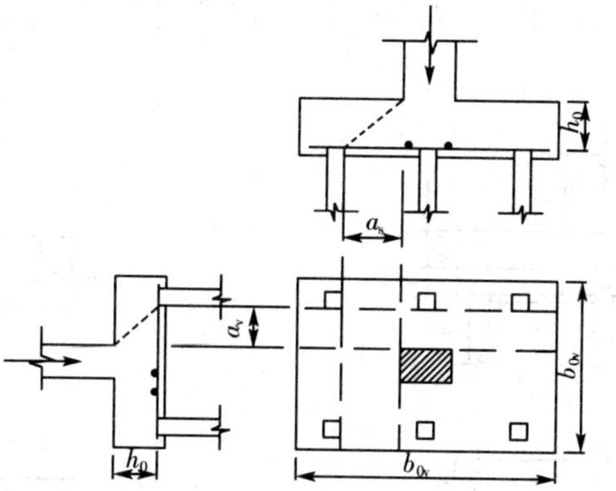

图 4-19　承台斜截面受剪计算示意图

式中　V—— 不计承台及其上土自重，在荷载效应基本组合下，斜截面的最大剪力设计值；

f_t—— 混凝土轴心抗拉强度设计值；

b_0—— 承台计算截面处的计算宽度；

h_0—— 承台计算截面处的有效高度；

α—— 承台剪切系数，按式(4-78) 确定；

λ—— 计算截面的剪跨比，$\lambda_x=a_x/h_0$，$\lambda_y=a_y/h_0$，此处，a_x，a_y 为柱边(墙边) 或承台变阶处至 y、x 方向计算一排桩的桩边的水平距离，当 $\lambda<0.25$ 时，取 $\lambda=0.25$；当 $\lambda>3$ 时，取 $\lambda=3$。

β_{hs}—— 受剪切承载力截面高度影响系数；当 $h_0<800\text{mm}$ 时，取 $h_0=800\text{mm}$；当 $h_0>2000\text{mm}$ 时，取 $h_0=2000\text{mm}$，其间按线性内插法取值。

② 对于阶梯形承台应分别在变阶处(A_1—A_1，B_1—B_1) 及柱边处(A_2—A_2，B_2—B_2) 进行斜截面受剪承载力计算(图 4-19)。

计算变阶处截面(A_1—A_1，B_1—B_1) 的斜截面受剪承载力时，其截面有效高度均为 h_{10}，截面计算宽度分别为 b_{y1} 和 b_{x1}。

计算柱边截面(A_2—A_2，B_2—B_2) 的斜截面受剪承载力时，其截面有效高度均为 $h_{10}+h_{20}$，截面计算宽度分别为：

对 A_2—A_2
$$b_{y0}=\frac{b_{y1}\cdot h_{10}+b_{y2}\cdot h_{20}}{h_{10}+h_{20}} \tag{4-80}$$

对 B_2—B_2
$$b_{x0}=\frac{b_{x1}\cdot h_{10}+b_{x2}\cdot h_{20}}{h_{10}+h_{20}} \tag{4-81}$$

③ 对于锥形承台应对变阶处及柱边处(A—A 及 B—B) 两个截面进行受剪承载力计算(图 4-20)，截面有效高度均为 h_o，截面的计算宽度分别为：

对 A—A $$b_{y0}=\left[1-0.5\frac{h_{20}}{h_0}\left(1-\frac{b_{y2}}{b_{y1}}\right)\right]b_{y1} \quad (4-82)$$

对 B—B $$b_{x0}=\left[1-0.5\frac{h_{20}}{h_0}\left(1-\frac{b_{x2}}{b_{x1}}\right)\right]b_{x1} \quad (4-83)$$

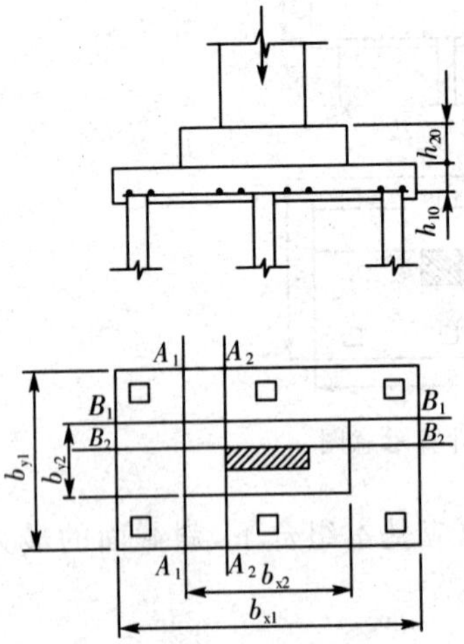

图 4-20 阶梯形承台斜截面受剪计算示意图

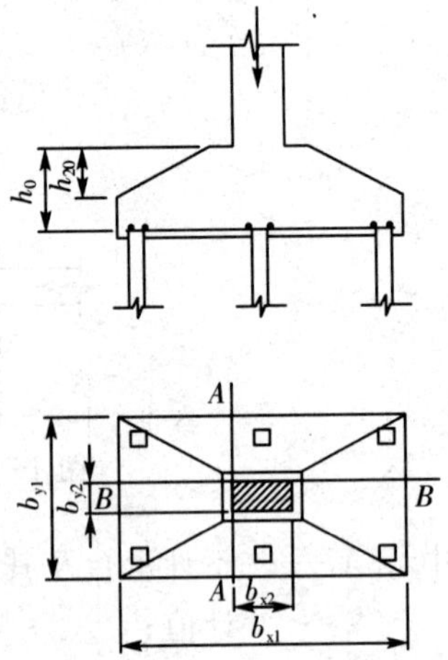

图 4-21 锥形承台斜截面受剪计算示意图

4.6.6 桩基沉降计算

建筑桩基沉降变形计算值不应大于桩基沉降变形允许值，桩基沉降变形可用下列指标表示：

(1) 沉降量；

(2) 沉降差；

(3) 整体倾斜：建筑物桩基础倾斜方向两端点的沉降差与其距离之比值；

(4) 局部倾斜：墙下条形承台沿纵向某一长度范围内桩基础两点的沉降差与其距离之比值。

不同建筑桩基的沉降都有一定的变形允许值，建筑桩基沉降变形允许值应按表4-22规定采用。具体的计算方法按照规范《桩基规范》进行。

表 4-22 建筑桩基沉降变形允许值

变形特征	允许值
砌体承重结构基础的局部倾斜	0.002
各类建筑相邻柱(墙)基的沉降差 (1) 框架、框架 — 剪力墙、框架 — 核心筒结构； (2) 砌体墙填充的边排柱； (3) 当基础不均匀沉降时不产生附加应力的结构。	 $0.002l_0$ $0.0007l_0$ $0.005l_0$
单层排架结构(柱距为 6m) 桩基的沉降量(mm)	120

(续表)

变形特征		允许值
桥式吊车轨面的倾斜(按不调整轨道考虑) 纵向 横向		 0.004 0.003
多层和高层建筑的整体倾斜	$H_g \leqslant 24$ $24 < H_g \leqslant 60$ $60 < H_g \leqslant 100$ $H_g > 100$	0.004 0.003 0.0025 0.002
高耸结构桩基的整体倾斜	$H_g \leqslant 20$ $20 < H_g \leqslant 50$ $50 < H_g \leqslant 100$ $100 < H_g \leqslant 150$ $150 < H_g \leqslant 200$ $200 < H_g \leqslant 250$	0.008 0.006 0.005 0.004 0.003 0.002
高耸结构基础的沉降量(mm)	$H_g \leqslant 100$ $100 < H_g \leqslant 200$ $200 < H_g \leqslant 250$	350 250 150
体形简单的剪力墙结构 高层建筑桩基最大沉降量(mm)	—	200

注:l_0 为相邻柱(墙)二测点间距离;H_g 为自室外地面算起的建筑物高度。

对于桩中心距不大于 6 倍桩径的桩基,其最终沉降量计算可采用等效作用分层总和法。等效作用面位于桩端平面,等效作用面积为桩承台投影面积,等效作用附加压力近似取承台底平均附加压力。等效作用面以下的应力分布采用各向同性均质直线变形体理论。计算模式如图 4－22 所示,桩基任一点最终沉降量可用角点法按下式计算:

$$s = \psi \cdot \psi_e \cdot s' = \psi \cdot \psi_e \cdot \sum_{j=1}^{m} p_{0j} \sum_{i=1}^{n} \frac{z_{ij}\bar{\alpha}_{ij} - z_{(i-1)j}\bar{\alpha}_{(i-1)j}}{E_{si}} \tag{4-84}$$

式中 s—— 桩基最终沉降量(mm);

s'—— 采用布辛奈斯克解,按实体深基础分层总和法计算出的桩基沉降量(mm);

ψ—— 桩基沉降计算经验系数,当无当地可靠经验时可按表 4－23 条确定;

ψ_e—— 桩基等效沉降系数,可按式(4－88),式(4－89) 确定;

m—— 角点法计算点对应的矩形荷载分块数;

p_{0j}—— 第 j 块矩形底面在荷载效应准永久组合下的附加压力(kPa)；

n—— 桩基沉降计算深度范围内所划分的土层数；

E_{si}—— 等效作用面以下第 i 层土的压缩模量(MPa)，采用地基土在自重压力至自重压力加附加压力作用时的压缩模量；

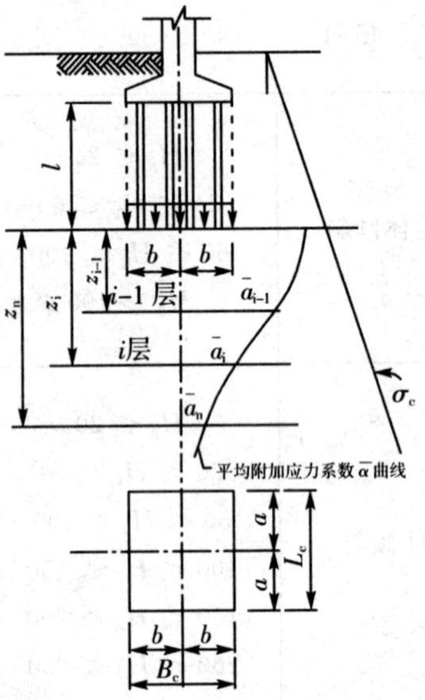

图 4－22　桩基沉降计算示意图

z_{ij}、$z_{(i-1)j}$—— 桩端平面第 j 块荷载作用面至第 i 层土、第 $i-1$ 层土底面的距离 m；

$\bar{\alpha}_{ij}$、$\bar{\alpha}_{(i-1)j}$—— 桩端平面第 j 块荷载计算点至第 i 层土、第 $i-1$ 层土底面深度范围内平均附加应力系数，可按桩基规范确定。

表 4－23　桩基沉降计算经验系数 ψ

$\bar{E}_s$(MPa)	≤10	15	20	35	≥50
ψ	1.2	0.9	0.65	0.50	0.40

注：① $\bar{E}_s$ 为沉降计算深度范围内压缩模量的当量值，可按下式计算：$\bar{E}_s=\sum A_i/\sum \frac{A_i}{E_{si}}$，式中 A_i 为第 i 层土附加压力系数沿土层厚度的积分值，可近似按分块面积计算。

② ψ 可根据 $\bar{E}_s$ 内插取值。

计算矩形桩基中点沉降时，桩基沉降量可按下式简化计算：

$$s=\psi\cdot\psi_e\cdot s'=4\cdot\psi\cdot\psi_e\cdot p_0\sum_{i=1}^{n}\frac{z_i\bar{\alpha}_i-z_{i-1}\bar{\alpha}_{i-1}}{E_{si}} \tag{4-85}$$

式中　p_0—— 在荷载效应准永久组合下承台底的平均附加压力；

$\bar{\alpha}_i$、$\bar{\alpha}_{i-1}$—— 平均附加应力系数，根据矩形长宽比 a/b 及深宽比 $\frac{z_i}{b}=\frac{2z_i}{B_c}$，$\frac{z_{i-1}}{b}=\frac{2z_{i-1}}{B_c}$，可按本规范附录 D 选用。

桩基沉降计算深度 z_n 应按应力比法确定，即计算深度处的附加应力 σ_z 与土的自重应力 σ_c 应符合下列公式要求：

$$\sigma_z \leqslant 0.2\sigma_c \tag{4-86}$$

$$\sigma_z = \sum_{j=1}^{m} a_j p_{0j} \tag{4-87}$$

式中　a_j—— 附加应力系数，可查桩基规范。

桩基等效沉降系数 ψ_e 可按下列公式简化计算：

$$\psi_e = C_0 + \frac{n_b - 1}{C_1(n_b - 1) + C_2} \tag{4-88}$$

$$n_b = \sqrt{n \cdot B_c / L_c} \tag{4-89}$$

式中　n_b—— 矩形布桩时的短边布桩数，当布桩不规则时可按式(4－89)近似计算；

C_0、C_1、C_2—— 根据群桩距径比 s_a/d、长径比 l/d 及基础长宽比 L_c/B_c，查《桩基规范》确定；

L_c、B_c、n—— 分别为矩形承台的长、宽及总桩数。

当布桩不规则时，等效距径比可按下列公式近似计算：

圆形桩　$$s_a/d = \sqrt{A}/(\sqrt{n} \cdot d) \tag{4-90}$$

方形桩　$$s_a/d = 0.886\sqrt{A}/(\sqrt{n} \cdot b) \tag{4-91}$$

式中　A—— 桩基承台总面积；

b—— 方形桩截面边长。

当无当地可靠经验时，桩基沉降计算经验系数 ψ 可按表 4－23 选用。对于采用后注浆施工工艺的灌注桩，桩基沉降计算经验系数应根据桩端持力土层类别，乘以 0.7(砂、砾、卵石)～0.8(黏性土、粉土)折减系数；饱和土中采用预制桩(不含复打、复压、引孔沉桩)时，应根据桩距、土质、沉桩速率和顺序等因素，乘以 1.3～1.8 挤土效应系数，土的渗透性低，桩距小，桩数多，沉降速率快时取大值。

计算桩基沉降时，应考虑相邻基础的影响，采用叠加原理计算；桩基等效沉降系数可按独立基础计算。当桩基形状不规则时，可采用等代矩形面积计算桩基等效沉降系数，等效矩形的长宽比可根据承台实际尺寸和形状确定。

例 4－5　某实验大厅地质剖面及土性指标如例图 4－1 及例表 4－1 所示。设上部结构传至设计地面处，相应于荷载效应的标准组合的竖向力 $F_K = 2035\text{kN}$，弯矩 $M_K = 330\text{kN} \cdot \text{m}$，水平力 $H_K = 55\text{kN}$。经过经济技术比较后决定采用钢筋混凝土预制桩，设计计算该桩基础。(相应于荷载效应准永久组合时，竖向力 $F = 1950\text{kN}$)。

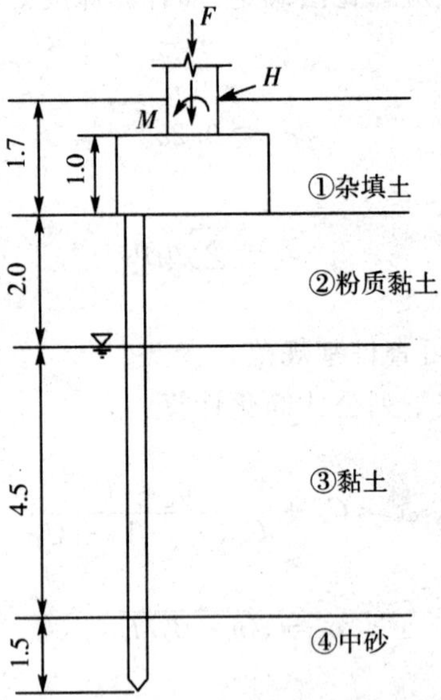

例图 4－1　附图

例表 4－1　地基土物理力学性质指标

编号	土名	厚度 $\frac{h_i}{m}$	γ $\frac{kN}{m^3}$	G	ω %	e	ω_l %	ω_p %	I_p	I_L	饱和度 S_r	E_S MPa	$N_{63.5}$	q_{pa} $\frac{kN}{m^2}$	q_{sia} $\frac{kN}{m^2}$
①	人工填土	1.7	16												
②	粉质黏土	2.0	18.7	2.71	24.2	0.8	29	17	12	0.6	0.82	8.5			28
③	黏土	4.5	19.1	2.71	37.5	0.95	38	18	20	0.98	1.0	6.0			20
④	中砂	4.6	20	2.68							1.0	20	20	2533	33.3
⑤	粉质黏土	8.6	19.8	2.71	27.7	0.75	29	17	12	0.89	1.0	8.0			
⑥	密实砾石层	8m	20.2										40		

桩穿越各层土的平均内摩擦角为 20°

解：(1) 初步选择持力层，以第 ④ 层中砂土为桩端持力层。采用截面为 300mm × 300mm 的预制钢筋混凝土方桩。桩端进入持力层为 1.5m，桩长 8m，承台埋深为 1.7m。

(2) 确定单桩承载力特征值：

$$R_a = q_{pa} + u_p \sum q_{sia} h_i$$

$A_p = 0.3 \times 0.3 = 0.09\text{m}^2$

$u_p = 0.3 \times 4 = 1.2\text{m}$

$R_a = 2533 \times 0.09 + 1.2 \times \langle 28 \times 2.0 + 20 \times 4.5 + 33.3 \times 1.5 = 463\text{kN}$

(3) 初步确定桩数及承台尺寸

先假设承台尺寸为 2m × 2m，厚度为 1.0m，承台及其上土平均容重为 20kN，则承台及其上土自重的标准值为

$$G_K = 20 \times 2 \times 2 \times 1.7 = 136\text{kN}$$

由式：

$$n \geqslant \frac{F_K + G_K}{R_a} = \frac{2035 + 136}{463} = 4.69$$

可取 5 根桩，承台的平面尺寸为 1.6m × 2.6m，如例图 4－2 所示。

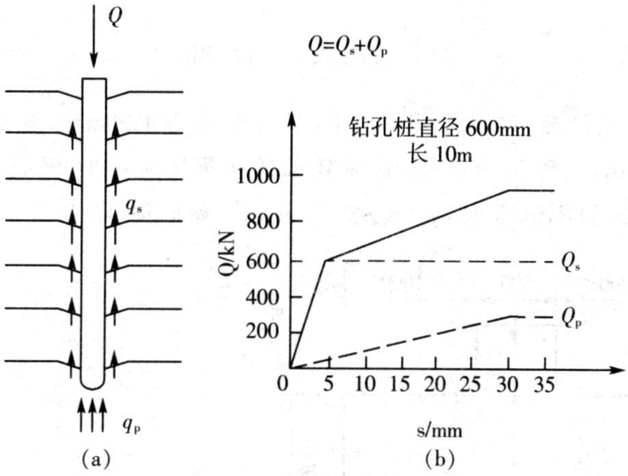

例图 4－2　桩的布置及承台尺寸

(4) 群桩基础中单桩承载力验算

按照设计的承台尺寸，计算 $G = 1.6 \times 2.6 \times 1.7 \times 20 = 141.4\text{kN}$

单桩的平均竖向力按下式计算：

$$Q_K = \frac{F_K + G_K}{n} = \frac{2035 + 141.4}{5} = 435.3\text{kN}$$

所以 $Q_K = 435.3 \leqslant R_a = 463\text{kN}$

符合要求。

按照下式计算单桩心荷载最大竖向力为

$$Q_{K,\max} = \frac{F_K + G_K}{n} + \frac{M_y x_i}{\sum x_j^2}$$

$$= 435.3 + \frac{(330 + 55 \times 1.7) \times 1.0}{4 \times 1.0^2}$$

$=435.3+105.9$

$=541.2\text{kN}$

按照下式的要求：

$$Q_{K,max}=541.2\text{kN}\leqslant 1.2R_a=555.6\text{kN}$$

由于水平力 $HK=55\text{kN}$ 较小，可不验算单桩水平承载力。

(5) 抗弯计算与配筋设计

在承台结构计算中，取相应于荷载效应基本组合的设计值，可按下式计算：

$$S=1.35SK$$

所以

$$F=1.35F_K=2747\text{kN}$$

$$M=1.35M_K=445.5\text{kN}\cdot\text{m}$$

$$H=1.35H_K=74.3\text{kN}$$

对于承台进一步设计为：取承台厚 0.9m，下设厚度为 100mm，强度等级为 C10 的混凝土垫层，保护层为 50mm，则 $h_o=0.85\text{m}$；混凝土强度等级为 C20，混凝土的抗拉强度为 $f_t=1.1\text{N/mm}^2$，钢筋选用 HRB335 级，$f_y=330\text{N/mm}^2$，如例图 4-3 所示。

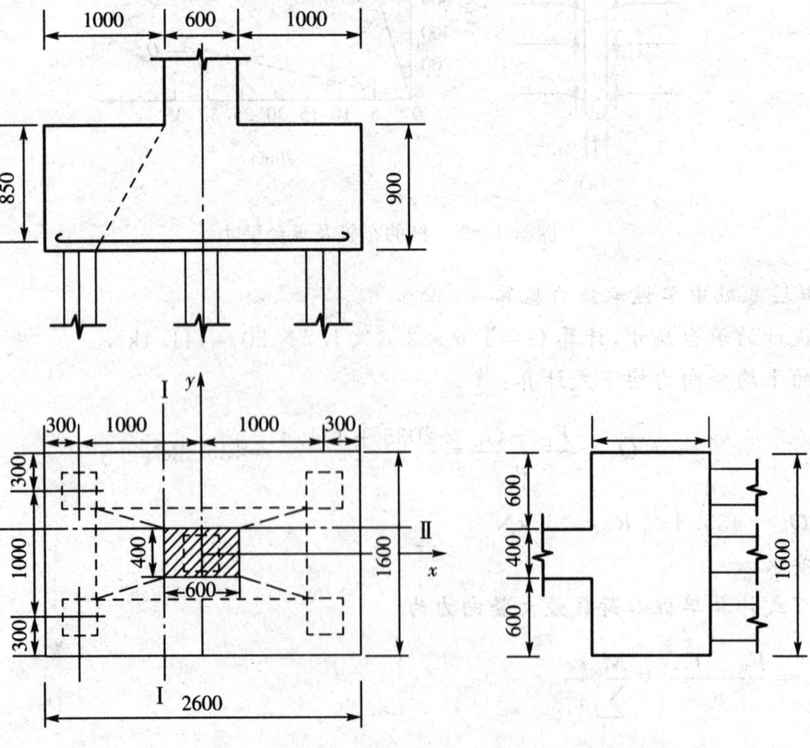

例图 4-3 承台设计计算图

则各桩不计承台以及其上土重 G_k 部分的净反力 N_t 为

各桩平均竖向力 $\overline{N}=1.35\dfrac{F_K}{n}=549.45\text{kN}$

最大竖向力 $N_{\max}=1.35\left[\dfrac{F_K}{n}+\dfrac{M_y x_{\max}}{\sum x_j}\right]=1.35\times(407+105.90)=692.4\text{kN}$

对于 Ⅰ—Ⅰ 断面：

$$M_y=\sum N_i x_i=2N_{\max}\times x_i=2\times 692.4\times 0.7=969.4\text{kN}\cdot\text{m}$$

钢筋面积 $A_s=\dfrac{M_y}{0.9f_y h_0}=\dfrac{969.4\times 10^6}{0.9\times 300\times 850}=4224\text{mm}^2$

采用 14 根直径为 20mm 钢筋，$As=4397\text{mm}^2$，平行于 x 轴布置。

对于 Ⅱ—Ⅱ 断面：$M_y=\sum N_i y_i=2\overline{N}\times y_i=2\times 549.5\times 0.3=329.7\text{kN}\cdot\text{m}$

钢筋面积 $A_s=\dfrac{M_x}{0.9f_y h_o}=\dfrac{329.7\times 10^6}{0.9\times 300\times 850}=1436\text{mm}^2$

选用 14 根直径为 12mm 钢筋，$As=1582\text{mm}^2$，平行于 y 轴布置。

(6) 承台抗冲切验算

① 柱的向下冲切验算

根据式 $F_l\leqslant 2[\beta_{0x}(b_c+a_{0y})+\beta_{0y}(a_c+a_{0x})]\beta_{hp}f_t h_0$

式中：

$a_{0x}=0.55\text{m}$ $\lambda_{0x}=\dfrac{a_{0x}}{h_0}=\dfrac{0.55}{0.85}=0.647$ $\beta_{0x}=\dfrac{0.84}{\lambda_{0x}+0.2}=0.99$

$a_{0y}=0.15\text{m}$ $\lambda_{0y}=0.2$ $\beta_{0y}=2.1$

$b_c=0.4\text{m}$ $a_c=0.6\text{m}$ $\beta_{hp}=1-\dfrac{1-0.9}{2000-800}(900-800)=0.992$

则 $2[\beta_{0x}(b_c+a_{0y})+\beta_{0y}(a_c+a_{0x})]\beta_{hp}f_t$

$=2[0.99(0.4+0.15)+2.1(0.6+0.55)]\times 0.992\times 1100\times 0.85$

$=5527\text{kN}$

桩顶平均净反力 $N=\dfrac{2747}{5}=549.4$

根据式 $F_l=F-N=2747-549.4=2198\text{kN}$

满足式条件。

② 角柱的冲切验算

冲切力 N_t 必须不大于抗冲切力，即满足

$$N_l \leqslant \left[\beta_{1x} \times \left(c_2 + \frac{a_{1y}}{2}\right) + \beta_{1y}\left(c_1 + \frac{a_{1x}}{2}\right)\right]\beta_{hp} f_t h_0$$

式中 $c_1 = c_2 = 0.45\text{m}$

$a_{1x} = 0.55$　　$\lambda_{1x} = \frac{a_{1x}}{h_0} = 0.647$　　$\beta_{1x} = \frac{0.56}{\lambda_{1x} + 0.2} = 0.66$

$a_{1y} = 0.15$　　$\lambda_{1y} = 0.2$　　$\beta_{1y} = \frac{0.56}{0.4} = 0.4$

$N_l = N_{max} = 692.4$

抗冲切力

$= \left[0.66 \times \left(0.45 + \frac{0.15}{2}\right) + 1.4 \times \left(0.45 + \frac{0.55}{2}\right)\right] \times 0.992 \times 1100 \times 0.85$

$= 1.36 \times 0.992 \times 1100 \times 0.85$

$= 1261\text{kN}$

符合要求。

(7) 承台抗剪验算

剪切力 V 必须不大于抗剪切力，即满足

$$V \leqslant \beta_{hs} \beta f_t b h_0$$

对于 Ⅰ—Ⅰ 截面：

$a_x = 0.55m$；$\lambda_x = \frac{a_x}{h_0} = 0.647$；$\beta = \frac{1.75}{\lambda_x + 1} = 1.06$

$\beta_{hs} = \left(\frac{800}{h_0}\right)^{\frac{1}{4}} = 0.985$；　　$b = 1.6\text{m}$

$V = 2 \times N_{max} = 2 \times 692.4 = 1384.8\text{kN}$

抗剪切力 $= 0.985 \times 1.06 \times 1100 \times 1.6 \times 0.85 = 1562\text{kN}$

符合要求。

对于 Ⅱ—Ⅱ 断面：

$a_{1y} = 0.15$　　$\lambda_y = 0.3$　　$\beta = \frac{1.75}{0.3 + 1} = 1.346$　　$a = 2.6$

$$V = 2 \times \overline{N} = 2 \times 549.45 = 1098.9\text{kN}$$

抗剪力 $= 0.985 \times 1.346 \times 1100 \times 2.6 \times 0.85 = 3223\text{kN}$

符合要求。

(8) 沉降计算

采用实体深基础计算方法计算桩基础中心点最终沉降量。

① 按桩基规范等效作用分层总和法计算

桩端平面处附加应力

$$p_0 = \frac{F + G_k - p_{c0} \times a \times b}{a \times b}$$

式中　F—— 相应于荷载效应准永久组合时分配到桩顶的竖向力

$$F = 1950\text{kN};\quad G_k = 141.4\text{kN};$$

p_{c0}—— 承台底面地基的自重应力　　$p_{c0} = 16 \times 1.7 = 27.2\text{kN}$；

a_0, b_0, l—— 桩基础外缘尺寸 $a_0 = 2.3\text{m}$；　$b_0 = 1.3\text{m}$；　$l = 8\text{m}$；

a, b—— 承台外缘尺寸　　$a = 2.6\text{m}$；　$b = 1.6\text{m}$

则桩端平面处的附加应力：

$$p_0 = \frac{1950 + 141.4 - 27.2 \times 2.6 \times 1.6}{2.6 \times 1.6} = \frac{1978.25}{4.16} = 475.54\text{kPa}$$

计算矩形桩基中心点：

$s = 4 \cdot \psi \cdot \psi_e \cdot s'$

$$s' = p_0 \sum_{i=1}^{n} \frac{z_i \overline{\alpha_i} - z_{i-1} \overline{\alpha_{i-1}}}{E_{si}}$$

已知：$a/b = 2.6/1.6 = 1.625$，查例表4-2确定平均附加应力系数 $\bar{\alpha}$

例表4-2　平均附加应力系数 $\bar{\alpha}$ 计算表

Z(m)	$\frac{z}{b_0}$	$\overline{\alpha_i}$	E_{Si}
0	0	1.0	20
1.6	1.0	0.2327	20
3.1	1.94	0.193	20
6.4	4.0	0.130	8
8.0	5.0	0.1107	8
9.6	6.0	0.0961	8

$$s' = p_0 \sum_{i=1}^{n} \frac{z_i \bar{\alpha}_i - z_{i-1}\bar{\alpha}_{i-1}}{E_{si}} = 475.54 \times \left\{ [(1.6 \times 0.2327) + (3.1 \times 0.193 - 1.6 \times 0.2327)] \frac{1}{20} + [(6.4 \times 0.13 - 3.1 \times 0.193) + (8.0 \times 0.1107 - 6.4 \times 0.13) + (9.6 \times 0.0961 - 8.0 \times 0.1107)] \times \frac{1}{8} \right\}$$

$$= 475.54 \times 0.071$$

$$= 33.76\text{mm}$$

求 ψ

$\bar{E}_s = \dfrac{\sum A_i}{\sum \dfrac{A_i}{E_{si}}}$；$\bar{E}_s$—— 沉降计算范围内压缩模量的当量值。

$$A_i = (z_i \cdot \overline{\bar{\alpha}_i - z_{i-1} \cdot \bar{\alpha}_{i-1}}) \cdot p_0$$

桩端平面下 8m 深度内，主压缩层有两层土。

$$\bar{E}_s = \frac{0.59 + 0.296}{\dfrac{0.59}{20} + \dfrac{0.296}{8}} = 20\text{MPa}$$

查表 4－23 得，$\psi = 0.65$

求 ψ_e

$$\frac{s_a}{d} = 3 \qquad l/d = 8/0.3 = 26.67$$

查表得：$C_0 = 0.093 \quad C_1 = 1.553 \quad C_2 = 7.457 \quad n_b = \sqrt{n \cdot a/b} = \sqrt{5 \times 1.625} = 2.85$

所以，$\psi_e = C_0 + \dfrac{n_b - 1}{C_1(n_b - 1) + C_2} = 0.093 + \dfrac{2.85 - 1}{1.553(2.85 - 1) + 7.457} = 0.272$

桩基中点沉降：

$s = 4 \cdot \psi \cdot \psi_e \cdot s' = 4 \times 0.65 \times 0.272 \times 33.76 = 18.0\text{mm}$

根据角点法划分的矩形长宽比和深宽比为：

$$a/b = 1.3/0.8 = 1.625, \frac{z}{b} = \frac{8.0}{0.8} = 10.0,$$

查桩基规范附加应力系数为：$a_j = 0.0071$；

桩基沉降计算深度为桩端平面下 8m 处；

$$\sigma_z = \sum_{j=1}^{m} a_j p_{0j} = 4 \times 0.0071 \times 475.54 = 13.5\text{kPa}$$

$$\sigma_c = (1.7 \times 16 + 2.0 \times 18.7 + 4.5 \times 11.1 + 4.6 \times 10 + 4.9 \times 9.8) = 208.6\text{kPa}$$

$$\sigma_z = 13.5 \leqslant 0.2\sigma_c = 41.72\text{kPa}$$

② 扣除摩阻力法

$$p_0 = \frac{F + G_k - 2(a_0 + b_0) \sum q_{sia} h_i}{a_0 b_0}$$

$$a_0 = 2.3\text{m}; \quad b_0 = 1.3\text{m}$$

式中

$$p_0 = \frac{1950 + 141.4 - 2(2.3 + 1.3)(28 \times 2.0 + 20 \times 4.5 + 33.3 \times 1.5)}{2.3 \times 1.3}$$

$$= \frac{1950 + 141 - 1411}{2.3 \times 1.3} = 227\text{kPa}$$

$$\frac{a}{b}=\frac{2.3}{1.3}=1.77$$

例表 4-3　平均附加应力系数计算表

$\frac{z_i}{m}$	$\frac{z_i}{b}$	$\overline{\alpha_i}$	E_{Si}	
0	0	0.25	20	
1.3	1.0	0.2334	20	
2.6	2.0	0.1937	20	
3.1	2.39	0.1786	20	
3.9	3.0	0.1589	8	
6.5	5.0	0.1135	8	

$$s'=\sum s_i=227\times\Big\{[(1.3\times0.2334)+(2.6\times0.1937-1.3\times0.2334)$$
$$+(3.1\times0.1786-2.6\times0.1937)]\times\frac{1}{20}+[(3.9\times0.1589-3.1\times0.1786)$$
$$+(6.5\times0.1135-3.9\times1589)]\times\frac{1}{8}\Big\}=11.5\text{mm}$$

$$\bar{E}_s=\frac{\sum A_i}{\sum\frac{A_i}{E_{si}}}=\frac{0.55+0.188}{\frac{0.55}{20}+\frac{0.188}{8}}=14.5\text{MPa}$$

查表 4-23 得 $\psi=0.87$

求 ψ_e

$$\frac{s_a}{d}=3,\quad l/d=8/0.3=26.67,\quad \frac{a}{b}=\frac{2.3}{1.3}=1.77$$

查表得：$C_0=0.093$　$C_1=1.553$　$C_2=7.457$　$n_b=\sqrt{n\cdot a/b}=\sqrt{5\times1.625}=2.85$

所以，$\psi_e=C_0+\frac{n_b-1}{C_1(n_b-1)+C_2}=0.093+\frac{2.85-1}{1.553(2.85-1)+7.457}=0.272$

计算中点沉降：

$$s=4\cdot\psi\cdot\psi_e\cdot s'=4\times0.87\times0.272\times11.5=10.89\text{mm}$$

根据角点法划分的矩形长宽比和深宽比为：

$$a/b=1.15/0.65=1.77,\quad \frac{z}{b}=\frac{6.5}{0.65}=10.0$$

查桩基规范附加应力系数为：$a_j=0.0079$；

桩基沉降计算深度为桩端平面下 6.5m 处；

$$\sigma_z=\sum_{j=1}^{m}a_j p_{0j}=4\times0.0079\times227=7.17\text{kPa}$$

$$\sigma_c = (1.7 \times 16 + 2.0 \times 18.7 + 4.5 \times 11.1 + 4.6 \times 10 + 3.4 \times 9.8) = 193.87\text{kPa}$$

$$\sigma_z = 7.17 \leqslant 0.2\sigma_c = 38.77\text{kPa}$$

可见虽然两种算法不同，但都沉降不大。

思考与练习题

1. 简述桩基础的适用场合及设计原则。

2. 简述单桩在竖向荷载下的工作性能及其破坏性状。

3. 何谓单桩竖向承载力特征值？其与单桩竖向承载力设计值有何区别？

4. 单桩水平承载力与哪些因素有关？设计时如何确定？

5. 何谓群桩、群桩效应和承台效应？群桩承载力和单桩承载力之间有什么内在联系？

6. 如何确定承台的平面尺寸及厚度？设计时应做哪些验算？

7. 某工程桩基采用预制混凝土桩，桩截面尺寸为 350mm×350mm. 桩长 10m，各土层分布情况如图 4-23 所示，试确定该基桩的竖向承载力标准值 Q_{uk} 和基桩的竖向承载力设计值 R（不考虑承台效）。

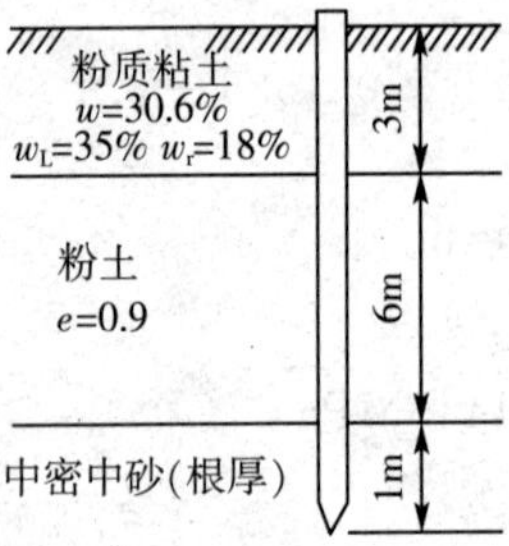

图 4-23 第 7 题

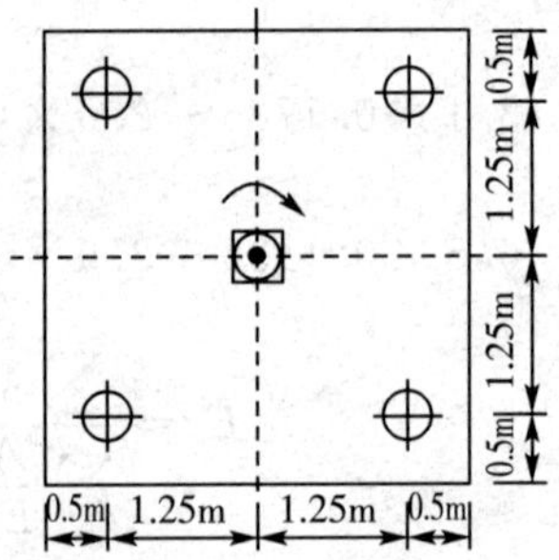

图 4-24 第 8 题

8. 某工程一群桩基础中桩的布置及承台尺寸如图 4-24 所示，其中桩采用 $d=500$mm 的钢筋混凝土预制桩，桩长 12m。承台埋深 1.2m。土层分布第一层为 3m 厚的杂填土，第二层为 4m 厚的可塑状态黏土，其下为很厚的中密中砂层。上部结构传至承台的轴心荷载设计值为 $F=5400$kN·m，弯矩 $M=1200$kN·m，试验算该桩基础是否满足设计要求。

9. 某场地土层分布情况为：第一层杂填土，厚 1.0m；第二层为淤泥，软塑状态，厚 6.5m；第三层为粉质黏土，$I_L=0.25$，厚度较大。现需设计一框架内柱的预制桩基础，柱底在地面处的竖向荷载设计值为 $F=1700$kN，弯矩为 $M=180$kN·m，水平荷载 $H=100$kN，初选预制桩截面尺寸为 350mm×350mm。试设计该桩基础。

第 5 章　沉井基础及其他深基础

当基础埋置比较深时，如采用明挖法施工，则因基坑深，坑壁支撑等所承受的土压力和水压力大，需要更多、更强的支撑结构，施工很不方便，也不经济。为了满足结构物的要求，适应地基的特点，在土木工程结构的实践中形成了很多类型的深基础，其中沉井基础，尤其是重型沉井、深水浮运钢筋混凝土沉井和钢沉井，在国内外已有广泛的应用和发展。如我国的南京长江大桥、天津永和斜拉桥、江阴长江大桥和美国的 Stlouis 大桥等均采用了沉井基础。

5.1　沉井的作用及适用条件

5.1.1　沉井的作用

沉井是用混凝土（或钢筋混凝土）等建筑材料制成的井筒结构物，其四周有壁，下部无底、上部无盖、侧壁下部有刃脚。沉井基础是通过井内挖土，依靠自身重力克服井壁摩阻力后下沉到设计标高，然后经过混凝土封底并填塞井孔，使其成为桥梁墩台或其结构物的基础（如图 5－1）。

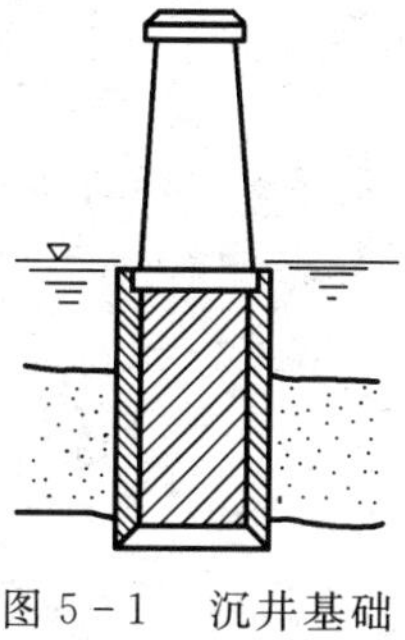

图 5－1　沉井基础

沉井本身是基础的组成部分，在下沉过程中起着挡土和防水的临时围堰作用，无需另设坑壁支撑或板桩围堰，简化了施工。

5.1.2　沉井的适用条件

沉井基础的应用十分广泛，它可以穿过各种土层，将井底落于岩层或承载能力稍高的硬层。本着经济合理、施工可行的原则，沉井基础主要应用于下列情况：

（1）当上部荷载较大，而表层地基土的容许承载力不足，做扩大基础时开挖工作量大、支撑困难，但在一定深度下有好的持力层时；

（2）在山区河流中，虽然浅层土质较好，但冲刷大，或河中有较大卵石不便桩基础施工时；

（3）岩层表面较平坦且覆盖层薄，但河水较深，采用扩大基础施工坑壁支撑或板桩围堰有困难时；

（4）因场地狭窄，同时受周围建筑物或其他条件限制，而不适宜用大开挖的地点。

5.2 沉井的类型和构造

5.2.1 沉井的类型

沉井按所用材料不同可分为混凝土沉井、钢筋混凝土沉井、钢沉井、砖沉井、石沉井、木沉井等，混凝土沉井一般只适用于下沉深度不大（4 ～ 7m）的松软土层中。钢筋混凝土沉井是最常见的沉井。钢沉井的刚度、强度都很高，拼装方便，但因用钢量过大，从经济的角度上看是不合算的，一般不用。砖沉井、石沉井和木沉井等除非在特殊情况下考虑因地制宜、就地取材，现在基本上不采用。

沉井按不同的下沉方式可分为就地制造下沉的沉井和浮运沉井。就地制造下沉的沉井，也称为一般沉井，是在基础设计的位置上制造，然后挖土靠沉井自重下沉。如基础位置在水中，需先在水中筑岛，再在岛上筑井下沉（图 5－2）。当在深水地区筑岛有困难或不经济，或有通航要求，或河流的水流流速大时，可采用岸边浇筑沉井，然后浮运到设计位置就位下沉的方法，这类沉井称为浮运沉井或浮式沉井。

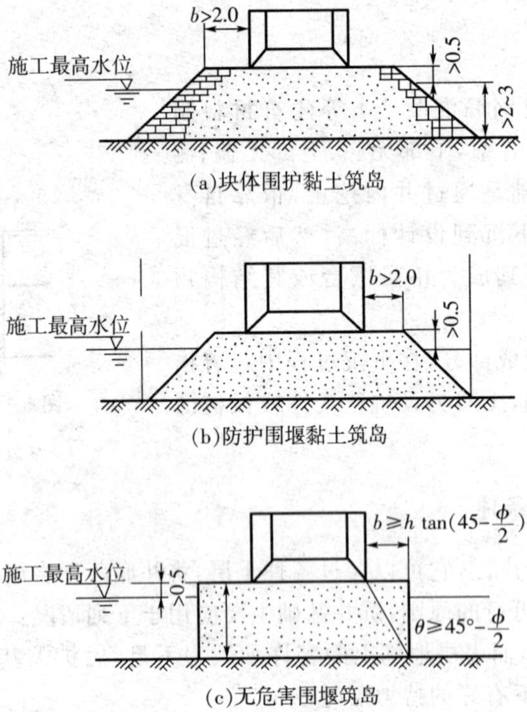

图 5－2　水上筑岛下沉沉井

沉井按平面形状不同可分为圆形、方形、矩形、圆端形、多边形及多孔井字形等（图 5－3）。圆形沉井受力好，适用于主流方向容易改变的河流。矩形沉井制作方便，但四角处的土不易挖除，且河流水流也不顺。圆端形沉井兼有圆形沉井和矩形沉井二者的优点，在一定程度上也兼有两者的缺点，是土木工程中常见的沉井基础类型。

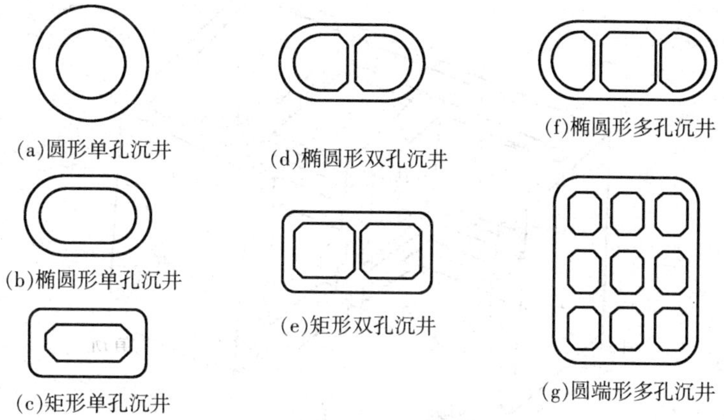

图 5－3　沉井平面布置形式

沉井按其立面形状不同可分为竖直式、倾斜式及台阶式等(图 5－4)。采用哪种形式应视沉井需要通过的土层性质和下沉深度确定。外壁竖直形式(图 5-4a)的沉井，在下沉过程中不易倾斜，井壁接长较易，模板可重复使用，故当土质较松软，沉井下沉深度不大时，可以采用这种沉井。倾斜式及台阶式井壁(图 5-4(b)、(c)、(d))可以减少土与井壁的摩阻力，其缺点是施工较复杂，模板消耗量大，同时沉井下沉过程中容易发生倾斜，故当土质较密实，沉井下沉深度大，要求在不太增加沉井本身重量的情况下沉至设计标高时，可采用这类沉井。

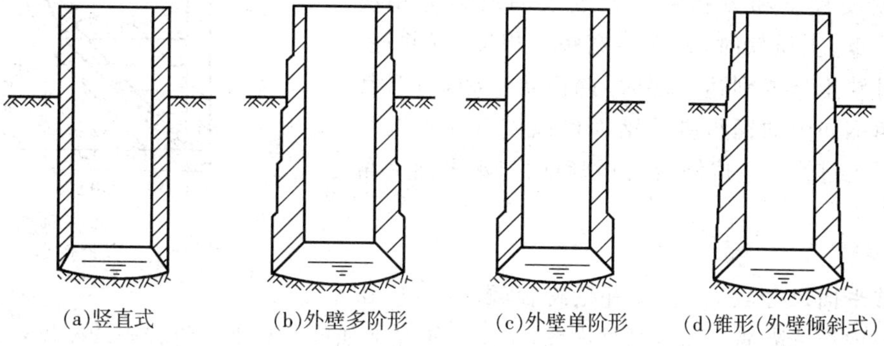

图 5－4　沉井剖面图

5.2.2　沉井的构造

本章以最常用的钢筋混凝土沉井为例来说明沉井的构造。沉井通常由井壁、刃脚、隔墙、井孔、凹槽、射水管、封底和盖板等组成(图 5－5)。

1. 井壁

井壁，即沉井的外壁，是沉井的主要部分，它应有足够的厚度与强度，以承受在下沉过程中各种最不利荷载组合(水土压力)所产生的内力。同时还要有足够的重量，使沉井能在自重作用下顺利下沉到设计标高。

井壁厚度按其强度、下沉需要的自重以及便于取土和清基而定，一般为 0.7 ～ 1.5m。

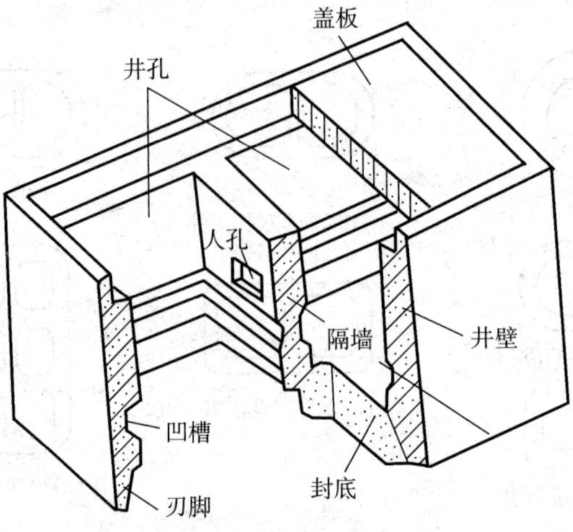

图 5-5　一般沉井的构造

2. 刃脚

井壁最下端一般都做成刀刃状的“刃脚”(图5-6),其主要作用是使沉井在自重作用下便于切入土中,是受力最集中的部分。刃脚还应具有一定的强度,以免在下沉过程中挠曲或损坏。刃脚底端的水平面称为踏面。刃脚的式样应根据沉井下沉时所穿越土层的软硬程度和刃脚单位长度上的反力大小决定。沉井重、土质软时,踏面要宽些。相反,沉井轻,又要穿过硬土层或到达岩层时,踏面要窄些,有时甚至要用角钢加固的钢刃脚。踏面可以使沉井下沉初期不致下沉过快而造成倾斜,刃脚斜面与水平面夹角不宜小于45°。

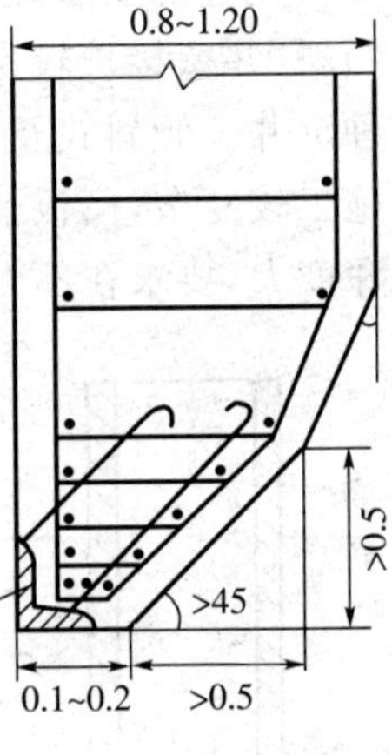

图 5-6　刃脚构造

3. 隔墙

沉井平面尺寸较大,也即井壁跨径较大时,应在沉井井筒内设置隔墙。隔墙又称内壁,主要作用是加强沉井在下沉过程中的刚度,减小井壁受力计算跨度。同时,又把整个沉井分隔成多个施工井孔(取土井),便于掌握挖土位置以控制下沉的方向,也便于沉井偏斜时的纠偏。隔墙因不承受水土压力,所以,其厚度较沉井外壁要薄一些。

4. 井孔

沉井内设置的隔墙或纵横隔墙或纵横框架形成的格子称作井孔,是挖土排土的工作场所和通道。井孔尺寸应满足施工要求,宽度(直径)不宜小于3m。井孔布置应对称于沉井中心轴,便于对称挖土使沉井均匀下沉。

5. 凹槽

凹槽设在井孔下端近刃脚处,其作用是使封底混凝土与井壁有较好的接合,形成整体,使封底混凝土底面的反力更好地传给井壁(如井孔全部填实的实心沉井也可不设凹槽)。凹槽深度约 0.15 ～ 0.25m，高约 1.0m。

6. 射水管

当沉井下沉深度大，穿过的土质又较好，估计下沉会产生困难时，可在井壁中预埋设水管组。射水管应均匀布置，以利于控制水压和水量来调整下沉方向，管口设在刃脚下端和井壁外侧。如使用触变泥浆润滑套施工方法时，应有预埋的压射泥浆管路。

7. 封底

当沉井下沉到设计标高，经过技术检验并对井底清理整平后，即可封底，以防止地下水渗入井内。

8. 盖板

沉井封底后，为节省混凝土，或为减轻基础自重，在井孔内可不填充任何东西，做成空心沉井基础，或仅填以砂石。这时，应在沉井顶端设置钢筋混凝土盖板，以承受上部墩台的全部荷载。

5.3　沉井的施工

沉井的施工方法与墩台基础所在地点的地质和水文情况以及具备的技术力量、施工机具与设备有关。在水中修筑沉井时，应对河流汛期、漂流物、航道及河床冲刷等情况调查研究，并制定施工计划，尽量利用枯水季节进行施工。如施工需经过汛期，应有相应的可靠措施，保证施工安全。

沉井基础施工一般可分为旱地施工、水中筑岛施工及浮运沉井施工三种，现分别简介如下。

5.3.1　旱地施工

桥梁墩台位于旱地时，沉井可就地制造、挖土下沉、封底、充填井孔以及浇筑顶板。在这种情况下，一般较容易施工，工序如下：

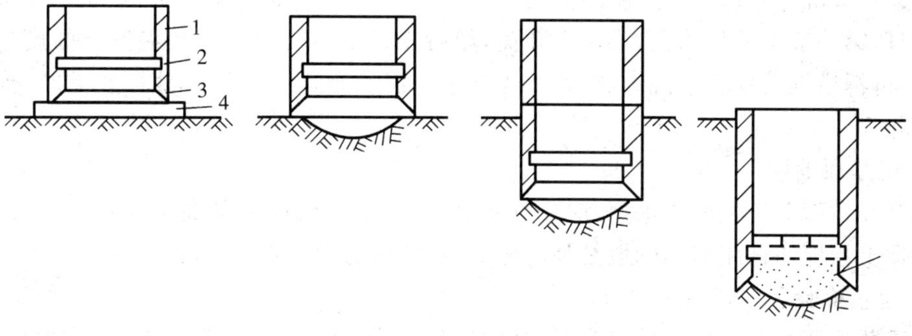

(a)制造第一节沉井　(b)抽垫木、挖土下沉　(c)沉井接高下沉　(d)封底

图 5－7　沉井施工图

1— 井壁；2— 凹槽；3— 刃脚；4— 承垫木；5— 素混凝土封底

1. 整平场地

如天然地面土质较好，只需将地面杂物清除干净整平地面，就可在其上制造沉井。如土

质松软,应整平夯实或换土夯实。在一般情况下,应在整平场地上铺上不小于 0.5m 厚的砂或砂砾层。

2. 制造第一节沉井

由于沉井自重较大,刃脚踏面尺寸较小,应力集中,场地土往往承受不了这样大的压力,所以在整平的场地上应在刃脚踏面位置处对称地铺满一层垫木以加大支承面积,使沉井重量在垫木下产生的压应力不大于 100kPa,垫木的布置应考虑抽取垫木方便(有时可用素混凝土垫层代替垫木)。然后在刃脚位置处放上刃脚角钢,竖立内模,绑扎钢筋,立外模,最后浇灌第一节沉井混凝土。

3. 拆模及抽垫

当沉井混凝土的强度达到设计强度的 70% 时方可拆除模板,强度达到设计强度后才可以拆除垫木。抽撤垫木应按照分区、依次、对称、同步的原则进行。抽撤垫木应按一定的顺序进行,以免引起沉井开裂、移动或倾斜。其顺序是:撤除内隔墙下的垫木,再撤沉井短边下的垫木,最后撤长边下的垫木。拆长边下的垫木时,以定位垫木(最后抽撤的垫木)为中心,对称地由远到近拆除,最后拆除定位垫木。注意在抽垫木过程中,抽除一根垫木应立即用砂回填捣实。

4. 挖土下沉

撤完垫木后,可在井内挖土消除刃脚下土的阻力,促使沉井在自重作用下逐渐下沉。下沉施工可分为排水下沉和不排水下沉。

当沉井穿过的土层较稳定,不会因排水而产生大量流沙或塌陷时,可采用排水下沉。土的挖除可采用人工挖土或机械除土。人工挖土可使沉井均匀下沉和清除井下障碍物,但应采取措施,确实保证施工安全。

当沉井穿过的土层不稳定,会因排水而产生大量流沙时,可采用不排水下沉。不排水下沉一般都采用机械除土,挖土工具可以是抓土斗或水力吸泥机,如土质较硬,水力吸泥机需配以水枪射水破坏土层。由于吸泥机是将水和土一起吸出井外,故需经常向井内加水维持井内水位高出井外水位 1 ~ 2m,以免发生涌土或流沙现象。

5. 接高沉井

当第一节沉井顶面下沉至距地面还剩 1 ~ 2m 时,应停止挖土下沉,接筑第二节沉井。此时,应使第一节沉井位置正直,凿毛顶面,然后立模浇筑混凝土。待混凝土强度达到设计要求后,再拆模继续挖土下沉。此后,每当前一节沉井顶面下沉至离地面较近时,即接筑下一节沉井。

6. 筑井顶围堰

如沉井顶面低于地面或水面,应在沉井上接筑围堰,围堰的平面尺寸略小于沉井,其下端与井顶上预埋锚杆相连。围堰是临时性的,待墩台身出水后可拆除。

7. 地基检验和处理

当沉井下沉至设计标高后,应进行基底检验。检验内容是地基土质是否和设计相符,是否平整,并对地基进行必要的处理。如果是排水下沉的沉井,可以直接进行检查;若是不排水下沉的沉井,由潜水工进行检查或钻取土样鉴定。地基为砂土或黏性土,可在其上铺一层砾石或碎石至刃脚底面以上 200mm。地基为风化岩石,应将风化岩层凿掉,岩层倾斜时,应凿成阶梯形。若岩层与刃脚间局部有不大的孔洞,由潜水工清除软层并用水泥砂浆封堵,待砂浆有一定强度后再抽水清基。不排水情况下，可由潜水工清基或用水枪及吸泥机清基。总之要保证井底地基尽量平整，浮土及软土清除干净，以保证封底混凝土、沉井及地基紧密连接。

8. 封底、充填井孔及浇筑顶盖

地基经检验及处理合乎要求后，应立即进行封底。如封底是在不排水情况下进行的，则可用导管法灌注水下混凝土。若灌注面积大，可用多根导管，以先周围后中间、先低后高的次序进行灌注。待混凝土达设计强度后，再抽干井孔中的水，填筑井内圬土。如井孔中不填料或仅填以砾石，则井顶面应浇筑钢筋混凝土顶盖，以支承墩台，然后砌筑墩身，墩身出土（或水面）后可拆除临时性的井顶围堰。

5.3.2　水中筑岛施工

当水流速不大，水深在 3m 或 4m 以内时，可用水中筑岛的方法。筑岛材料为砂或砾石，周围用草袋围护；如水深较大可作围堰防护（图 5－2a、b），岛面应比沉井周围宽出 2m 以上，作为护道，并应高出施工最高水位 0.5m 以上。砂岛地基强度应符合要求后方可在岛上浇筑沉井，如筑岛压缩水面较大，可采用钢板桩围堰筑岛，但要考虑沉井重力对它产生的侧向压力的影响。

5.3.3　浮运沉井施工

当水深较大，如超过 10m 时，水中筑岛施工法很不经济，且施工也困难，可改用浮运法下沉沉井，即把沉井井壁做成空体形式或采用其他措施（如加带临时性井底（木底）或装上钢气筒）使其浮于水上。沉井可以在岸边做成，利用在岸边铺成的滑道滑入水中，然后用绳索引到设计墩位。也可以在船坞内制成，用浮船定位和吊放下沉，或利用潮汐，水位上涨浮起，再浮运至设计位置。沉井就位后，逐步用水或混凝土灌入空体中，使其徐徐下沉直至河底。当沉井较高时，可在悬浮状态下接长沉井并填充混凝土使它逐步下沉，这时每个步骤均需保证沉井本身具有足够的稳定性。当沉井刃脚切入河床一定深度后，可按前述下沉方法施工。

浮运沉井的类型有：双壁浮运（空体自浮式）沉井、带钢气筒的浮运沉井和带临时性井底的沉井。具体施工工艺可参阅相关书籍，本书从略。

5.3.4　施工中常见问题及处理

沉井施工中经常遇到以下几方面的问题：

1. 沉井发生倾斜和偏移

沉井在下沉过程中，会经常发生倾斜和偏移，如不注意防止与及时纠正，会造成沉井偏斜过大而不能满足设计要求。

偏斜的主要原因：土岛表面松软，使沉井下沉不均，河底土质软硬不匀；挖土不对称；井内发生流沙，沉井突然下沉，刃脚遇到障碍物顶住而未及时发现；井内挖除的土堆压在沉井外一侧，沉井受压偏移或水流将沉井一侧土冲空等。

沉井发生倾斜纠正方法：在沉井高的一侧集中挖土；在低的一侧回填砂石；在沉井高的一侧加重物或用高压射水冲松土层；必要时可在沉井顶面施加水平力扶正。

沉井发生偏移纠正方法:纠正沉井中心位置发生偏移的方法是先使沉井倾斜,然后均匀除土,使沉井底中心线下沉至设计中心线后,再进行纠偏。

2. 沉井下沉困难

下沉困难即下沉过慢或不下沉。如因沉井侧面摩阻力过大造成下沉困难,可以采用增加沉井自重或减小沉井外壁的摩阻力的方法。在不排水下沉时遇到的下沉困难,可进行部分抽水以减小浮力加重沉井。如水下无法清理障碍物,可由潜水员进行水下清理。如因刃脚下土阻力过大造成下沉困难,则应尽量挖除刃脚下的土。

5.4 沉井的设计与计算

沉井是深基础的一种类型,沉井在施工结束后,由于它本身是结构物的基础,所以应按基础的要求进行各项验算;另一方面,在施工过程中,沉井是挡土、挡水的结构物,因而还要对沉井本身进行结构设计和计算。因此,沉井的设计与计算包括沉井基础与沉井结构两方面的设计与计算。

5.4.1 沉井尺寸的确定

1. 沉井高度

沉井高度为沉井顶面和底面两个标高之差。当沉井作为基础时,其顶面要求埋在地面下 0.2m 或在地下水位以上 0.5m。沉井底面标高,主要根据上部荷载,水文地质条件及各土层的承载力确定。

2. 沉井平面形状和尺寸

沉井平面形状应当根据上部建筑物的平面形状确定。为了挖土方便,取土井宽度一般不小于 3m,取土井应沿井中心线对称布置。

沉井顶面尺寸为结构物底部尺寸加襟边宽度,襟边宽度不得小于 0.2m,且不得小于沉井下沉总深度的 1/50。设 A_0、B_0 为上部结构底面长、宽,h_0 为沉井下沉高度,则沉井顶面尺寸为

$$A = A_0 + 2(0.2 \sim 0.04)h_0 \quad 或 \quad A = A_0 + 20\text{cm}$$

$$B = B_0 + 2(0.2 \sim 0.04)h_0 \quad 或 \quad B = B_0 + 20\text{cm}$$

3. 井壁厚度

井壁厚度一般为 0.7～1.5m,隔墙厚为 0.5m 左右。根据施工要求,沉井井壁及内墙应有足够的厚度,当沉井顶面尺寸 A、B 确定后,井壁及内墙尺寸需根据沉井使用和施工要求经过几次验算,才能最终确定。

5.4.2 沉井作为整体深基础的设计与计算

沉井作为整体深基础设计的程序:根据上部结构特点、荷载大小及水文、地质情况,结合沉井的构造要求及施工方法,拟定出沉井的平面尺寸,埋置深度,然后进行沉井基础的计算。

当沉井埋置深度在最大冲刷线以下较浅仅数米时，可以不计基础侧面土的横向抗力影响，按浅基础设计计算规定，分别验算地基强度、沉井基础的稳定性和沉降变形，使它们符合容许值的要求。

当沉井基础埋置较深时，不可忽略沉井周围土体对沉井的约束作用，因此在验算地基应力、变形及沉井的稳定性时，需要考虑基础侧面土体弹性抗力的影响，按刚性基础计算。本书主要介绍后者。

沉井作为深基础时，一般要求下沉到坚实的土层或岩层上。当作为地下构筑物时，荷载较小，地基的承载力和变形一般不会存在问题。

1. 中心荷载作用时的计算

当上部结构传给沉井的荷载为中心荷载时，其作用在沉井上的受力情况如图 5-8 所示。地基的承载力验算，应满足下列条件：

$$F + G \leqslant R_j + R_f \tag{5-1}$$

式中　F—— 沉井顶面处作用的荷载，kN；

G—— 沉井自重，kN；

R_j—— 沉井底部地基土的总反力，kN；

R_f—— 沉井侧面的总摩阻力，kN。

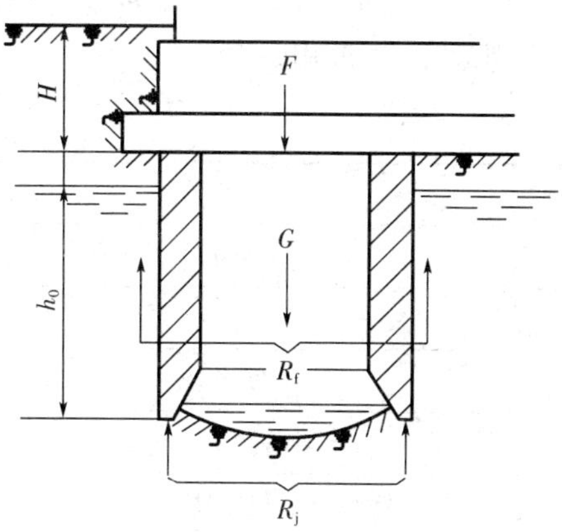

图 5-8　沉井所受力系

又

$$R_j = f_a A \tag{5-2}$$

式中　f_a—— 刃脚标高处土的承载力特征值，kPa；

A—— 支撑面积。

沉井侧面的总摩阻力 R_f 根据井壁与土之间的摩阻力分布假定不同有两种算法：

(1) 假定摩阻力随土深成梯形分布，距地面 5m 范围内按三角形分布，其下为常数，如图 5-9(a) 所示；

(2) 假定摩阻力随深度呈线性增大，在刃脚台阶处达到最大值，之后保持常量，如图 5-9(b) 所示。目前大多数采用第一种算法，据此计算偏于安全。第二种算法比较符合实际。

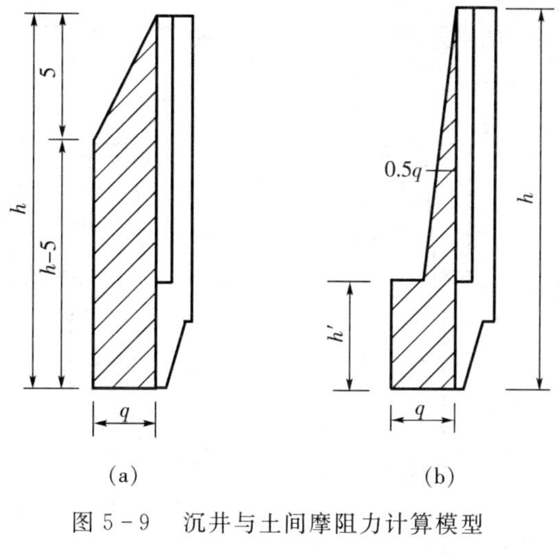

图 5-9　沉井与土间摩阻力计算模型

据图 5 - 9(a)，　　　　$R_f = u(h - 2.5)q$　　　　(5 - 3)

据图 5 - 9(b)，　　　　$R_f = u[h' - (h - h')/2]q$　　　　(5 - 4)

式中　u—— 沉井的周长，m；

h—— 沉井的入土深度，m；

q—— 单位面积摩阻力按土层厚度的加权平均值，kPa，$q = \sum q_i h_i / \sum h_i$；

h'—— 沉井刃脚的高度，m。

沉井井壁的摩阻力，对于重要工程应根据试验结果确定，对一般工程，当无试验资料时，可参考表 5 - 1 取用。

表 5 - 1　沉井井壁的摩阻力确定

土的种类	土与沉井外壁的单位摩阻力 q/kPa
砂卵石	18 ～ 30
砂砾石	15 ～ 20
砂土	12 ～ 25
流塑黏性土、粉土	10 ～ 12
软塑及可塑黏性土、粉土	12 ～ 25
硬塑黏土、粉土	25 ～ 50
泥浆套	3 ～ 5

注：① 泥浆套即灌注在井壁外侧的触变泥浆，是一种助沉材料。

② 本表适用于深度不超过 30m 的沉井。

2. 兼有横向荷载作用下，考虑沉井侧壁土体弹性抗力时的计算

(1) 基础侧面水平土压力和基底边缘处压应力计算

根据地质情况，又可分为非岩石地基和岩石地基两种情况。

① 非岩石地基上沉井基础的计算(包括沉井立于风化岩层内和岩面上)

沉井基础受到水平力 F_H 及偏心竖向力 F_V 作用时，为了讨论方便，可以把这些外力等效为中心荷载和水平力的共同作用，转变后的水平力 F_H 距离基底的作用高度 λ(图 5 - 10) 为

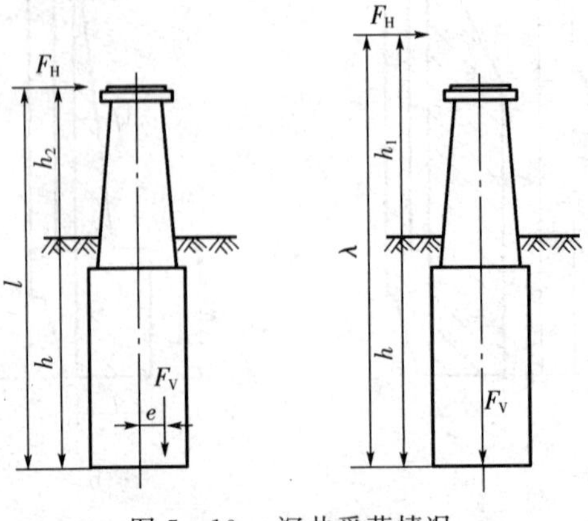

图 5 - 10　沉井受荷情况

$$\lambda=\frac{F_{V}e+F_{H}l}{F_{H}}=\frac{\sum M}{F_{H}} \tag{5-5}$$

先讨论沉井在水平力 F_H 作用下的情况。由于水平力的作用，沉井将围绕位于地面下 z_0 深度处的 A 点转动一 ω 角(图 5-11)，地面下深度 z 处深井基础产生的水平位移 Δx 和土的横向抗力 σ_{zx} 分别为

$$\Delta x=(z_0-z)\tan\omega \tag{5-6}$$

$$\sigma_{zx}=\Delta xC_z=C_z(z_0-z)\tan\omega \tag{5-7}$$

式中　z_0—— 转动中心 A 离地面的距离；

C_z—— 深度 z 处水平向的地基系数，$C_z=mz_0$，kN/m³；

m—— 地基比例系数，kN/m⁴。

将 C_z 值代入得

$$\sigma_{zx}=mz_0(z_0-z)\tan\omega \tag{5-8}$$

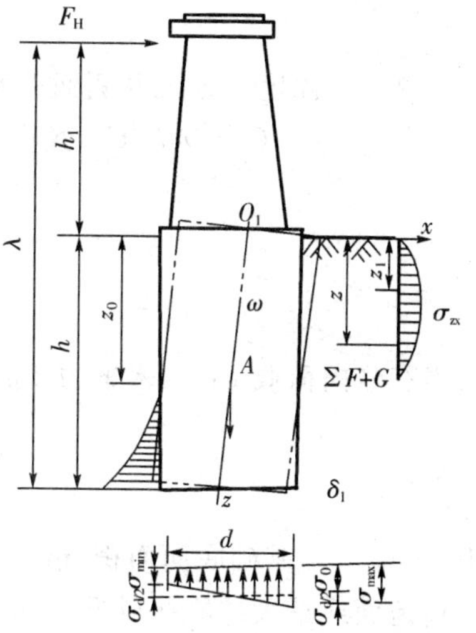

图 5-11　非岩石地基计算

基础底面处的压应力，考虑到该水平面上的竖向地基系数 C_0 不变，其压应力图形与基础竖向位移图相似。故

$$\sigma_{\frac{d}{2}}=C_0\delta_1=C_0\frac{d}{2}\tan\omega \tag{5-9}$$

式中　C_0—— 竖向地基系数(见桩基础)，不得小于 $10m_0$，

d—— 基底宽度或直径。

在上述三个公式中，有两个未知数 z_0 和 ω，为求解其值，可建立如下两个平衡方程式：

$$\sum X=0$$

$$F_H-\int_0^h\sigma_{zx}b_1\mathrm{d}z=F_H-b_1m\tan\omega\int_0^h z_0(z_0-z)\mathrm{d}z \tag{5-10}$$

$$\sum M=0$$

$$F_Hh_1+\int_0^h\sigma_{zx}b_1z\mathrm{d}z-\sigma_{\frac{d}{2}}W=0 \tag{5-11}$$

式中　b_1—— 基础计算宽度，按第四章中“m 法”计算；

W—— 基底的截面模量。

对上两式进行联立求解，可得

$$z_0=\frac{\beta b_1h^2(4\lambda-h)+6dW}{2\beta b_1h(3\lambda-h)} \tag{5-12}$$

$$\tan\omega=\frac{12\beta F_H(2h+3h_1)}{mh(\beta b_1h^3+18Wd)} \tag{5-13}$$

令

$$A=\frac{\beta b_1 h^3+18Wd}{2\beta(3\lambda-h)} \tag{5-14}$$

$$\tan\omega=\frac{6F_H}{Amh} \tag{5-15}$$

式中　β—— 深度 h 处沉井侧面的水平向地基系数与沉井底面的竖向地基系数的比值，$\beta=C_h/C_0=mh/C_0$，其中 m、m_0 见有关规定采用。

$$\sigma_{zx}=\frac{6F_H}{Ah}z(z_0-z) \tag{5-16}$$

$$\sigma_{\frac{d}{2}}=\frac{3F_H d}{A\beta} \tag{5-17}$$

当有竖向荷载 F_V 及水平力 F_H 同时作用时，基底边缘处的压应力为

$$\sigma_{\min}^{\max}=\frac{F_V}{A_0}\pm\frac{3F_H d}{A\beta} \tag{5-18}$$

式中　A_0—— 基础底面面积，m^2。

离地面或最大冲刷线以下 z 深度处基础截面上的弯矩为

$$M_z=F_H(\lambda-h+z)-\int_0^z\sigma_{zx}b_1(z-z_1)dz_1=F_H(\lambda-h+z)-\frac{F_H b_1 z^3}{2hA}(2A_0-z) \tag{5-19}$$

② 基底嵌入基岩内的计算方法

若基底嵌入基岩内，在水平力和竖直偏心荷载作用下，可以认为基底不产生水平位移，则基础的旋转中心 A 与基底中心相吻合，即 $z_0=h$，为一已知值(图 5-12)。这样，在基底嵌入处便存在一水平阻力 P。由于 P 力对基底中心轴的力臂很小，一般可忽略 P 对 A 点的力矩。当基础有水平力 F_H 作用时，地面下 z 深度处产生的水平位移 Δx 和土的横向抗力 σ_{zx} 分别为

$$\Delta x=(h-z)\tan\omega \tag{5-20}$$

$$\sigma_{zx}=Mz\Delta x=Mz(h-z)\tan\omega \tag{5-21}$$

基底边缘处的竖向应力为

$$\sigma_{\frac{d}{2}}=C_0\times\frac{d}{2}\times\tan\omega=\frac{mhd}{2\beta}\tan\omega \tag{5-22}$$

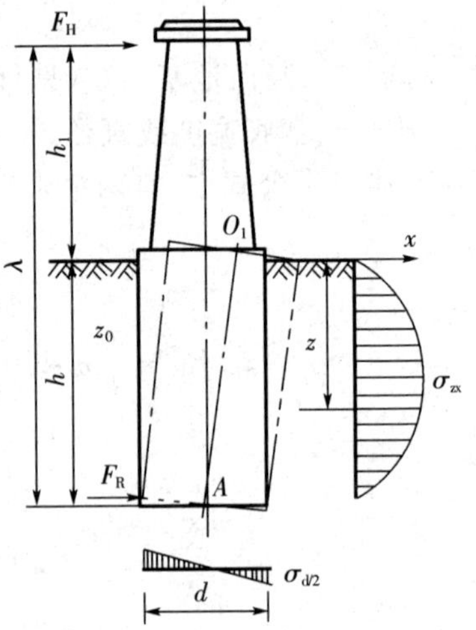

图 5-12　基底嵌入基岩内计算

上述公式中只有一个未知数 ω，故只需建立一个弯矩平衡方程便可解出 ω 值。

$\sum M_A=0$，得

$$F_H(h+h_1)-\int_0^h\sigma_{zx}b_1(h-z)dz-\sigma_{\frac{d}{2}}W=0 \tag{5-23}$$

解上式得

$$\tan\omega = \frac{F_H}{mhd} \tag{5-24}$$

式中　D—— 换算系数，$D=\dfrac{b_1\beta h^3+6Wd}{12\lambda\beta}$。

将 $\tan\omega$ 代入得

$$\sigma_{zx} = \frac{6F_H}{Ah}z(z_0-z) \tag{5-25}$$

$$\sigma_{\frac{d}{2}} = \frac{F_H d}{2\beta D} \tag{5-26}$$

基底边缘处的应力为

$$\sigma_{\min}^{\max} = \frac{F_V}{A_0} \pm \frac{F_H d}{2\beta D} \tag{5-27}$$

根据 $\sum X=0$，可以求出嵌入处未知的水平阻力 P

$$P = \int_0^h \sigma_{zx} b_1 \mathrm{d}z - F_H = F_H\left(\frac{b_1 h^2}{6D}-1\right) \tag{5-28}$$

离地面或最大冲刷线以下 z 深度处基础截面上的弯矩为

$$M_z = F_H(\lambda-h+z) - \frac{F_H b_1 z}{12Dh}(2h-z) \tag{5-29}$$

(2) 验算

① 基底应力验算

$$\sigma_{\max} \leqslant f_h \tag{5-30}$$

② 横向抗力验算

$$\sigma_{zx} \leqslant P_p - P_a \tag{5-31}$$

朗肯土压力理论可知

$$P_p = \gamma z\tan^2\left(45^\circ+\frac{\varphi}{2}\right) + 2c\tan\left(45^\circ+\frac{\varphi}{2}\right) \tag{5-32}$$

$$P_a = \gamma z\tan^2\left(45^\circ-\frac{\varphi}{2}\right) - 2c\tan\left(45^\circ-\frac{\varphi}{2}\right) \tag{5-33}$$

代入得

$$\sigma_{zx} \leqslant \frac{4}{\cos\varphi}(\gamma z\tan\varphi + c) \tag{5-34}$$

式中　γ—— 土的容重；

　　　φ—— 土的内摩擦角；

c—— 土的黏聚力。

考虑到桥梁结构性质和荷载情况，并根据试验可知最大的横向抗力大致在 $z=\frac{h}{3}$ 和 $z=h$ 处出现，将考虑的这些值代入便有下列不等式

$$\sigma_{\frac{h}{3}x} \leqslant \eta_1 \eta_2 \frac{4}{\cos\varphi}\left(\frac{\gamma h}{3}\tan\varphi + c\right) \tag{5-35}$$

$$\sigma_{hx} \leqslant \eta_1 \eta_2 \frac{4}{\cos\varphi}(\gamma h \tan\varphi + c) \tag{5-36}$$

式中 $\sigma_{\frac{h}{3}x}$—— 相应于 $z=\frac{h}{3}$ 深度处的土横向抗力；

σ_{hx}—— 相应于 $z=h$ 深度处的土横向抗力，h 基础的埋置深度；

η_1—— 取决于上部结构形式的系数，一般取 $\eta_1=1$，对于拱桥 $\eta_1=0.7$；

η_2—— 考虑恒载对基础重心所产生的弯矩 M_g 在全部荷载产生的总弯矩 M 中所占百分比的系数，即 $\eta_2=1-0.8\frac{M_g}{M}$。

③ 墩台顶面的水平位移验算

基础在水平力和力矩作用下，墩台顶面会产生水平位移 δ，它由地面处的水平位移 $z_0\tan\omega$、地面到墩台顶 h_2 范围内的水平位移 $h_2\tan\omega$ 和 h_2 范围内墩台身弹性挠曲变形引起的墩台顶水平位移 δ_0 三部分组成。

$$\delta=(z_0+h_2)\tan\omega+\delta_0 \tag{5-37}$$

由于基础的实际刚度并非无穷大，上式计算结果偏小。

对支承在岩石地基上的墩台顶面水平位移为

$$\delta=(h+h_2)\tan\omega+\delta_0 \tag{5-38}$$

5.4.3 沉井施工过程中的结构强度计算

从底节沉井拆除垫木，直至上部结构修筑完成开始使用，以及营运过程中沉井均受到不同外力的作用。因此，沉井的结构强度必须满足各阶段最不利受力情况的要求。

1. 沉井自重的验算

为了使沉井能在自重作用下顺利下沉，沉井重力(不排水下沉者应扣除浮力) 应大于土对井壁的摩阻力，将两者之比称为下沉系数，要求

$$K=\frac{G}{R_f}\geqslant 1.15\sim 1.25 \tag{5-39}$$

式中 K—— 下沉系数，应根据土类别及施工条件取大于 1 的数值；

G—— 沉井自重，kN；

R_f—— 土对井壁的总摩阻力，按式(5-3) 计算，以确保安全。

当不能满足上式要求时，可选择下列措施直至满足要求：加大井壁厚度或调整取土井尺寸；如为不排水下沉者，则下沉到一定深度后可采用排水下沉；增加附加荷载或射水助沉；采

用泥浆润滑套或空气幕法等措施。

2. 第一节井壁在自重作用下竖向强度验算

第一节沉井制作达到下沉强度后，拆除刃脚垫架，抽掉垫木准备下沉时，或在下沉过程中，沉井刃脚下由于不同的支承可能使井壁产生较大的应力。因此，需要根据不同的支承情况，进行井壁的强度验算，以防出现裂缝或裂断。

验算时，取沉井的最不利状态。所谓最不利状态即将沉井当做支承于四个固定垫木上的梁，支承点尽可能控制在有利位置，以使支点和跨中由外荷载所产生的弯矩相等。

(1) 矩形沉井

采取四点支承(图 5 - 13a)，由力学知识可得图示计算简图公式如下：

$$M_{支} = -\frac{ql^2}{2} - q\left(\frac{b}{2} - d\right)\left(l_2 - \frac{d}{2}\right) \tag{5-40}$$

$$M_{中} = -\frac{1}{8}ql^2 - M_{支} \tag{5-41}$$

$$V_1 = ql_2 + q\left(\frac{b}{2} - d\right) \tag{5-42}$$

$$V_2 = \frac{1}{2}ql_1 \tag{5-43}$$

式中　$M_{支}$、$M_{中}$ —— 支座弯矩、跨中弯矩，kN·m；

V_1、V_2 —— 支座外侧和内侧的剪力，kN；

q —— 井墙单位长度重力，kN/m；

l、b —— 沉井长、短边长度，m；

l_1 —— 长边两支座间的距离，m，一般取$(0.7 \sim 0.8)l$；

l_2 —— 长边支座外侧的悬臂长度，一般取$(0.1 \sim 0.15)l$；

d —— 井墙的厚度，m。

当为方形沉井时，可考虑在两方向都设支承点。当长短边之比大于 1.5，承垫木的间距可取为 $0.7l_1$。

(2) 圆形沉井

当沉井直径较小时，多采用相互垂直直径的 4 点支承验算(图 5 - 13b)。如沉井直径较大，可用 6 至 12 个支点对称支承。

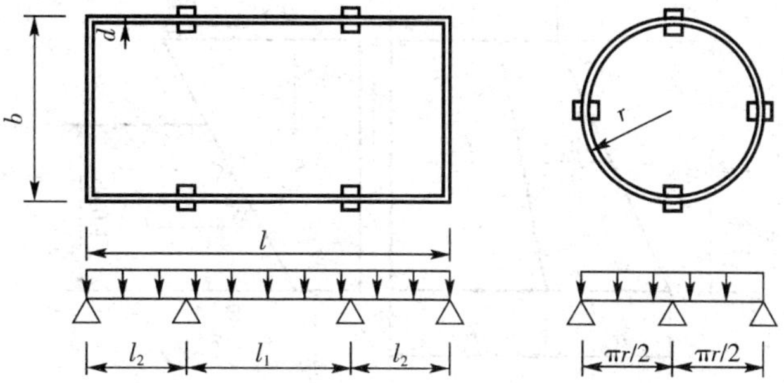

(a)　　(b)

图 5 - 13　沉井竖向强度计算简图

(3) 采用不排水下沉时，由于采用机械挖土，均匀性不易控制，刃脚支点很难控制，有可能使沉井支承于四个角点上，沉井受力如同两端支承的简支梁。也可能因遇到弧石与障碍物，支承于沉井中。圆形沉井可能出现支承于直径上的两个支点。上述支承情况都是不利的，施工时应尽量避免。否则，应按相应情况分别对井壁进行验算。

3. 刃脚计算

沉井刃脚可看做是三面固定、一面自由的双向板。为简化计算，一方面可将刃脚看做是固定在刃脚根部处的悬臂梁，梁长等于井壁刃脚斜面部分的高度；另一方面，又可将刃脚看做是一个封闭的水平框架。因此，作用在刃脚侧面上的水平外力将由悬臂梁和框架共同承担。也就是，一部分水平外力传至刃脚根部(悬臂作用)，余下部分由框架承担(框架作用)。分配系数按如下公式计算：

刃脚悬臂作用的分配系数为

$$C_b = \frac{0.1 l_1^4}{h_k^4 + 0.05 l_1^4} \leqslant 1.0 \tag{5-44}$$

刃脚框架作用的分配系数为

$$C_r = \frac{h_k^4}{h_k^4 + 0.05 l_2^4} \leqslant 1.0 \tag{5-45}$$

式中　l_1—— 支承于隔墙间的井壁最大计算跨度；

l_2—— 支承于隔墙间的井壁最小计算跨度；

h_k—— 刃脚斜面部分的高度。

(1) 刃脚竖向受力分析

刃脚竖向受力情况一般截取井壁周边单位宽度的截条来分析，把刃脚视为固定在井壁上的悬臂梁，梁的跨度即为刃脚高度，按刃脚向内挠曲和向外挠曲两种最不利情况考虑。

① 刃脚向外挠曲的内力计算

设计时，假定沉井下沉的最不利位置是在沉井下沉到全部深度的一半，同时已浇筑全部上部井壁，或当采用分节浇筑一次下沉的沉井开始下沉时，假定刃脚入土约为1.0m。此时，刃脚斜面上土向外横推力U产生最大的向外挠曲的弯矩，按此不利情况确定刃脚内侧竖向钢筋。刃脚的受力如图5-14所示。

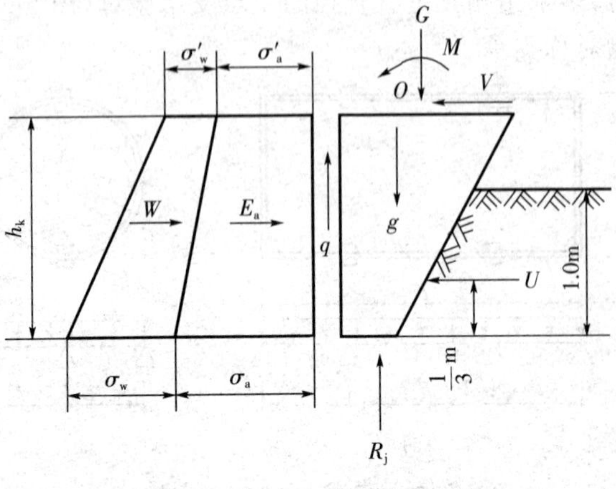

图5-14　刃脚向外挠曲受力情况

● 作用在刃脚外侧单位宽度上的土压力及水压力。

总土压力为

$$E_a = \frac{1}{2}(\sigma_a + \sigma'_a)h_k \tag{5-46}$$

式中　σ_a—— 作用在刃脚根部处的土压力及水压力强度之和；

σ'_a—— 刃脚底面处的土压力及水压力强度之和；

h_k—— 刃脚高度。

E_a 的作用点到刃脚底面的距离为

$$h_E = \frac{\sigma_a + 2\sigma'_a h_k}{\sigma_a + \sigma'_a 3} \tag{5-47}$$

水压力按式(5－48) 计算

$$\sigma_w = \psi\gamma_w z_w \tag{5-48}$$

式中　γ_w—— 水的容重；

z_w—— 计算位置至水面的距离；

ψ—— 水压力折减系数。

排水下沉:透水性大的砂土　　$\psi = 1.0$

黏性土　　$\psi = 0.7$

不排水下沉:$\psi = 1.0$

总水压力为

$$W = \frac{1}{2}(\sigma_w + \sigma'_w)h_k \tag{5-49}$$

W 的作用点到刃脚底面的距离为

$$h_w = \frac{\sigma_w + 2\sigma'_w h_k}{\sigma_w + \sigma'_w 3} \tag{5-50}$$

在计算刃脚向外挠曲时,作用在刃脚外侧的计算土压力和水压力之和,应不小于静水压力的 70%,否则,应取静水压力的 70%。

水压力 W_i 的计算为 $W_i = \gamma_w h_{wi}$,其中 γ_w 为水的容重,h_{wi} 为计算位置至水面的距离。

● 作用在刃脚外侧单位宽度上的摩阻力 T_1 可按下列式(5－51)、式(5－52) 计算,并取其较小者。

$$T_1 = \tau h_k \tag{5-51}$$

或

$$T_1 = 0.5E_a \tag{5-52}$$

式中　τ—— 土与井壁间单位面积上的摩阻力；

E_a—— 刃脚外侧总的主动土压力。

● 刃脚下抵抗力的计算。

刃脚下竖向反力 R_j(取单位宽度,图 5－15)

$$R_j = G - T \tag{5-53}$$

式中　G—— 沿井壁周长单位宽度上沉井的自重，在水下部分应考虑水的浮力；

T—— 沉井入土部分单位宽度上的摩阻力。

$$R_j = F_{V_1} + F_{V_2} \tag{5-54}$$

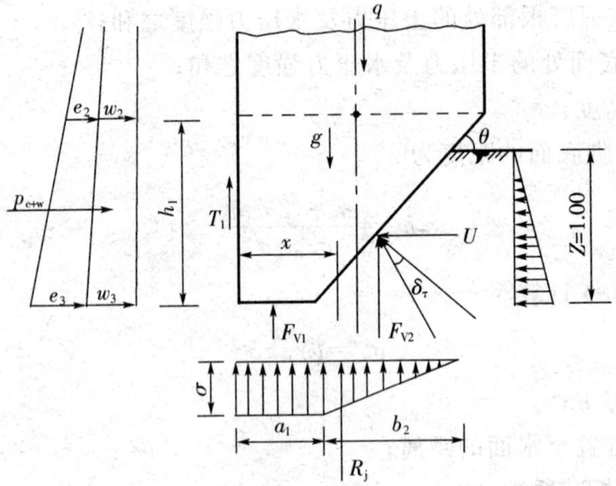

图 5-15　R_j 作用点计算

R_j 的作用点距井壁外侧的距离为：

$$x = \frac{1}{R_j}\left[F_{V_1}\frac{a}{2} + F_{V_2}\left(a + \frac{b}{3}\right)\right] \tag{5-55}$$

式中　b_2—— 刃脚内侧入土斜面在水平面上的投影长度。

根据力的平衡条件，可知

$$F_{V_1} = a\sigma = a\frac{R_j}{a + \frac{b}{2}} = \frac{2a}{2a+b}R_j \tag{5-56}$$

$$F_{V_2} = \frac{b}{2a+b}R_j \tag{5-57}$$

$$U = F_{V_2}\tan(\theta - \delta_2) \tag{5-58}$$

式中　δ_2—— 土与刃脚斜面间的外摩擦角，一般定为 30°。

刃脚斜面上水平反力 U 作用点离刃脚底面 $\frac{1}{3}$m。

● 刃脚(单位宽度) 自重 g 为

$$g = \frac{\lambda + a}{2}h_k\gamma_k \tag{5-59}$$

式中　λ—— 井壁厚度；

γ_k—— 钢筋混凝土刃脚的容重，不排水施工时应扣除浮力。

刃脚自重量 g 的作用点至刃脚根部中心轴的距离为

$$x_1 = \frac{\lambda^2 + a\lambda - 2a^2}{6(\lambda + a)} \tag{5-60}$$

求出以上各力的数值、方向及作用点后，再算出各力对刃脚根部中心轴的弯矩总和值 M_o，竖向力 N_o 及剪力 V，其算式为

$$M_o = M_R + M_H + M_{e+w} + M_T + M_g \tag{5-61}$$

$$N_o = R_j + T_1 + g \tag{5-62}$$

$$V = p_{e+w} + H \tag{5-63}$$

式中　M_R—— 反力 R_j 对刃脚根部中心轴的弯矩；

M_H—— 横向力 F_H 对刃脚根部中心轴的弯矩；

M_{e+w}—— 土压力及水压力之和 p_{e+w} 对刃脚根部中心轴的弯矩，$p_{e+w} = E_a + W$；

M_T—— 刃脚底部的外侧摩阻力 T_1 对刃脚根部中心轴的弯矩；

M_g—— 刃脚自重 g 对刃脚根部中心轴的弯矩。

上面各式中作用在刃脚部分的各水平力均应按规定考虑分配系数 C_b。各式数值的正负号视具体情况而定。

根据 M_o、N_o 及 V 值就可验算刃脚根部应力并计算出刃脚内侧所需的竖向钢筋用量，一般刃脚钢筋截面积不宜少于刃脚根部截面积的 0.1%。刃脚的竖直钢筋应伸入根部以上 $0.5L_1$（L_1 为支承于隔墙间的井壁最大计算跨度）。

② 刃脚向内挠曲的内力计算

计算刃脚向内挠曲的最不利情况是沉井已下沉至设计标高，刃脚下的土已挖空而尚未浇筑封底混凝土，这时，将刃脚作为根部固定在井壁的悬臂梁，计算最大的向内弯矩。计算步骤和向外挠曲的情况类似，此处从略。

(2) 刃脚水平钢筋计算

刃脚水平向受力的最不利情况是沉井已下沉至设计标高，刃脚下的土已挖空，尚未浇筑封底混凝土的时候。由于刃脚有悬臂作用及水平闭合框架的作用，故当刃脚作为悬臂考虑时，刃脚所受水平力乘以 C_b，而作用于框架的水平力应乘以分配系数式 C_r 后，其值作为水平框架上的外力，由此求出框架的控制截面上的弯矩及轴向力值，即可计算框架所需的水平钢筋用量。根据常用沉井水平框架的平面形式，可按一般结构力学方法求解。

4. 沉井井壁计算

(1) 井壁竖向拉应力计算（井壁竖直钢筋计算）

沉井在下沉过程中，刃脚下的土已被挖空，但沉井上部被摩擦力较大的土体夹住（一般在下部土层比上部土层软的情况下出现），这时下部沉井呈悬挂状态，井壁有在自重作用下被拉断的可能，处于最不利的受拉情况，因而应验算井壁的竖向拉应力（图 5-16）。拉应力的大小与井壁摩阻力分布图有关，在判断可能夹住沉井的土层不明显时，可近似假定沿沉井高度成倒三角形分布。在地面处摩阻力最大，而刃脚底面处为零。

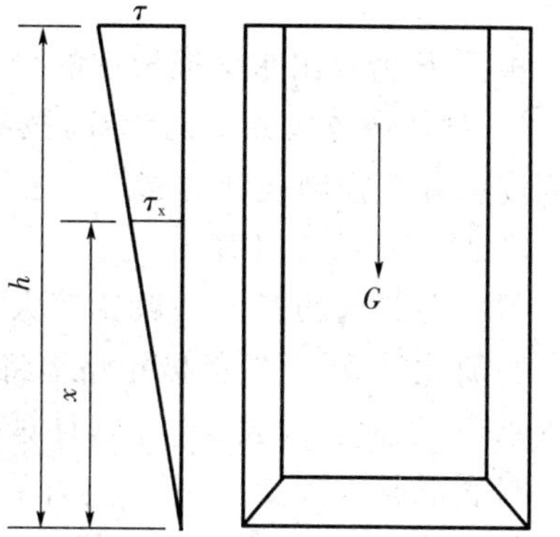

图 5-16　井壁摩阻力计算

对等截面井壁，设沉井自重为 G，h 为沉井的入土深度，u 为井壁的周长，q_m 为地面处井壁上的摩阻力，q_x 为距刃脚底 x 处的摩阻力。

由于

$$G=\frac{1}{2}q_m hu$$

得

$$q_m=\frac{2G}{hu} \tag{5-64}$$

$$q_x=\frac{q_m}{h}u=\frac{2Gx}{h^2u} \tag{5-65}$$

离刃脚底 x 处井壁的拉力为 S_x，其值为

$$S_x=\frac{Gx}{h}-\frac{q_x}{2}xu=\frac{Gx}{h}-\frac{Gx^2}{h^2} \tag{5-66}$$

令 $\frac{dS_x}{dx}=0$，即 $\frac{dS_x}{dx}=\frac{G}{h}-\frac{2Gx}{h^2}=0$ 得 $x=\frac{1}{2}h$

$$S_{max}=\frac{G}{h}\times\frac{h}{2}-\frac{G}{h^2}\times\left(\frac{h}{2}\right)^2=\frac{1}{4}G \tag{5-67}$$

对非等截面井壁可参考相关文献，此处从略。

(2) 井壁横向受力计算(井壁水平钢筋计算)

由于作用在井壁上的水平外力包括土压力和水压力，二者都是沿着深度变化的，因此井壁水平内力计算应该沿着沉井的高度分段计算。计算时，取沉井下沉到设计标高、且刃脚下的土也已被挖空而尚未封底时的最不利位置，计算方法和计算刃脚竖向内力时相同。

① 刃脚根部以上高度等于井壁厚度的一段井壁的计算。经分析，该段井壁除承受本身所受的水、土压力外，还承受由刃脚传来的水平剪力 V(悬臂作用的荷载)，该值等于作用于刃脚悬臂梁上的水平外力乘以分配系数 C_b。

作用在该段井壁上的均布荷载为：

$$P=E+W+V \tag{5-68}$$

根据 P 值求出水平框架中的最大弯矩、剪力、轴力值，然后计算水平钢筋。

② 对其余各段井壁的计算，按断面变化将井壁分成若干段，取位于每一段最下端的单位高度为井壁控制设计的高度。按计算水平框架的方法，求解内力，计算水平配筋。

5. 封底混凝土计算

封底混凝土的厚度一般比较大，在基底反力作用下，混凝土厚板中的应力分布比较复杂。为简化计算，一般都极粗略地将其视为支承于刃脚斜面及隔墙上的周边支承板，板的各边支承情况(简支或固支)及其计算跨度在设计中视具体情况而定。

封底混凝土按受剪计算，即计算封底混凝土承受基底反力后是否有沿井孔范围内周边剪断的可能性，若剪应力超过其抗剪强度则应加大封底混凝土的抗剪面积。

在施工中抽水时，如混凝土的龄期不足，应考虑混凝土的强度折减。这是因为，此时封

底混凝土承受基底水和土的向上反力，受力状态不利。

当沉井井孔用混凝土填实时，封底混凝土应能承受基础设计的最大基底反力，并可计入孔内其他填充物作用在封底混凝土上的重量。

6. 沉井抗浮验算

沉井封底后，整个沉井基础受到地下水（或河水）的浮力的作用，应进行抗浮验算，用抗浮安全系数 k 来度量。沉井外未回填土，不计井壁与侧面土反摩阻力的作用时，抗浮安全系数不小于 1.05。沉井外回填土，考虑井壁与侧面土反摩阻力的作用时，抗浮安全系数不小于 1.25。

为满足抗浮要求，可采取加厚井壁或底板厚度等措施，但应综合考虑经济性、便于施工等方面。此外，还可采用井底或井侧壁设锚杆、井底设桩等措施。

5.5　沉井基础算例

某公路独塔斜拉桥墩基础，下部结构为重力式墩及圆端形沉井基础。基础平面、剖面及土质情况如图 5－18 所示。试设计该沉井基础。

5.5.1　设计资料

土质及水位情况如图 5－17 所示。最低水位标高为 89.00m，河床标高 87.8m，最大冲刷线标高 83.97m。

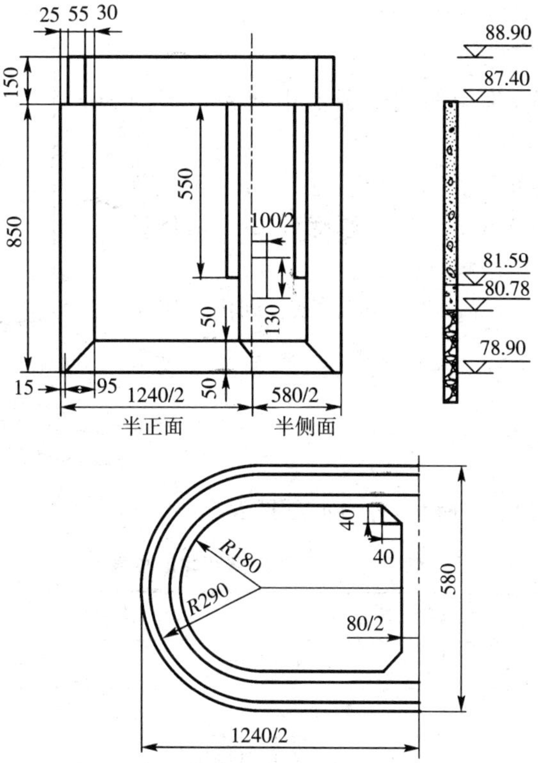

图 5－17　沉井半正面、半侧面、半平面图及地质剖面

1. 混凝土

沉井混凝土等级为 C20,封底采用 C20,盖板采用 C20。

混凝土的设计强度如下:

轴心抗压强度(R_a)11.0MPa

抗拉强度(R_e)1.3MPa

直接抗剪强度(R_j)0.95MPa

2. 钢筋

HRB335 级钢筋。R_g =240MPa。

5.5.2　沉井尺寸的确定

1. 沉井高度 H

依水文计算,最大冲刷深度 $h_m=87.80-83.97=3.83$m。

由规范知,大、中桥基础埋深应不小于 2.0m。

故 $H=(88.90-87.80)+3.63+2.00=6.93$m,此时沉井底较接近于细砂砾石夹淤泥层。

依土质条件,井底宜进入密实的砂卵石层,则高度 $H=88.9-78.78=10.12$m。

依地基承载力,沉井底面宜进入密实的砂卵石层。

因此,取沉井高度 $H=10.0$m,井顶标高 88.9m,井底标高 78.9m。因潮水位较高,所以底节(第一节)沉井高度不宜太小,取 8.5m;第二节高 1.5m,第一节井顶标高 87.4m。

2. 沉井平面尺寸

考虑到桥墩的形式,采用两端半圆形中间为矩形的沉井。

圆端外半径 2.9m,矩形长边 6.6m,宽 6.0m。第一节井壁厚 1.1m,第二节厚 0.55m。隔墙厚度 0.8m。具体尺寸见图 5-18。

刃脚踏面宽度 $a=0.15$m,高 $h_k=1.0$m。则内侧倾角

$$\tan\theta=\frac{1.0}{1.0-0.15}=1.053,\theta=46°28'>45°$$,满足要求。

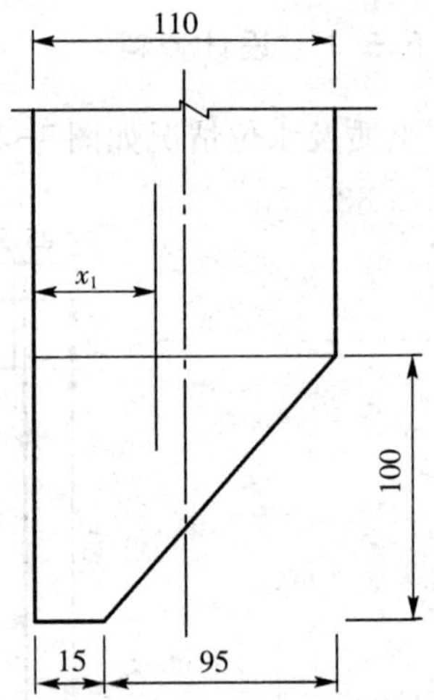

图 5-18　刃脚尺寸图

5.5.3　荷载计算

沉井自重计算如表 5-2 所示,各力汇总见表 5-3。

表 5-2　沉井自重计算汇总表

沉井部位	重度(kN/m³)	体积(m³)	重力(kN)
刃脚	25.00	18.18	454.50
底节沉井井壁	24.50	230.72	5652.64
底节沉井隔墙	24.50	24.22	593.39

（续表）

沉井部位	重度(kN/m³)	体积(m³)	重力(kN)
第二节沉井井壁	24.50	23.20	568.40
钢筋混凝土盖板	24.50	62.36	1527.82
井孔填砂卵石	20.00	150.62	3012.40
封底混凝土	24.00	126.26	3030.24
沉井总重			14839.39

注:刃脚形心至井壁外侧的距离为 0.372m。

表 5-3　各力汇总表

力的名称	力值(kN)	对沉井底面形心轴的力臂(m)	弯矩(kN·m)
两孔上部结构横载及墩身一孔活载(竖向力)	$P_1=25691.00$		
	$P_g=650.00$	1.15	747.50
由制动力产生的竖向力	$P_T=32.40$	1.15	37.26
沉井总重	$G=14839.39$		
沉井浮力	$G=-6355.23$		
合计	$\sum P=34857.62$		$\sum M=784.76$
一孔活载(水平力)	$H_g=815.10$	18.806	−15328.77
制动力	$H_T=75.00$	18.806	−1410.45
合计	$\sum H=890.10$		$\sum M=-16739.22$

注:① 上表仅列出了单孔荷载作用情况,双孔荷载时 $\sum M=-15954.46\text{kN}\cdot\text{m}$。

② 低水位时沉井浮力 6355.2kN。

5.5.4　沉井作为整体深基础的计算

1. 基底应力验算

沉井井底埋深　$h=83.97-78.9=5.07\text{m}$,井宽　$d=5.8\text{m}$。

井底面积　$A=\pi\times 2.9^2+6.6\times 5.8=64.7\text{m}^2$。

井底截面模量　$W=\dfrac{\pi d^3}{32}+\dfrac{d^2 b}{6}=\dfrac{\pi\times 5.8^3}{32}+\dfrac{5.8^2\times 6.6}{6}=56.12\text{m}^3$。

竖向荷载 $F_V=\sum P=34857.62\text{kN}$,水平荷载 $F_H=\sum H=890.10\text{kN}$,弯矩 $\sum M=15954.46\text{kN}\cdot\text{m}$。

由于 $h<10\text{m}$,所以 $C_0=10m_0$,$\beta=\dfrac{C_h}{C_0}=\dfrac{mh}{10m_0}\approx 0.5$。

$$b_1=(1-0.1\frac{a}{b})(1+b)=(1-0.1\times\frac{5.8}{12.4})(1+12.4)=12.77$$

由式(5-5)得 $\lambda=\dfrac{M}{F_H}=\dfrac{15954.46}{890.10}=17.92\text{m}$

由式(5-14)得

$$A=\frac{\beta b_1h^3+18Wd}{2\beta(3\lambda-h)}=\frac{12.77\times0.5\times5.07^3+18\times56.12\times5.8}{2\times0.5\times(3\times17.92-5.07)}=137.42\text{m}^2$$

由式(5-18)得基底边缘处的压应力为

$$\sigma_{\min}^{\max}=\frac{F_V}{A_0}\pm\frac{3F_Hd}{A\beta}=\frac{34857.62}{64.70}\pm\frac{3\times890.10\times5.8}{137.42\times0.5}=\frac{764.71}{313.35}\text{kPa}<932\text{kPa}$$

满足要求。

2. 基础侧向水平压应力验算

由式(5-12)得井身转动中心离地面的距离

$$z_0=\frac{0.5\times12.77\times5.07^2\times(4\times17.92-5.07)+6\times5.8\times56.12}{2\times0.5\times12.77\times5.07\times(3\times17.92-5.07)}$$

$$=4.09\text{m}$$

由式(5-25)得基础侧向水平压应力为

$$\sigma_{\frac{h}{3}x}=\frac{6\times890.10}{137.42\times5.07}\times\frac{5.07}{3}\times\left(4.09-\frac{5.07}{3}\right)=31.09\text{kPa}$$

$$\sigma_{hx}=\frac{6\times890.10}{137.42\times5.07}\times5.07\times(4.09-5.07)=-38.17\text{kPa}$$

由土质情况可知：$\varphi=40°, c=0, \gamma'=22.0-10.0=12.0\ \text{kN/m}^3$。

系数 $\eta_1=0.7, \eta_2=1.0$。

所以，由式(5-35)得 $z=\dfrac{h}{3}$ 时，

$$\eta_1\eta_2\frac{4}{\cos\varphi}(\frac{\gamma h}{3}\tan\varphi+c)$$

$$=0.7\times1.0\times\frac{4}{\cos40°}\times\frac{12.0\times5.07}{3}\tan40°=62.20\text{kPa}>31.09\text{kPa}$$

由式(5-36)得 $z=h$ 时，

$$\eta_1\eta_2\frac{4}{\cos\varphi}(\gamma h\tan\varphi+c)$$

$$=0.7\times1.0\times\frac{4}{\cos40°}\times12.0\times5.07\times\tan40°=186.60\text{kPa}>38.17\text{kPa}$$

均满足要求，计算时考虑侧面土的弹性抗力。

5.5.5　沉井在施工过程中的强度验算

1. 沉井自重下沉验算

沉井自重 G＝刃脚重＋底节沉井重＋底节隔墙重＋顶节沉井重

$$=454.40+5652.64+593.39+568.40=7268.93\text{kN}$$

沉井浮力 $G'=(18.18+230.72+24.22+23.22)\times 10.0=2963.4\text{kN}$

土与井壁间单位摩阻力

$$q=\frac{\sum q_i h_i}{\sum h_i}=\frac{20.0\times 1.9+12.0\times 0.8+18.0\times 6.0}{8.7}=17.89\text{kN/m}^2$$

由式(5-3)得总摩阻力为

$$R_f=u(h-2.5)q=[(\pi\times 5.3+2\times 6.6)\times 0.2+(\pi\times 5.8+2\times 6.6)\times 8.5]\times 17.89-[(\pi\times 5.3+2\times 6.6)\times 0.2+(\pi\times 5.8+2\times 6.6)\times(2.5-0.2)]\times 17.89=3484\text{kN}$$

由式(5-39)得　$$K=\frac{G-G'}{R_f}=\frac{7268.93-2963.40}{3484}=1.24$$

沉井能在自重作用下顺利下沉。

2. 刃脚受力计算

(1) 刃脚向外挠曲

分析可知，刃脚向外挠曲的最不利位置为刃脚下沉到标高 87.6－8.7＋4.35＝83.25m 处，刃脚切入土中 1m，第二节沉井已经接上(图 5-19)。

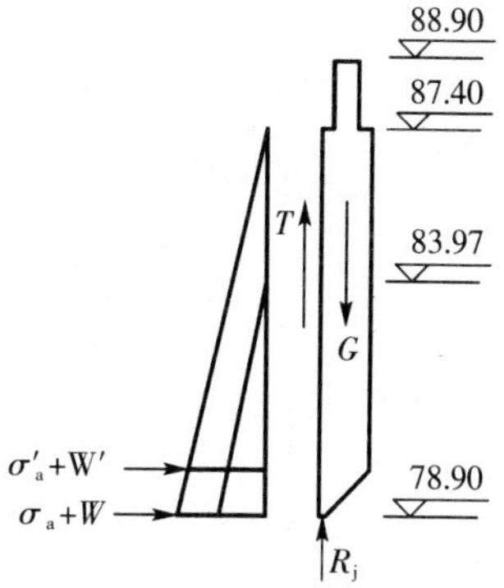

图 5-19　刃脚向外挠曲计算简图

由式(5-44)得刃脚悬臂作用分配系数

$$C_b=\frac{0.1l_1^4}{h_k^4+0.05l_1^4}=\frac{0.1\times 4.7^4}{1.0+0.05\times 4.7^4}$$

$$=1.92>1.0，取\ C_b=1.0$$

刃脚侧土为砂卵石层，$\tau=18.0\text{kPa}$，$\varphi=40°$，可得

① 作用于刃脚的力(按低水位取单位宽度计算)

$$\sigma'_w=(89.0-84.25)\times 10=47.50\text{kN/m}$$

$$\sigma'_w=(89.0-83.25)\times 10=57.50\text{kN/m}$$

$$\sigma'_a=12.0\times(87.6-84.25)\times\tan^2(45°-40°/2)=8.70\text{kN/m}$$

$$\sigma'_a=12.0\times(87.6-83.25)\times\tan^2(45°-40°/2)=11.30\text{kN/m}$$

若从安全角度考虑，刃脚外侧水压力取 50%，得

$$\sigma'_{a}+\sigma'_{w}=(8.70+47.50\times\frac{1}{2})=32.45\text{kN/m}$$

$$\sigma_{a}+\sigma_{w}=(11.30+57.50\times\frac{1}{2})=40.05\text{kN/m}$$

$$E_{a}+w=\frac{1}{2}(\sigma_{a}+\sigma'_{a}+\sigma_{a}+\sigma_{w})h_{k}=\frac{1}{2}(32.45+40.05)\times1.0=36.25\text{kN}$$

若以静水压力的 70% 计算，得

$$0.7\gamma_{w}hh_{k}=0.7\times10.00\times5,25\times1=36.75\text{kN}>E_{a}+w$$

故取 $E_{a}+w=36.25\text{kN}$

刃脚摩阻力　　$T_{1}=0.5E=0.5\times(8.7+11.3)/2\times1=5.00\text{kN}$

$$T_{1}=\tau h_{k}=18.00\text{kN}$$

刃脚摩阻力取上两式所得较小值 5.00kN。

单位宽度沉井自重(不计沉井浮力及隔墙自重)

$$G_{1}=\left(\frac{0.15+1.10}{2}\times1.0\times1.0\times25.0+7.5\times1.1\times1.0\times24.50+0.825\times24.50\right)$$

$$=237.96\text{kN}$$

刃脚踏面竖向力为

$$R_{j}=\left(237.96-11.30\times\frac{1}{2}\times4.35\times0.5\right)=225.67\text{kN}$$

刃脚斜面横向力

$$U=V_{2}\tan(\theta-\delta_{2})=\frac{b}{2a+b}R_{j}\times\tan(\theta-\delta_{2})$$

$$=\frac{225.67\times0.95}{2\times0.15+10.95}\tan(46°28'-40°)=19.38\text{kN}$$

由式(5-60)得井壁自重的作用点至刃脚根部中心轴距离为

$$x_{1}=\frac{\lambda^{2}+a\lambda-2a^{2}}{6(\lambda+a)}=\frac{1.1^{2}+0.15\times1.1-2\times0.15^{2}}{6(1.1+0.15)}=0.178\text{m}$$

由式(5-56)得刃脚踏面下反力的合力

$$V_{1}=\frac{2a}{2a+b}R_{j}=\frac{2\times0.15}{2\times0.15+0,95}\times R_{j}=0.24R_{j}$$

由式(5-57)得刃脚斜面上反力的合力为

$$V_{2}=\frac{b}{2a+b}R_{j}=\frac{0.95}{2\times0.15+0.95}R_{j}=0.76R_{j}$$

由式(5－55)得 R_V 的作用点距离井壁外侧为

$$x=\frac{1}{R_j}\left[V_1\ \frac{a}{2}+V_2\left(a+\frac{b}{3}\right)\right]=\frac{1}{R_j}\left[0.24R_j\times\frac{0.15}{2}+0.76R_j\times\left(0.15+\frac{0.95}{3}\right)\right]$$

$$=0.38\mathrm{m}$$

② 各力对刃脚根部截面中心的弯矩(图 5－20)。

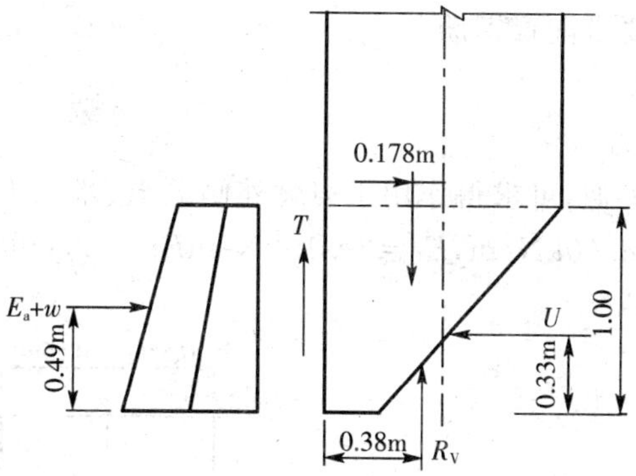

图 5－20　刃脚根部截面弯矩计算简图

水平水压力及土压力引起的弯矩

$$M_{e+w}=36.25\times\frac{1}{3}\times\frac{2\times40.05+32.45}{40.05+32.45}\times1.0=18.73\mathrm{kN}$$

刃脚侧面摩阻力引起的弯矩

$$M_T=5.00\times\frac{1.1}{2}=2.75\mathrm{kN\cdot m}$$

反力 R_j 引起的弯矩

$$M_R=225.67\times(\frac{1.1}{2}-0.38)=38.36\mathrm{kN\cdot m}$$

刃脚斜面水平反力引起的弯矩

$$M_U=19.38\times(1-0.33)=12.98\mathrm{kN\cdot m}$$

刃脚自重引起的弯矩

$$M_g=0.625\times1\times25.00\times0.178=2.78\mathrm{kN\cdot m}$$

故由式(5－61)得总弯矩为

$$M_o=\sum M=2.75+38.36+12.98-18.73-2.78=32.58\mathrm{kN\cdot m}$$

③ 刃脚根部截面的应力验算

由式(5－62)得刃脚根部轴力为

$$N_o=R_j+T_1+g=225.67-0.625\times25.00=210.04\mathrm{kN}$$

面积 $A=1.1\text{m}^2$，截面模量 $W=0.2\text{m}^3$

故
$$\sigma=\frac{N_o}{A}\pm\frac{M_o}{W}=\frac{210.04}{1.1}\pm\frac{32.58}{0.2}=\begin{matrix}253.85\text{kPa}\\28.05\text{kPa}\end{matrix}$$

因水平剪力较小，验算时未考虑。

$$\sigma=253.85\text{kPa}<11000\text{kPa}$$

因此仅需按构造要求配置钢筋。

(2) 刃脚向内挠曲

① 作用于刃脚的力

与向内挠曲计算类似，可求得作用于刃脚外侧的土、水压力(按潮水水位计算)为 $w_2=138.60\text{kN/m}$，$w_3=148.60\text{kN/m}$，$E_1=20.10\text{kN/m}E_2=22.60\text{kN/m}$(图 5-21)。故总土、水压力为 $p_{E+w}=164.95\text{kN}$。

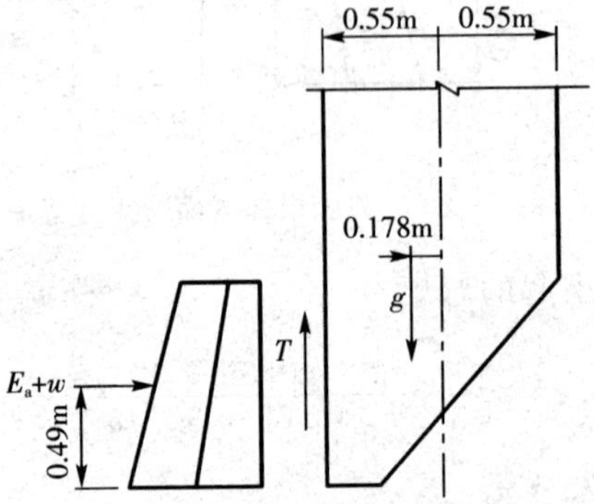

图 5-21　刃脚向内挠曲计算简图

p_{E+w} 对刃脚根部形心轴的弯矩为

$$M_{E+w}=164.95\times\frac{1}{3}\times\frac{2\times(148.60+22.60)+138.60+20.10}{148.60+22.60+138.60+20.10}$$
$$=83.52\text{kN}\cdot\text{m}$$

此时刃脚摩阻力为 $T_1=10.68\text{kN}$，由此引起的弯矩为

$$M_T=-10.68\times\frac{1.1}{2}=-5.87\text{kN}\cdot\text{m}$$

刃脚自重引起的弯矩为

$$M_g=0.625\times1\times25.00\times0.178=2.78\text{kN}\cdot\text{m}$$

所有各力对刃脚根部的弯矩、轴力及剪力为

$$M_o=\sum M=83.52-5.87+2.78=80.43\text{kN}\cdot\text{m}$$

$$N=10.68-15.63=-4.95\text{kN}$$

$$Q=P=164.95\text{kN}$$

② 刃脚根部截面应力验算

$$\sigma=\frac{N}{A}\pm\frac{M}{W}=\frac{-4.95}{1.1}\pm\frac{80.43}{0.2}=\frac{-406.65\text{kPa}}{397.65\text{kPa}}$$

其中 397.65 < 6060kPa，− 406.65 < 1300kPa

剪应力 $\sigma_j=\dfrac{164.95}{1.1}\text{kPa}=149.96\text{kPa}<950\text{kPa}$

计算结果表明，刃脚外侧也仅需按构造要求配置钢筋。

3. 刃脚框架计算

由于 $\alpha=1.0$，刃脚作为水平框架承受的水平力很小，因此可以不用验算，可按构造要求配置钢筋。如需验算，则与井壁水平框架计算方法相同，此处从略。

4. 沉井井壁计算

(1) 沉井井壁竖向拉力验算

由式(5－67)得 $S_{\max}=\dfrac{1}{4}G=\dfrac{1}{4}(Q_1+Q_2+Q_3+Q_4)=1817.23\text{kN}$(未考虑浮力)

井壁受拉面积为

$$A=\frac{\pi}{4}\times(5.8^2-3.6^2)+6.6\times5.8-2.9\times3.6\times2=33.64\text{m}^2$$

混凝土所受到的拉应力为

$$\sigma_h=\frac{S_{\max}}{A}=\frac{1817.23}{33.64}=54.02\text{kPa}<1300\text{kPa}$$

井壁内可按构造配置竖向钢筋。

(2) 井壁横向受力验算

沉井至设计标高时，刃脚根部以上一段井壁承受的外力最大，它不仅承受本身范围内的水平力，还要承受刃脚作为悬臂传来的剪力，处于最不利状态(图 5－22)。

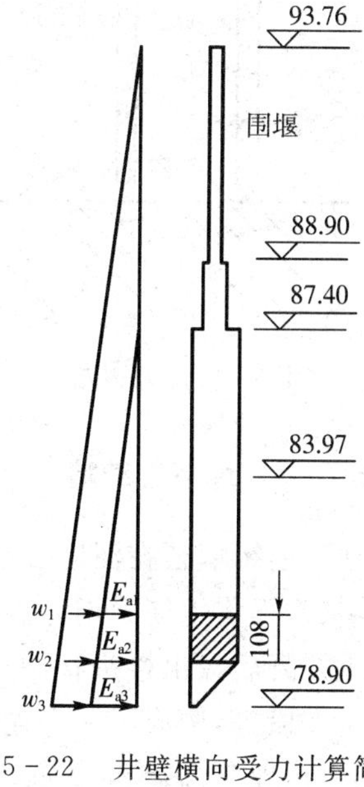

图 5－22　井壁横向受力计算简图

考虑潮水位时，单位宽度井壁上的水压力为

$$w_1=127.60\text{kN/m}$$

$$w_2=138.60\text{kN/m}$$

$$w_3=148.60\text{kN/m}$$

单位宽度井壁上的土压力为

$$E_{a_1}=17.19\text{kPa},\quad E_{a_2}=20.10\text{kPa}$$

$$E_{a_3}=22.60\text{kPa},\quad E_2=22.60\text{kN/m}$$

刃脚及其根部以上 1.1m 井壁范围内的外力为

$$\begin{aligned}P&=0.5\times(17.19\times1.0+22.60\times1.0+127.60+148.6)\times2.1\\&=331.79\text{kPa}\end{aligned}$$

沉井各部分所受内力可以按照结构力学方法求得(计算从略),井壁最不利受力位置在隔墙处,其弯矩为 $M_1=-774.30\text{kN}\cdot\text{m}$,轴力 $N_2=779.71\text{kN}$。

$$\begin{matrix}\sigma_{max}\\ \sigma_{min}\end{matrix}=\frac{N}{A}\pm\frac{M}{W}=\frac{779.71}{1.1\times1.1}\pm\frac{744.30}{1.1^3/6}=\begin{matrix}3999.61\text{kPa}<11000\text{kPa}\\ -2710.83\text{kPa}>1300\text{kPa}\end{matrix}$$

需按计算配置受拉钢筋,按构造配置受压钢筋。

根据相关规定计算可得,受拉钢筋总面积为 $A_g=31.06\times10^{-4}\text{m}^2$,取 $9\varphi22$,$A_g=34.21\times10^{-4}\text{m}^2$,受压钢筋按构造布置 $9\varphi11$,$A'_g=5.46\times10^{-4}\text{m}^2$。

底节沉井竖向挠曲、封底混凝土及盖板验算从略。

5.6　其他深基础简介

除上述桩基础、沉井基础外,深基础还有下列几种类型:地下连续墙、墩基础、沉箱基础等。如图 5-23、图 5-24 所示。

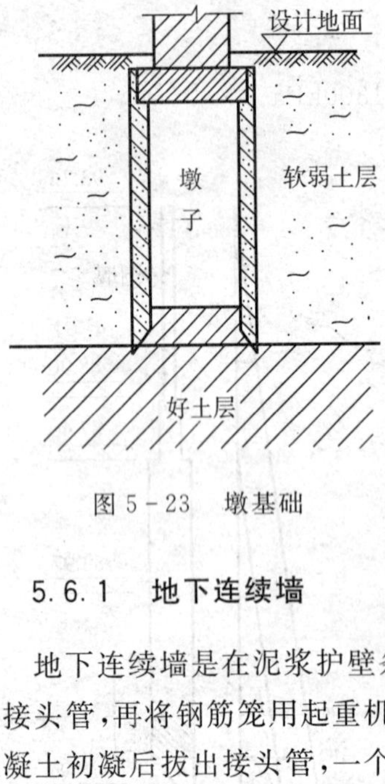

图 5-23　墩基础

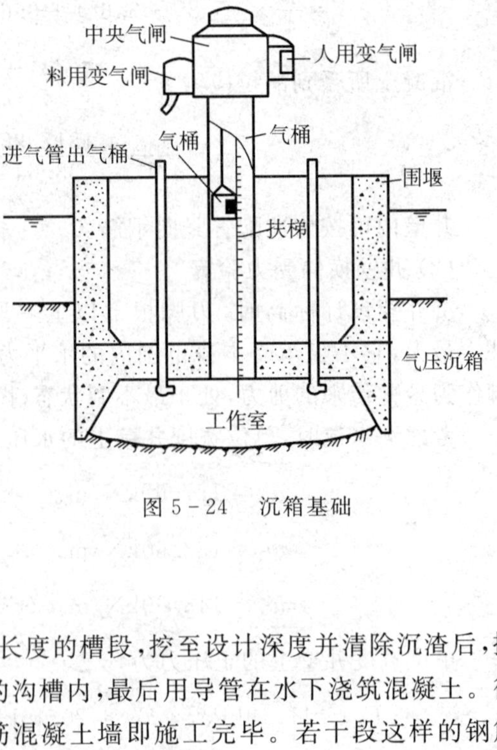

图 5-24　沉箱基础

5.6.1　地下连续墙

地下连续墙是在泥浆护壁条件下开挖一定长度的槽段,挖至设计深度并清除沉渣后,插入接头管,再将钢筋笼用起重机吊入充满泥浆的沟槽内,最后用导管在水下浇筑混凝土。待混凝土初凝后拔出接头管,一个单元长度的钢筋混凝土墙即施工完毕。若干段这样的钢筋混凝土墙段,即构成了一个连续的地下钢筋混凝土墙,成为地下连续墙。地下连续墙具有刚度大、整体性好、施工时无振动、噪声低等优点,可用于任何土质。

地下连续墙 1950 年首次应用于意大利实施的两项工程:Santa Malia 大坝和 Venafro 附近的储水池及饮水工程。日本从 1959 年引进该项技术,广泛应用于建筑物、地铁及市政下水道的基坑开挖支护中,并用作地下室外墙承受上部结构的垂直荷载。美国 110 层的世界贸易中心大厦地基就采用了地下连续墙。我国首次将其应用在主体结构上是在 1976 年唐山大地震之后，在天津修复某受震害的岸壁工程中。1977 年在上海研制成功了导板抓斗和多头钻成槽机，为我国加速开发这一技术起到了积极推动作用。

一般情况下，地下连续墙适用于下列几种情况：(1) 处于软弱地基的深大基坑，周围又有密集的建筑群或重要地下管线，对周围地面沉降和建筑物的沉降有严格要求时；(2) 围护结构也作为主体结构的一部分，且对抗渗有较严格要求时；(3) 采用逆作法施工，地上和地下同步施工时。

地下连续墙施工工艺与其他施工方法相比，具有如下优点：(1) 适用于多种土质条件；(2) 可减少工程施工时对周围环境的影响，施工振动少、噪音低；(3) 墙体刚度大、整体性好；(4) 为整体连续结构，墙体厚度一般不小于 60cm，钢筋保护层又较厚，耐久性、抗渗性较好；(5) 作为主体结构外墙，可实行逆作法施工，加快施工进度、降低造价等。

地下连续墙也存在一些不足和局限性：(1) 弃土及废泥浆的处理，除增加工程费用外，如处理不当还会造成新的环境污染；(2) 与板桩、灌注桩及水泥土搅拌桩相比，地下连续墙造价较高，对其选用须经过技术经济比较、确认采用的合理性时才可采用；(3) 地下连续墙施工机械设备价格昂贵，施工专业化程度高，使该项技术的推广受到一定限制；(4) 槽壁坍塌；(5) 地质条件和施工适应性，地下连续墙最适应的地层为软塑、可塑的黏土层，当地层条件复杂时，会增加施工难度和影响工程造价。

地下连续墙工程中应用的形式主要有壁板式、T 形和 π 形、格形和预应力 U 形折板地下连续墙。按用途可分为防渗墙、挡土墙、地下结构的边墙和多边形建筑物的基础(图 5－25)。按墙身材料可分为土质墙、混凝土墙、钢筋混凝土墙(有现浇和预制之分)和组合墙(预制钢筋混凝土墙板和自凝水泥膨润土泥浆的组合)。

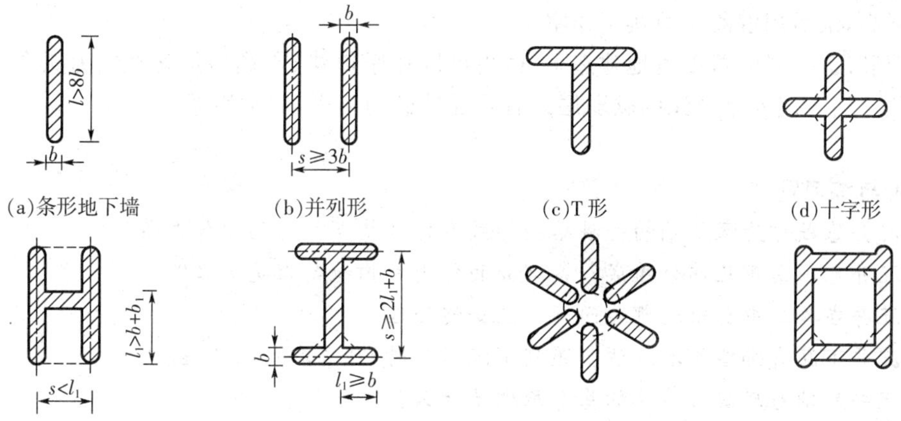

图 5－25 地下连续墙的平面布置

5.6.2 墩基础

墩是一类短而粗的深基础。墩在外形上和工作方式上与桩尤其是灌注桩很相似，因而墩与桩的定义界限并不明确。但是，由于墩的断面尺寸较大而相对墩身较短，且其体积巨大,故一般情况不能采用预制桩那样的打入、压入法做成,而只能采用灌注或砌筑方式形成。墩基础在桥梁及建筑工程中有着广泛的应用,尤其在高层建筑及重型构筑物设计中,单墩支持单柱的方案越来越多。随着施工机具及技术的发展,墩的断面尺寸一般可达 0.8～2.0m,甚至大到 6m 左右,而深度也可做得很深,其适应性越来越广。

一般认为,墩的直径可在 0.8m 以上,而墩身长在 6～20m,长径比不大于 30。墩常支承在较硬的土层或岩层上,以利用其较大的底面积获取较高的墩端承载力,同时在墩的端部还可以扩大,形成扩底墩。而且,墩还有比单桩大得多的水平承载能力和抗拔能力。

在适当的条件下,采用墩基础来代替群桩基础承担建筑物荷载,不但可避免采用群桩基础等其他深基础的较复杂的设计与施工方法,还可以节省基础占地面积,取得明显的经济效益。因此,墩基础越来越受到工程界的欢迎,在港口码头、公路及铁路桥梁、海洋钻井平台、堤坝与岸坡以及高层建筑等结构中应用十分广泛。

由于墩具有体形大、承载力高的特点,使得墩常以单独或小组方式工作,并承担较大的风险,故对于墩基设计、施工及检测也要求更高。目前,对墩基工作机理的认识还不很充分,因而设计思想和设计方法尚不成熟;施工与检测技术也还有待进行深入的、有针对性的研究与开发,以满足墩基础实际应用的需要。

5.6.3 沉箱基础

沉箱基础又称气压沉箱基础,它是以气压沉箱来修筑的桥梁墩台或其他构筑物的基础。沉箱形似有顶盖的沉井。在水下修筑大桥时,若用沉井基础施工有困难,则改用气压沉箱施工,并用沉箱作基础。沉箱基础是一种较好的施工方法和基础形式,当沉箱在水下就位后,将压缩空气压入沉箱室的内部,排出存在于工作室中的水,施工人员在箱内进行挖土施工,并且通过升降筒和气闸,把弃土外运,从而使沉箱在自重和顶面压重的作用下逐步下沉至设计标高,最后用混凝土填实工作室。

沉箱和沉井一样,可以就地建造下沉,也可以在岸边建造,然后浮运至桥基的位置穿过深水定位。当下沉处是很深的软弱层或者是受冲刷的河底,应采用浮运式。

思考与练习题

1. 沉井基础作为深基础的一种结构形式有什么特点?适用于什么条件?
2. 沉井基础由哪几部分组成?各部分的作用和构造要求是什么?
3. 沉井在施工中会出现哪些问题?应如何处理?
4. 沉井下沉有哪些基本方法?遇到下沉困难时,可采取什么措施?
5. 沉井基础基底应力验算的基本原理是什么?
6. 沉井结构计算有哪些内容?
7. 简述沉井刃脚内力分析的主要内容。
8. 某水下圆形沉井基础直径为 9m,作用于基础上的竖向荷载 19208kN(已扣除浮力 3866kN),水平力 506kN,弯矩 7400kN·m(均为考虑附加组合荷载),$\eta_1=\eta_2=1.0$,沉井埋深 10m,土质为中等密实的砂砾层,重度 21.0kN/m^3,内摩擦角 $c=0$。试验算该沉井基础的低级承载力及横向土抗力。

第 6 章　土压力和土坡稳定性

6.1　概　述

在基础工程的施工初期,需要进行基坑的开挖。为了保证基坑的安全,防止土体坍塌,需要修建一种构筑物以保持土体的稳定性,这种构筑物称为挡土结构,亦即挡土墙。挡土墙在房屋建筑工程、公路与铁路工程、桥梁工程以及水利工程中,都有着非常重要的作用,例如板桩墙、地下室侧墙、地下连续墙、重力式码头的岸壁等。

土压力是指挡土墙后的填土对墙背所产生的侧向压力。由于土压力是挡土墙的主要外荷载,因此,设计挡土墙时首先要确定土压力的性质、大小、方向、作用点和分布情况,土压力的计算是个比较复杂的问题,土压力还与挡土墙的类型、墙后填土的性质、墙背倾斜方向等因素有关。

土坡可分为天然土坡和人工土坡,在自重和外荷载等的影响下,土坡可能发生局部土体滑动而失去稳定性,这种现象叫做滑坡。滑坡往往会造成严重的工程事故,因此,需要对土坡的稳定性进行必要的分析,并采取相应的工程措施以保证安全。本章将分别讨论土压力、土坡稳定性两个问题。

6.2　挡土墙上的土压力

6.2.1　挡土墙上的土压力

1. 土压力的类型

挡土墙上的土压力受到墙体可能发生的移动方向、墙后填土的性质、外荷载的情况等一系列因素的影响。

根据墙的位移方向和墙后土体所处的应力状态,可将土压力分为以下三种:

(1) 静止土压力:当挡土墙足够稳定,在墙后土体的土压力作用下,墙体不发生移动,墙后土体处于平衡状态,没有发生破坏,此时作用在墙背上的土压力称为静止土压力,如图 6 - 1(a),静止土压力用 P_0 表示。

(2) 主动土压力:当挡土墙在墙后土体的推力作用下,产生向着离开填土方向的移动或绕墙根的转动时,墙后土体因侧面所受限制放松而具有下滑趋势。为阻止其下滑,土体内潜在的剪应力增加,从而使作用在墙背上的土压力减少。当墙的移动或转动达到一定值时,滑动面上的剪应力等于土的抗剪强度,墙后土体处于极限平衡状态,这时作用在墙上的推力最小，称为主动土压力，如图 6-1(b)，主动土压力用 P_a 表示。

(3) 被动土压力：挡土墙在巨大的外力作用下而向墙后土体移动，作用在墙背上的土压力逐渐增大。当墙后土体处于极限平衡状态时，土压力最大，称为被动土压力，如图 6-1(c)，被动土压力用 P_p 表示。

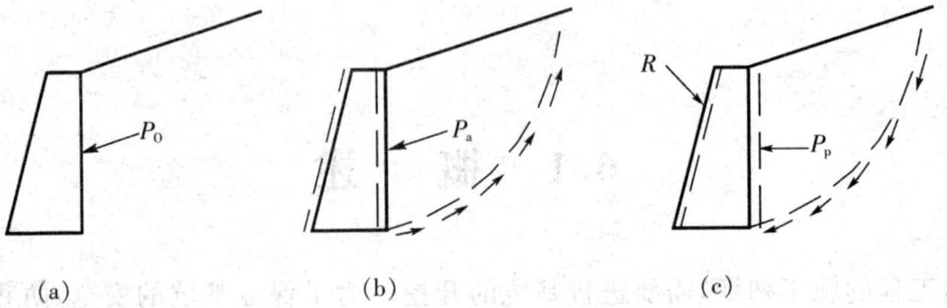

图 6-1　挡土墙上的三种土压力

2. 土压力的影响因素

影响土压力的因素有很多，主要有以下三部分：

(1) 挡土墙的位移

挡土墙的位移是决定土压力的类型和影响土压力大小的最主要因素，不同土压力的类型，其大小相差很大。在相同条件下，被动土压力 > 静止土压力 > 主动土压力。同时，挡土墙所受到的土压力大小并不一定是定值，随着挡土墙位移量的变化，土压力也会随之发生变化。

(2) 挡土墙的自身因素

挡土墙的形状和所采用的建筑材料等自身因素也会对土压力产生影响，例如墙背为竖直或是倾斜、挡土墙的材料是混凝土或是砌块。

(3) 墙后填土的性质

挡土墙墙后填土的物理力学性质，也会对挡土墙上的土压力造成影响，因此，在实际应用中，可以通过改变墙后填土来调整土压力的大小。

6.2.2　静止土压力的计算

如图 6-2 所示，在挡土墙后水平填土表面以下，任意深度 z 处取一微小单元体。作用在此微小单元体上的竖向力为土的自重压力，而水平方向作用力即为静止土压力。

静止土压力可按以下方法计算，微小单元体的自重应力为 γz，则该处的静止土压力强度可按式(6-1)计算：

$$\sigma_0 = K_0 \gamma z \tag{6-1}$$

式中　K_0——土的侧压力系数(或称为静止土压力系数)，可近似按 $K_0 = 1 - \sin\varphi'$(φ' 为土的有效内摩擦角)计算；

γ——墙后填土重度。

由式(6-1)可知，静止土压力沿墙高为三角形分布，如图 6-2 所示，如果取单位墙长，则作用在该墙上的静止土压力为：

$$P_0 = \frac{1}{2}\gamma H^2 K_0 \tag{6-2}$$

式中　H—— 挡土墙高度;其余符号同前。

P_0 的作用点在土压力三角形的重心,距墙底 $H/3$ 处。

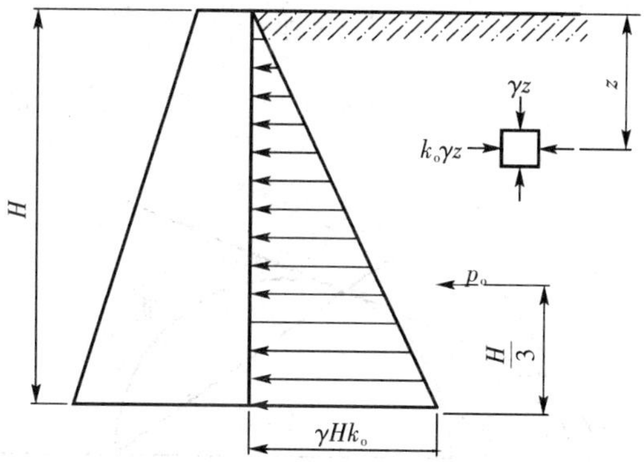

图 6-2　静止土压力分布图

6.3　朗肯土压力理论

朗肯土压力理论是土压力计算中非常经典的理论之一,它是朗肯根据半无限空间土体在自重作用下,依据处于极限平衡状态下的应力条件,推导出来的土压力计算公式。朗肯土压力理论概念清晰,计算简便,在实际工程中得到了非常广泛的应用。

6.3.1　基本原理和适用条件

图 6-3(a) 表示一表面水平的半无限空间土体,即土体向下方和水平方向都可以无限伸展,在离地表深度为 z 处取一单位体 M,那么,当整个土体都处于静止状态时,土体中各点都处于弹性平衡状态。显然,作用于单元体 M 顶面上的法向应力等于该处土的自重应力,即:$\sigma_z = \gamma z$。而竖直截面上的法向应力为:$\sigma_x = K_0 \gamma z$。

由土体的应力状态可知,该单元体水平截面和竖直截面上的剪应力都等于零,所以水平截面和竖直截面上的法向应力 σ_z 和 σ_x 都是主应力,此时的应力状态可以用莫尔圆表示为图 6-3(b) 所示的圆 Ⅰ,由于该点处于弹性平衡状态,故莫尔圆在抗剪强度包线之下。

设想由于某种应力的作用,使整个土体在水平方向均匀地伸展,如图 6-3(c),则单元体 M 在水平截面上的法向应力 σ_z 不变,但竖直截面上的法向应力 σ_x 却逐渐减少,直至满足极限平衡条件为止。此时土体所处的状态称为主动朗肯状态,该状态下 σ_z 达到最低限值 σ_a,由小主应力 σ_a 和大主应力 σ_z 绘出的莫尔圆与抗剪强度包线相切,如图 6-3(b) 所示的圆 Ⅱ。反之,如果整个土体在水平方向均匀地压缩,如图 6-3(d),则不断增加而 σ_z 却保持不变,直到满足极限平衡条件为止,此时土体所处的状态称为被动朗肯状态,该状态下 σ_x 达到最大限值 σ_p,由大主应力 σ_p 和小主应力 σ_z 绘出的莫尔圆与抗剪强度包线相切,如图 6-3(b) 所示的圆 Ⅲ。

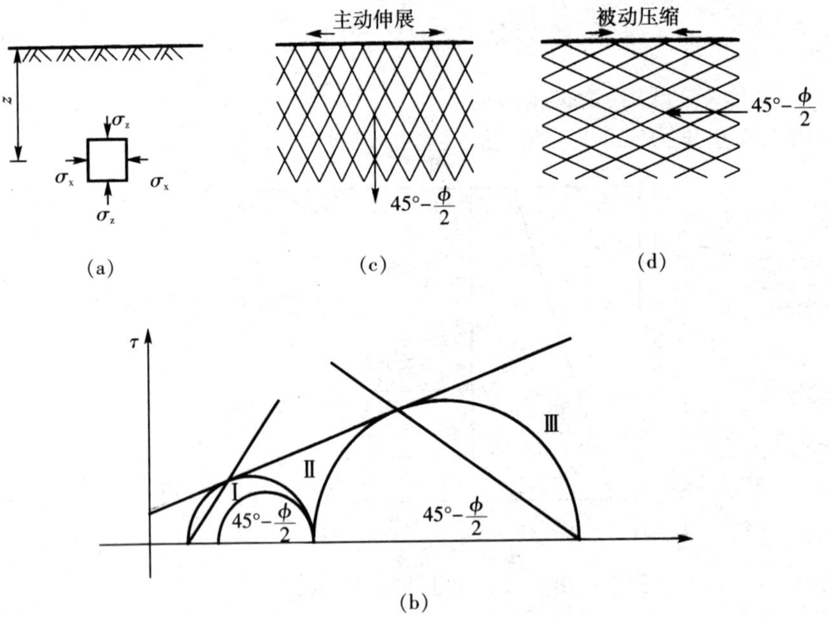

图 6-3　半空间的极限平衡状态

由于土体处于主动朗肯状态时大主应力所作用的面是水平面，故剪切破坏面与竖直面的夹角为$\left(45°-\frac{\varphi}{2}\right)$，当土体处于被动朗肯状态时，大主应力所作用的面是竖直面，故剪切破坏面与水平面的夹角为$\left(45°+\frac{\varphi}{2}\right)$。

朗肯将上述原理应用于挡土墙的土压力计算中，他设想用墙背直立的虚拟挡土墙代替半无限空间左边的土，如图 6-4。那么，当墙背与土的接触面上满足剪应力为零的边界应力条件以及产生主动或被动朗肯状态的边界变形条件时，作用在此挡土墙上的土压力，应该等于原来土体作用在该虚拟墙背作用线上的水平法向应力。

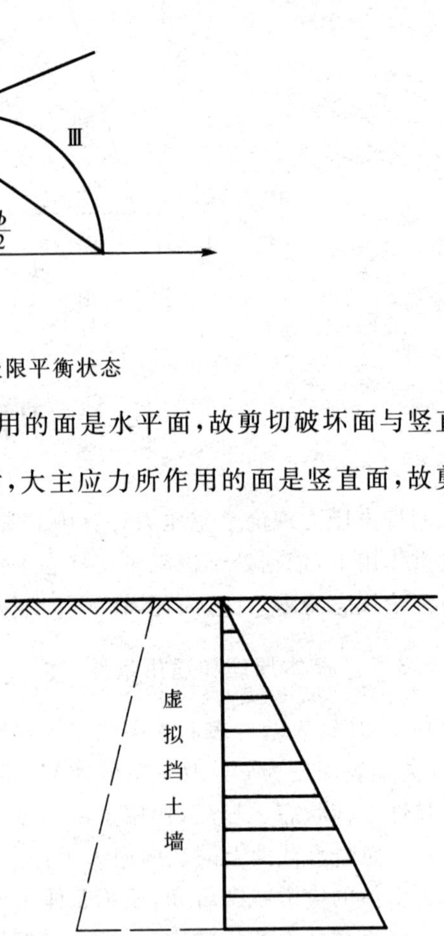

图 6-4　朗肯土压力理论的假设

根据朗肯土压力理论的基本原理可以看出，朗肯土压力理论有以下的适用条件：

(1) 挡土墙的墙背竖直：保证土体中剪应力为零；

(2) 挡土墙的墙背光滑：保证墙背与填土之间没有摩擦力；

(3) 挡土墙后填土表面水平。

6.3.2　主动土压力计算

1. 无黏性土的主动土压力计算

(1) 主动土压力的大小

根据朗肯土压力理论的原理可以知道，当墙后填土处于主动朗肯状态时，剪切破坏面与大主应力方向的夹角为$45°-\frac{\varphi}{2}$，此时，由极限平衡公式可得无黏性土的主动土压力的计算公式：

$$p_a=\gamma z K_a \qquad (6-3)$$

式中　p_a—— 主动土压力；

K_a—— 主动土压力系数，$K_a=\tan^2\left(45°-\frac{\varphi}{2}\right)$；

γ—— 墙后填土的重度；

z—— 计算点离填土表面的深度。

(2) 主动土压力的分布

由主动土压力公式知，当 $z=0$ 时，$p_0=0$；当 $z=H$ 时，$p_0=K_a\gamma H$，故主动土压力大小和深度成正比，因此其分布呈三角形，如图 6-5(b) 所示。

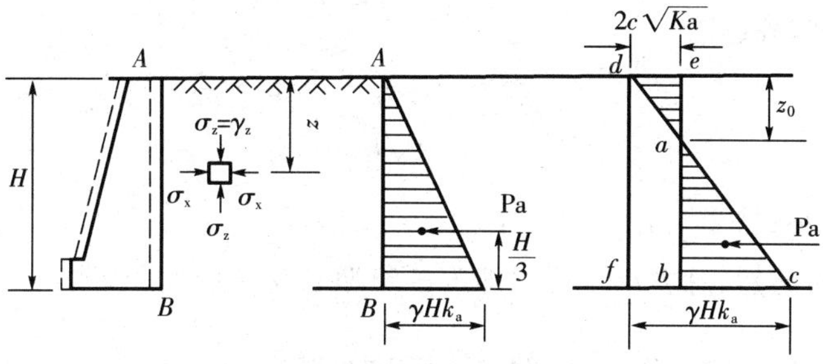

图 6-5　主动土压力分布图

(3) 总主动土压力的大小

总主动土压力的计算，取挡土墙的长度方向 1 延米计算，为土压力三角形分布图的面积，即：

$$P_a=\frac{1}{2}\gamma H^2 K_a \qquad (6-4)$$

(4) 总主动土压力的作用点

总主动土压力的作用点，位于土压力三角形的重心，距墙底 $H/3$ 处。

(5) 主动土压力的方向

主动土压力的方向为指向墙背的法向方向。

2. 黏性土的主动土压力计算

(1) 主动土压力的大小

墙后填土为黏性土的情况与无黏性土的情况相类似，当土体达到极限平衡状态时，由极限平衡条件可得黏性土的主动土压力的计算公式：

$$p_a=\gamma z K_a-2c\sqrt{K_a} \qquad (6-5)$$

式中　c—— 黏性土的黏聚力；

K_a—— 主动土压力系数，$K_a=\tan^2\left(45°-\dfrac{\varphi}{2}\right)$。

(2) 主动土压力的分布

由黏性土的主动土压力的计算公式可知，黏性土的主动土压力由两部分组成。第一部分与无黏性土相同，是由土的自重产生的，与深度成正比，此部分土压力呈三角形分布；第二部分是由黏性土的黏聚力产生，与深度无关，是一常数。

这两部分土压力的叠加，即为一个三角形分布和一个矩形分布的叠加，其结果如图6-5(c)所示，显然墙顶部土压力三角形 $\triangle aed$ 对墙顶部作用力为负值，即为拉力。而实际上，墙与土并非是一个整体，在很小的拉力作用下，墙与土体即发生分离，因此挡土墙上是不能承受拉力的，故挡土墙顶部墙上土压力作用为零。因此，黏性土的主动土压力分布只有 $\triangle abc$ 部分。

(3) 总主动土压力的大小

由黏性土主动土压力的分布可以知道，在挡土墙上存在一个土压力为零的临界点，这个临界点的位置称为临界深度 z_0，显然：

$$z_o=\frac{2c}{\gamma\sqrt{K_a}} \tag{6-6}$$

在深度 $z=H$ 处，$p_a=\gamma zK_a-2c\sqrt{K_a}$

总主动土压力：显然，总主动土压力即为三角形 $\triangle abc$ 的面积，即：

$$P_a=\frac{1}{2}\gamma H^2K_a-2cH\sqrt{K_a}+\frac{2c^2}{\gamma} \tag{6-7}$$

(4) 总主动土压力的作用点

总主动土压力作用点为土压力三角形 $\triangle abc$ 的重心，距墙底$\dfrac{1}{3}(H-z_o)$处。

(5) 主动土压力的方向

主动土压力的方向为指向墙背的法向方向。

6.3.3 被动土压力计算

1. 无黏性土的被动土压力计算

(1) 被动土压力的大小

根据朗肯土压力理论的原理可以知道，当墙后填土处于被动朗肯状态时，剪切破坏面与大主应力方向的夹角为$45°+\dfrac{\varphi}{2}$，此时，由极限平衡条件可得无黏性土的被动土压力的计算公式：

$$p_p=\gamma zK_p \tag{6-8}$$

式中 p_p—— 被动土压力；

K_p—— 被动土压力系数，$K_p=\tan^2\left(45°+\dfrac{\varphi}{2}\right)$。

(2) 被动土压力的分布

由被动土压力公式可知，当 $z=0$ 时，$p_p=0$；当 $z=H$ 时，$p_p=K_p\gamma H$，故被动土压力的大小和深度成正比，因此其分布呈三角形，如图 6－6(b) 所示。

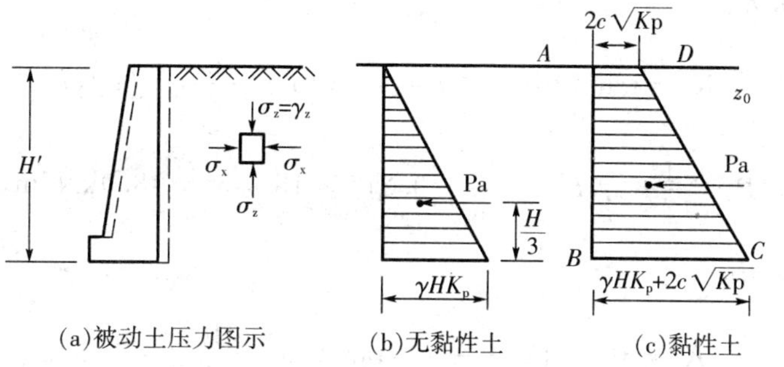

图 6－6　被动土压力分布图

(3) 总被动土压力的大小

总被动土压力的计算，取挡土墙的长度方向 1 延米，计算土压力三角形分布图的面积，即：

$$P_p = \frac{1}{2}\gamma H^2 K_p \tag{6-9}$$

(4) 总被动土压力的作用点

总被动土压力作用点，位于土压力三角形的重心，距墙底 $H/3$ 处。

(5) 被动土压力的方向

被动土压力的方向为背向墙背的法向方向。

2. 黏性土的被动土压力计算

(1) 被动土压力的大小

和无黏性土情况类似，由极限平衡条件可得黏性土的被动土压力的计算公式：

$$p_p = \gamma z K_p + 2c\sqrt{K_p} \tag{6-10}$$

(2) 被动土压力的分布

黏性土的被动土压力由两部分组成。第一部分是由土的自重压力产生的，为 $\gamma z K_p$，与深度成正比，此部分土压力呈三角形分布；第二部分由黏性土的黏聚力产生，与深度无关，是一常数，故此两部分叠加后呈梯形分布，如图 6－6(c)。

(3) 总被动土压力的大小

显然，总被动土压力即为梯形分布图的面积：

$$P_p = \frac{1}{2}\gamma H^2 K_p + 2cH\sqrt{K_p} \tag{6-11}$$

(4) 总被动土压力的作用点

总被动土压力作用点，位于土压力分布图形的形心，即梯形的重心。

(5) 被动土压力的方向

被动土压力的方向为背向墙背的法向方向。

例题 6－1　挡土墙高 5m，墙背垂直光滑，墙后填无黏性土，填土面水平，填土的重度 18kN/m^3，内摩擦角 40°。试分别求出作用在挡土墙上总的主动与被动土压力值。

解:用朗肯土压力理论进行计算

(1) 主动土压力:

$$K_a = \tan^2(45° - \frac{\varphi}{2}) = \tan^2(45° - \frac{40°}{2}) = 0.217$$

$$P_a = \frac{1}{2}K_a\gamma H^2 = 0.5 \times 0.217 \times 18 \times 5^2 = 48.9\text{kN/m}$$

(2) 被动土压力:

$$K_p = \tan^2(45° + \frac{\varphi}{2}) = \tan^2(45° + \frac{40°}{2}) = 4.60$$

$$P_p = \frac{1}{2}K_p\gamma H^2 = 0.5 \times 4.60 \times 18 \times 5^2 = 1034.8\text{kN/m}$$

6.4 库仑土压力理论

朗肯土压力理论虽然概念清晰,计算简便,但是由于朗肯理论的假设条件,使得实际工程中很多情况下不能使用,例如墙背倾斜、墙背粗糙、墙后填土表面不水平等情况。为了解决这些情况下土压力的计算问题,法国学者库仑根据墙后土体处于极限平衡状态并形成一滑动楔体时的应力情况,用静力平衡方程求得作用于墙背上的土压力,这就是库仑土压力理论。

6.4.1 基本原理和适用条件

一般挡土墙的计算均属于平面问题,故在下述讨论中均沿墙的长度方向取 1m 进行分析。库仑所研究的问题有这样几个前提:挡土墙墙背俯斜(倾角 α)、墙背粗糙(摩擦角 δ)、墙后填土表面倾斜(倾角 β)、墙后填土为理想的散粒体($c=0$)。图 6-7 和图 6-8 分别表示在主动土压力状态和被动土压力状态下力的平衡关系。库仑假设在土压力的作用下,墙后土体以一个三角形土楔体沿一个平面而滑动,根据三角形土楔体的平衡条件,即可计算出土压力。这种方法是从三角形的土楔体的平衡条件来考虑的,也称为土楔体理论。

根据库仑土压力理论的基本原理可以看出,库仑土压力理论有以下的适用条件:

(1) 墙后填土是理想的散粒体(黏聚力 $c=0$,即无黏性土);

(2) 滑动破裂面为通过墙踵的平面。

6.4.2 无黏性土的主动土压力计算

如图 6-7 所示。当墙后土体沿某一破坏面 AC 破坏时,土楔体 ABC 向下滑动而处于主动极限平衡状态。此时,作用于土楔体 ABC 上的力有:

(1) 土楔体的重力 G:由土楔体 ABC 引起,根据几何关系得:

$$G = \triangle ABC \cdot \gamma = \frac{1}{2}AC \cdot BC \cdot \gamma$$

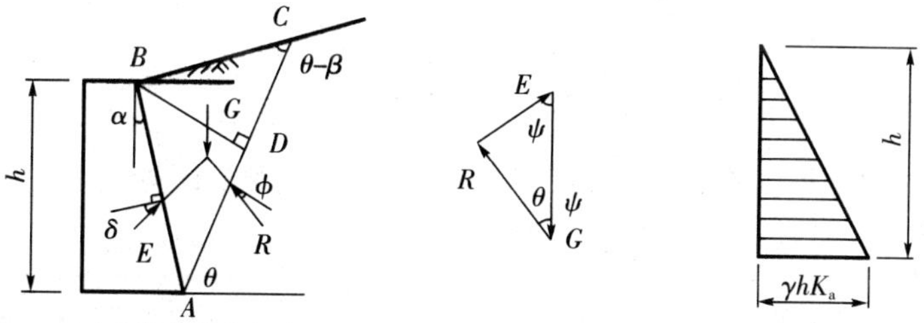

(a)土楔上的作用力　(b)力矢三角形　(c) 主动土压力分布

图 6-7　主动土压力计算图

在 △ABC 中，由正弦定理有：

$$AC = AB \cdot \frac{\sin(90^\circ - \alpha + \beta)}{\sin(\theta - \beta)}$$

而

$$AB = \frac{h}{\cos \alpha}$$

$$BD = AB \cdot \cos(\theta - \alpha) = h\,\frac{\cos(\alpha - \beta)}{\cos \alpha}$$

所以有：

$$G = \frac{1}{2}AC \cdot BC \cdot \gamma = \frac{\gamma h^2}{2} \cdot \frac{\cos(\alpha - \beta)\cos(\theta - \alpha)}{\cos^2\alpha \cdot \sin(\theta - \beta)} \tag{6-12}$$

(2) 滑动面上的反力 R：为破裂面 AC 上土楔体重力的法向分力与破裂面和土体间的摩擦力的合力，其作用于 AC 面上，与 AC 面法线的夹角等于土的内摩擦角 φ。

(3) 墙背的反力 E：墙背的反力 E 与墙背 AB 法线的夹角等于土与墙体材料间的摩擦角 δ，该力与作用在墙背上的土压力大小相等，方向相反。

显然，土楔体 ABC 在上述三个力作用下处于平衡状态。因此可以构成一闭合的力的三角形，故由正弦定理可得：

$$E = G \cdot \frac{\sin(\theta - \varphi)}{\sin \omega} = \frac{\gamma h^2}{2\cos^2\alpha} \cdot \frac{\cos(\alpha - \beta)\cos(\theta - \alpha)\sin(\theta - \varphi)}{\sin(\theta - \beta)\sin \alpha} \tag{6-13}$$

式中　$\omega = \frac{\pi}{2} + \delta + \alpha + \varphi - \theta$。

在上式中，α，β，γ，φ 及 δ 都是已知的，而滑动面 AC 与水平面的夹角 θ 则是任意假定的。因此，对于不同的 θ 角，可得到一系列相应的土压力 E 的值，即 $E = f(\theta)$。当 E 达到最大值 E_{max} 时，其对应的滑动面即是土楔体最危险的滑动面，因此 E_{max} 就是要求的主动土压力。因为 $E = f(\theta)$，故可用微分学中求极值的方法求最大值：令 $\frac{dE}{d\theta} = 0$，即可解得使 E 为最大值时的破坏角

$$\theta_{cr} = arc\tan\left[\frac{\sin\beta \cdot \sqrt{\frac{\cos(\alpha+\delta)\sin(\varphi+\delta)}{\cos(\alpha-\beta)\sin(\varphi-\beta)}} + \cos(\alpha+\varphi+\delta)}{\cos\beta \cdot \sqrt{\frac{\cos(\alpha+\delta)\sin(\varphi+\delta)}{\cos(\alpha-\beta)\sin(\varphi-\beta)}} - \sin(\alpha+\varphi+\delta)}\right] \tag{6-14}$$

这就是真正滑动面的倾角。将 θ_{cr} 代入式(6-13)，整理后可得库仑主动土压力的一般表

达式：

$$p_a=\frac{1}{2}\gamma h^2 K_a \tag{6-15}$$

式中　K_a—— 主动土压力系数，可按式(6-16)计算，或查表计算；

$$K_a=\frac{\cos^2(\varphi-\alpha)}{\cos^2\alpha\cdot\cos(\alpha+\delta)\left[1+\sqrt{\dfrac{\sin(\varphi+\delta)\cdot\sin(\varphi-\beta)}{\cos(\alpha+\delta)\cdot\cos(\alpha-\beta)}}\right]^2} \tag{6-16}$$

h—— 挡土墙高度；

γ—— 墙后填土的重度；

φ—— 墙后填土的内摩擦角；

α—— 墙背与竖直线的夹角，俯斜时取正号，仰斜为负号；

β—— 墙后填土面的倾角；

δ—— 土与挡土墙背的摩擦角。

当墙背垂直($\alpha=0$)、光滑($\delta=0$)，填土面水平($\beta=0$)时，式(6-16)可写为：

$$K_a=\tan^2\left(45°-\frac{\varphi}{2}\right) \tag{6-17}$$

可见，在上述条件下，库仑公式和朗肯公式相同。

由式(6-15)可知，主动土压力 p_a 与墙高的平方成正比，为求得离墙顶为任意深度 z 处的主动土压力强度 σ_a，可将 p_a 对 z 取导数，即：

$$\sigma_a=\frac{dE_a}{dz}=\frac{d}{dz}\left(\frac{1}{2}\gamma z^2 K_a\right)=\gamma z K_a \tag{6-18}$$

由上式可见，主动土压力强度沿墙高呈三角形分布，如图 6-7(c) 所示。总主动土压力的作用点在离墙底 $H/3$ 处，方向与墙背法线的夹角为 δ。必须注意，在图中所示的土压力分布图只表示其大小，而不代表其作用方向。

6.4.3　无黏性土的被动土压力计算

如图 6-8 所示。当墙后土体沿某一破坏面 BC 破坏时，土楔 ABC 向上滑动而处于被动极限平衡状态。此时用和主动土压力的相同方法可求得无黏性土被动土压力的计算公式：

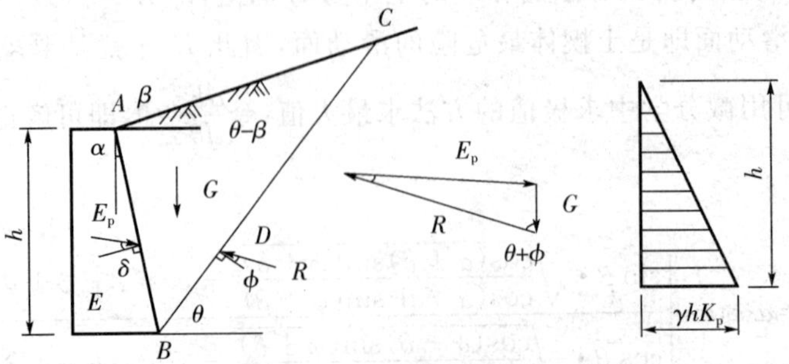

(a)土楔上的作用力　(b)力矢三角形　(c) 被动土压力分布

图 6-8　被动土压力计算图

$$p_p = \frac{1}{2}\gamma h^2 K_p \tag{6-19}$$

式中　K_p—— 被动土压力系数，可按式(6-20)计算，或查表计算。

$$K_p = \frac{\cos^2(\varphi+\alpha)}{\cos^2\alpha \cdot \cos(\alpha-\delta)\left[1-\sqrt{\dfrac{\sin(\varphi+\delta)\cdot\sin(\varphi+\beta)}{\cos(\alpha-\delta)\cdot\cos(\alpha-\beta)}}\right]^2} \tag{6-20}$$

例题6-2　某挡土墙的墙背竖直，墙高6m，墙后填土为砂土，相关土性指标为：$\varphi=30°$，设β和δ均为15°，试按库仑理论计算墙后主动土压力的合力Ea的大小。如用朗肯理论计算，其结果又如何？

解：按库仑理论，有：

$$K_a = \frac{\cos^2(\varphi-\alpha)}{\cos^2\alpha \cdot \cos(\alpha+\delta)\left[1+\sqrt{\dfrac{\sin(\varphi+\delta)\cdot\sin(\varphi-\beta)}{\cos(\alpha+\delta)\cdot\cos(\alpha-\beta)}}\right]^2}$$

$$= \frac{\cos^2 30°}{1\times\cos 15°\left[1+\sqrt{\dfrac{\sin(30°+15°)\cdot\sin(30°-15°)}{\cos 15°\cdot\cos(-15°)}}\right]^2} = 0.373$$

所以：

$$P_a = \frac{1}{2}\gamma H^2 K_a = 0.5\times 18\times 6^2\times 0.373 = 120.84\text{kN/m}$$

按朗肯理论，因为填土面倾斜，有：

$$K_a = \cos\beta\cdot\frac{\cos\beta-\sqrt{\sin^2\varphi-\sin^2\beta}}{\cos\beta+\sqrt{\sin^2\varphi-\sin^2\beta}} = \cos 15°\cdot\frac{\cos 15°-\sqrt{\sin^2 30°-\sin^2 15°}}{\cos 15°+\sqrt{\sin^2 30°-\sin^2 15°}} = 0.373$$

算得总土压力：

$$P_a = \frac{1}{2}\gamma H^2 K_a = 0.5\times 18\times 6^2\times 0.373 = 120.84\text{kN/m}$$

两种方法算出的P_a相同。

例题6-3　已知某混凝土挡土墙，墙高$H=6.0$m，墙背竖直、光滑，墙后填土表面水平。填土的重度$\gamma=18.5\text{kN/m}^3$，内摩擦角$\varphi=20°$，黏聚力$c=19$kPa。计算作用在此挡土墙上的静止土压力、主动土压力和被动土压力，并绘出土压力分布图(静止土压力系数$K_0=0.5$)。

解：(1) 静止土压力

$$P_0 = \frac{1}{2}\gamma H^2 K_0 = \frac{1}{2}\times 18.5\times 6^2\times 0.5 = 166.5\text{kN/m}$$

P_0作用点位于土压力分布三角形下$H/3$处，如图6-9(a)所示。

(2) 主动土压力

由题可知，该挡土墙符合朗肯土压力理论的条件，所以有：

$$K_a = \tan^2(45° - \frac{\varphi}{2}) = \tan^2(45° - 10°) = 0.49$$

$$P_a = \frac{1}{2}\gamma H^2 K_a - 2cH\sqrt{K_a} + \frac{2c^2}{\gamma}$$

$$= \frac{1}{2} \times 18.5 \times 6^2 \times 0.49 - 2 \times 19 \times 6 \times 0.7 + \frac{2 \times 19^2}{18.5}$$

$$= 42.6\text{kN/m}$$

临界深度：

$$z_0 = \frac{2c}{\gamma\sqrt{K_a}} = \frac{2 \times 19}{18.5 \times 0.7} = 2.93\text{m}$$

P_a 的作用点位于下三角形的下 $H/3$ 处，如图 6－9(b) 所示。

(3) 被动土压力

由题可知，该挡土墙符合朗肯土压力理论的条件，所以有：

$$K_p = \tan^2\left(45° + \frac{\varphi}{2}\right) = \tan^2(45° + 10°) = 2.04$$

$$P_p = \frac{1}{2}\gamma H^2 K_p + 2cH\sqrt{K_p}$$

$$= \frac{1}{2} \times 18.5 \times 6^2 \times 2.04 + 2 \times 19 \times 6 \times 1.43$$

$$= 1005\text{kN/m}$$

P_p 的作用点位于土压力分布梯形的形心，如图 6－9(c) 所示。

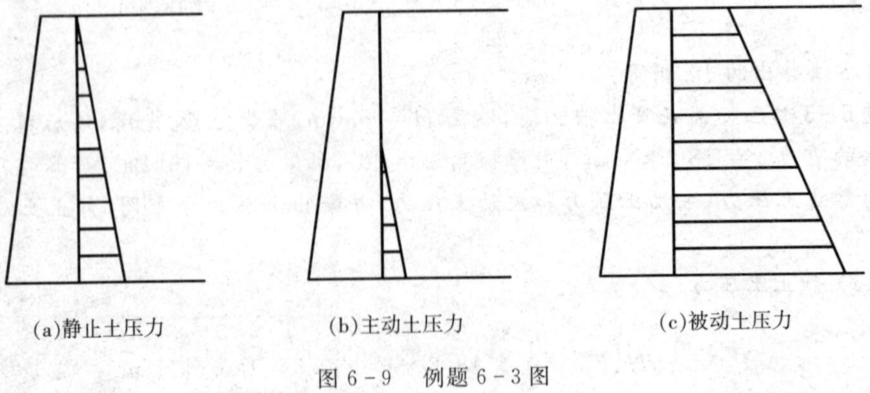

(a)静止土压力　　(b)主动土压力　　(c)被动土压力

图 6－9　例题 6－3 图

6.5　常见情况下土压力的计算

6.5.1　墙后有成层填土

如图 6－10 所示，当挡土墙后填土由几种不同类型的水平土层组成时，第一层土压力按均质土计算。计算第二层土压力时，将第一层土按重度换算成与第二层土重度相同的当量土层计算，显然，当量土层厚度为 $h'_1=\dfrac{h_1\gamma_1}{\gamma_2}$。以下各层可依次同理计算，由于土的性质不同，各层土的土压力系数也不同。对于图 6－10 中的土压力计算，可分以下三部分：

(1) 第一层土

$$\sigma_{a0}=0$$

$$\sigma_{a_1}=\gamma_1 h_1 K_{a_1}$$

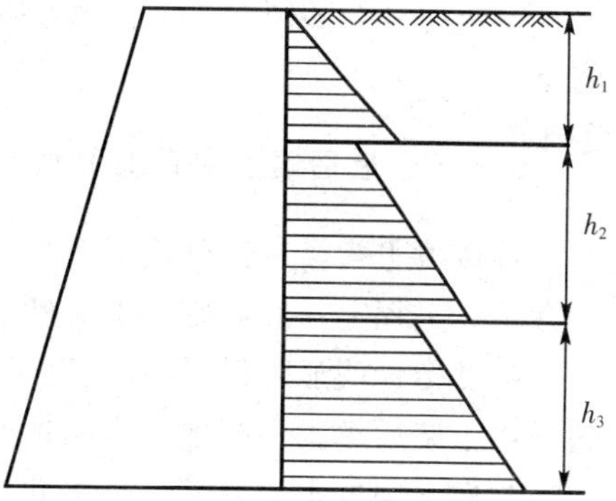

图 6－10　墙后有成层填土

(2) 第二层土

$$\sigma'_{a_1}=\gamma_2\frac{\gamma_1 h_1}{\gamma_2}K_{a_2}=\gamma_1 h_1 K_{a_2}$$

$$\sigma_{a_2}=\gamma_2\left(\frac{\gamma_1 h_1}{\gamma_2}+h_2\right)K_{a_2}=(\gamma_1 h_1+\gamma_2 h_2)K_{a_2}$$

(3) 第三层土

$$\sigma'_{a_2}=\gamma_3\frac{\gamma_1 h_1+\gamma_2 h_2}{\gamma_3}K_{a_3}$$

$$=(\gamma_1 h_1+\gamma_2 h_2)K_{a_3}$$

$$\sigma_{a_3}=\gamma_3\left(\frac{\gamma_1 h_1+\gamma_2 h_2}{\gamma_3}+h_3\right)K_{a_3}$$

$$=(\gamma_1 h_1+\gamma_2 h_2+\gamma_3 h_3)K_{a_3}$$

需要注意的是，由于各层土的性质与指标不同，各自相应的主动土压力系数也不同。因此在交界面处土压力会出现突变，即有 2 个数值。

6.5.2　墙后填土表面有连续均布荷载

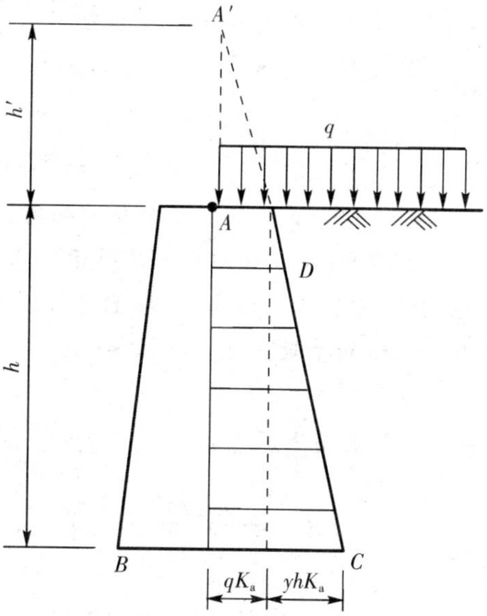

图 6－11　墙后填土表面有均布荷载

如图 6－11，当挡土墙后填土表面有连续均布荷载 q 作用时，一般可以将均布荷载换算成当量的土重，即用假想的土重来代替均布荷载。当填土面水平时，当量的土层厚度为

$$h=\frac{q}{\gamma}$$

式中　γ—— 填土的重度。

然后,以 $A'B$ 为新的挡土墙墙背,按填土面无荷载的情况计算土压力。

以无黏性填土为例:

填土面 A 点的主动土压力强度为

$$\sigma_{aA}=\gamma hK_a=qK_a$$

墙底 B 点的土压力强度为

$$\sigma_{aB}=\gamma(h+H)K_a=(q+\gamma H)K_a$$

土压力分布如图 6-11 所示,实际的土压力分布图为梯形部分,土压力的作用点在梯形的重心。

6.5.3　墙后填土中有地下水

墙后填土常会有部分或全部处于地下水位以下,由于渗水或排水不畅会导致墙后填土中含水。工程上一般可忽略水对砂土抗剪强度的影响,但对于黏性土,随着含水率的增加,抗剪强度指标明显降低,导致墙背土压力增大。因此,挡土墙应具有良好的排水措施,如果遇到挡土墙后填土中有地下水的情况,要根据实际情况选择计算方法。

黏性土中的水主要是结晶水和结合水,采用土水合算法,计算时地下水位以下采用饱和重度。

砂土中由于颗粒之间的孔隙充满自由水,能传递静水压力,所以采用水土分算法,地下水位以下采用浮重度,并计入地下水对挡土墙产生的静水压力的影响,因此作用在墙背上总的侧压力为土压力和水压力之和。

土压力通常按式(6-21)计算:

$$P_w=\frac{1}{2}\gamma_w h^2 \tag{6-21}$$

h— 为地下水位到墙地面的高度。

例题 6-4　如图 6-12 所示挡土墙,墙背竖直光滑,墙后填土面水平,墙后填土为砂土,求作用挡土墙的主动土压力。

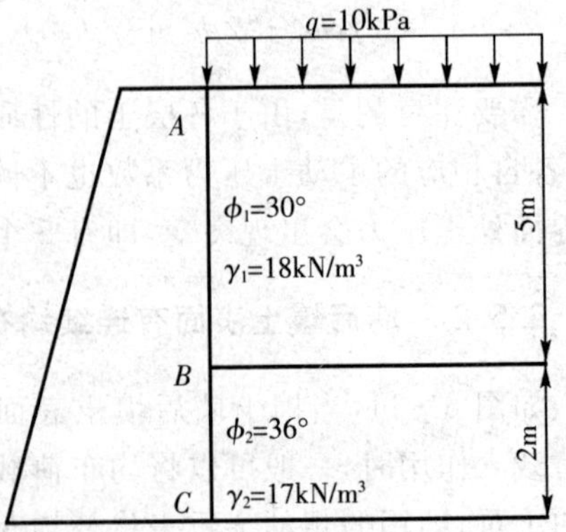

图 6-12　例题 6-4 图

解:

(1) 主动土压力系数

$$K_{a_1}=\tan^2\left(45-\frac{\varphi_1}{2}\right)=0.333$$

$$K_{a_2}=\tan^2\left(45-\frac{\varphi_2}{2}\right)=0.390$$

(2)A、B、C 各点的主动土压力

$$p_a = qK_{a_1} = 10 \times 0.333 = 3.33\text{kPa}$$

$$p_{b上} = (q + \gamma_1 d_1)K_{a_1} = (10 + 18 \times 5) \times 0.333 = 33.3\text{kPa}$$

$$p_{b下} = (q + \gamma_1 d_1)K_{a_2} = (10 + 18 \times 5) \times 0.390 = 39.03\text{kPa}$$

$$p_c = (q + \gamma_1 d_1 + \gamma_2 d_2)K_{a_2} = (10 + 18 \times 5 + 17 \times 2) \times 0.390 = 52.3\text{kPa}$$

(3) 主动土压力

$$P_a = \frac{1}{2}(3.33 + 33.3) \times 5 + \frac{1}{2}(39.0 + 52.3) \times 2 = 182.9\text{kN/m}$$

例题 6－5　某挡土墙，墙高 4m，墙背直立、光滑，墙后填土表面水平。其余参数如图 6－13 所示，试求 A、B、C 三点处的主动土压力和水压力之和。

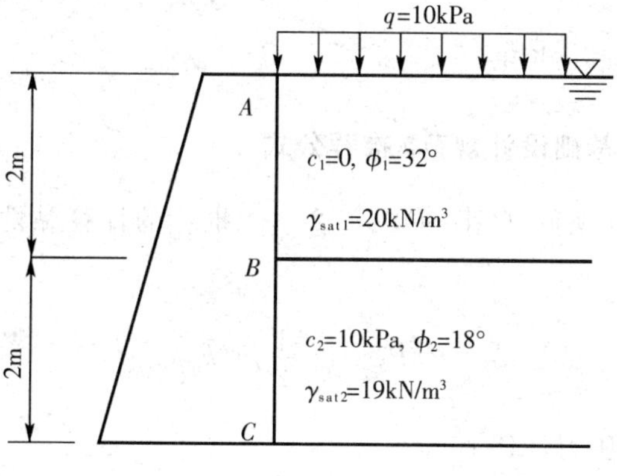

图 6－13　例题 6－5 图

解：$K_{a_1} = \tan^2(45° - \frac{\varphi_1}{2}) = \tan^2(45° - \frac{32°}{2}) = 0.307$

$$K_{a_2} = \tan^2(45° - \frac{\varphi_2}{2}) = \tan^2(45° - \frac{18°}{2}) = 0.528$$

$$\gamma'_1 = \gamma_{sat1} - \gamma_w = 20 - 10 = 10\text{kN/m}^3$$

$$\gamma'_2 = \gamma_{sat2} - \gamma_w = 19 - 10 = 9\text{kN/m}^3$$

在 A 点处：

$$p_A = p_{aA} = qK_{a_1} = 10 \times 0.307 = 3.07\text{kPa}$$

在 B 点处(上层土的底层)：

$$p_{B_1} = p_{aB_1} + p_w$$

$$= (q + \gamma'_1 h_1) K_{a_1} + \gamma_w h_1$$

$$=(10+10\times 2)\times 0.307+10\times 2$$
$$=29.2\text{kPa}$$

在 B 点处(下层土的顶层)：

$$p_{B_2}=p_{aB_2}+p_w$$
$$=(q+\gamma'_1 h_1)K_{a_2}-2c_2\sqrt{K_{a_2}}+\gamma_w h_1$$
$$=(10+10\times 2)\times 0.528-2\times 10\times 0.727+10\times 2$$
$$=21.3\text{kPa}$$

在 C 点处：

$$p_c=p_{aC}+p_{wC}$$
$$=(q+\gamma'_1 h_1+\gamma'_2 h_2)K_{a_2}-2c_2\sqrt{K_{a_2}}+\gamma_w(h_1+h_2)$$
$$=(10+10\times 2+9\times 2)\times 0.528-2\times 10\times 0.727+10\times 4$$
$$=50.8\text{kPa}$$

6.5.4 《建筑地基基础设计规范》推荐公式

《建筑地基基础设计规范》(GB 50007—2002) 推荐的计算黏性土和粉土的主动土压力公式：

$$P_a=\psi_c\frac{1}{2}\gamma h^2 k_a \tag{6-22}$$

式中 P_a—— 主动土压力,kPa；

ψ_c—— 主动土压力增大系数,土坡高度小于 5m 时宜取 1.0；高度 5 ~ 8m 时宜取 1.1；高度大于 8m 时宜取 1.2；

γ—— 墙后填土的重度,kN/m^3；

h—— 挡土墙的高度,m；

K_a—— 主动土压力系数,按《建筑地基基础设计规范》附录 L 确定。

6.6 关于土压力的几个问题

6.6.1 黏性土应用库仑土压力理论

在遇到挡土墙背倾斜、粗糙、填土表面倾斜的情况时,不符合朗肯土压力理论。应采用库仑土压力理论,但是,根据库仑土压力理论的理论基础,它只适用于无黏性土,如果墙后填土为黏性土,那么需要经过转化才能使用库仑土压力理论,工程中常采用等值内摩擦角法。

黏性土的抗剪强度　$\tau_f = \sigma \tan \varphi + c$

等值抗剪强度　$\tau_f = \sigma \tan \varphi_D$

式中　φ_D—— 等值内摩擦角，将黏性土 c 折算在内。

令两式相等可得：

$$\varphi_D = \tan^{-1}(\tan \varphi + \frac{c}{\sigma}) \tag{6-23}$$

6.6.2　朗肯土压力理论和库仑土压力理论的异同

(1) 朗肯土压力理论和库仑土压力理论是分别根据不同的假设，以不同的分析方法来计算土压力的，在最简单的情况下（$\alpha=0, \beta=0, \delta=0$），用这两种理论的计算结果是相同的。否则结果不同。

(2) 朗肯土压力理论应用半无限空间土体中的应力状态和极限平衡理论，概念明确，公式简单，便于记忆，对于黏性土和无黏性土都可以用该公式直接计算，故在工程中得到广泛应用。但由于理论基础的限制，必须要求墙背是竖直、光滑的，墙后填土表面是水平的，因而使应用范围受到限制，并且由于该理论忽略了墙背与填土之间摩擦的影响，使得计算出来的主动土压力偏大，而计算出来的被动土压力偏小。

(3) 库仑土压力理论根据墙后滑动土楔体的静力平衡条件，推导而得到土压力计算公式，考虑了墙背与土之间的摩擦力，并可用于墙背倾斜，填土表面倾斜的情况，但由于该理论假设填土是理想的散粒体，即无黏性土，因此不能用库仑理论的原公式直接计算黏性土的土压力。库仑理论假设墙后填土破坏时，破裂面是一个平面，而实际上却很难保证，实验证明，只有当墙背的斜度不大，墙背与填土间的摩擦角较小时，破裂面才接近于一个平面，因此，用库仑理论的计算结果与实际情况有出入。在通常情况下，这种偏差在计算主动土压力时约为 2% ~ 10%，可以认为已满足实际工程所要求的精度。但在计算被动土压力时，由于破裂面接近于对数螺线，因此计算结果误差较大，有时可达 2 ~ 3 倍，甚至更大。

6.6.3　两种土压力理论的误差研究

由于假设条件和实际情况有出入，所以在实际运用中，朗肯土压力理论和库仑土压力理论都存在计算误差。

(1) 朗肯土压力理论的计算误差

朗肯土压力理论的假设条件是：挡土墙墙背竖直、光滑，且墙后填土表面水平。实际情况中，墙背光滑是不可能的，由于墙背与填土之间存在的摩擦力，将使朗肯主动土压力偏小而被动土压力偏大。

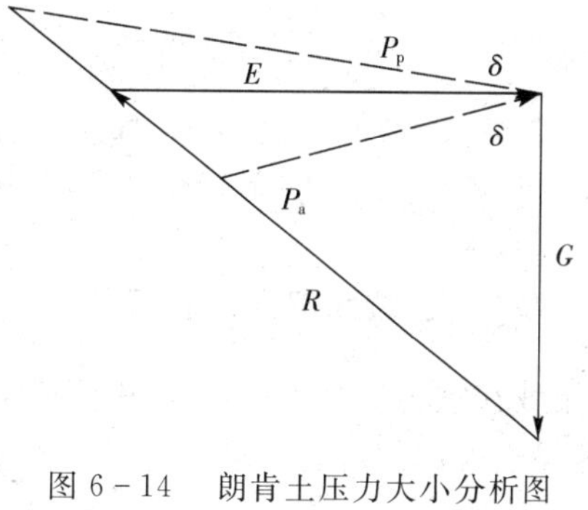

图 6-14　朗肯土压力大小分析图

如图 6-14 所示，利用力的三角形来分析墙后滑动土楔体的受力情况。图中 G 为滑动土楔体的自重应力，R 为滑动面上的反力，当墙背光滑时($\delta=0$),土压力的反作用力 E 方向水平向右。

而实际情况中墙背是粗糙的,即 $\delta>0$。

当墙后填土处于主动朗肯状态时,土楔体向下滑动,墙背对土楔体的摩擦力方向向上,故主动土压力 p_a 的反作用力方向向上,与水平方向成 δ 角,如图 6-14 中的虚线所示,显然,实际的主动土压力比计算值减小了。

当墙后填土处于被动朗肯状态时,土楔体向上滑动,墙背对土楔体的摩擦力方向向下,故被动土压力 p_p 的反作用力方向向下,与水平方向成 δ 角,如图 6-14 中的虚线所示,显然能看出,实际的被动土压力比计算值大得多。

(2) 库仑土压力理论的计算误差

库仑土压力理论的假设前提是墙后填土为理想的散粒体,因此滑动破坏面是一个平面,而实际情况下,由于土颗粒间的复杂的相互作用,实际的滑动破坏面不是一个绝对的平面。因此,在主动土压力情况下,求导得到的值不一定是最大值,这样会造成库仑土压力理论计算出来的主动土压力偏小。同理,在被动土压力情况下,求导得出的值不一定是最小值,由此造成库仑土压力理论计算出来的被动土压力偏大。

6.7　土坡的稳定性分析

在土木工程建设中,会遇到一种具有倾斜坡面的土体,这就是土坡。土坡有天然土坡,也有人工土坡。天然土坡是由于地质作用自然形成的土坡,如山坡、河流的岸坡等;人工土坡是经过人工挖、填的土工构筑物,如基坑、渠道、土坝、路堤等。图 6-15 描述了滑坡的各要素名称。

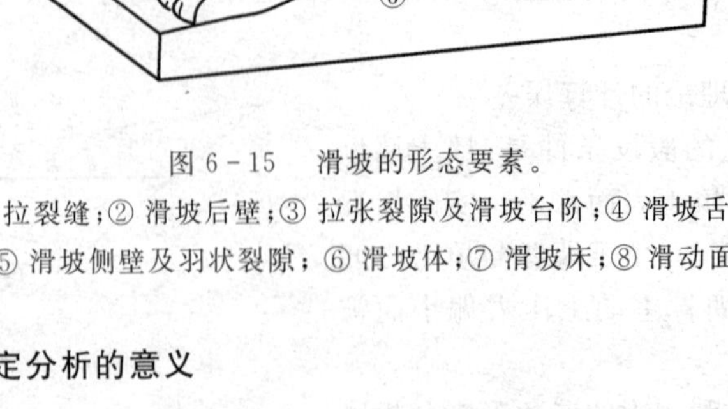

图 6-15　滑坡的形态要素。

① 后缘环状拉裂缝;② 滑坡后壁;③ 拉张裂隙及滑坡台阶;④ 滑坡舌及鼓张裂隙
⑤ 滑坡侧壁及羽状裂隙;⑥ 滑坡体;⑦ 滑坡床;⑧ 滑动面

6.7.1　土坡稳定分析的意义

土坡在重力和其他荷载作用下都有向下和向外移动的趋势,即在土坡体内会出现剪应力,如果土坡内的抗剪强度能够抵抗产生的剪应力,那么这个土坡就是稳定的,否则土坡就会丧失原有的稳定性，而发生一部分土体相对另一部分土体向下滑动的现象，也就是滑坡。滑坡将会危及滑坡体及其附近人的生命和财产安全。此外，河岸的滑坡还会造成很大的波浪，使很长距离内产生灾难。土坝、河堤的滑坡会引起垮坝，甚至发生大的洪水。在土木工程建设中，也经常会遇到土坡稳定性问题，例如：

(1) 经过漫长时间形成的天然土坡原本是稳定的，但是如果在土坡上建造房屋，就会增加坡面荷载，尤其在土坡边缘建造房屋，非常容易引起土坡的滑动；又如在坡脚修路，为增加路面宽度，往往将坡脚削平，这样也容易使土坡失稳而发生滑坡。

(2) 基础工程中的基坑开挖，对于土质较好的黏性土浅基础，基础埋深 1 ~ 2m，同时基坑规模不是很大时，可以竖直开挖。但如果基础埋深大于5m，或是基坑规模很大，尤其是在密集的建筑群里，直接竖直开挖则会产生滑坡，甚至会对周边建筑物产生严重影响，此时需要做挡土墙或内支撑。

(3) 人工修筑的土堤、土坝、路基等，形成了地面以上新的土坡。对于这些工程，如果边坡陡一点，可以节省工程量，但会增加滑坡的可能性；如果边坡缓一点，虽然偏于安全，却会增加工程量。所以，需要合理选择既安全又经济的坡度。

由此可见，研究土坡的稳定性对土木工程的建设有着非常重要的意义。

6.7.2　土坡稳定的影响因素

影响土坡稳定的因素很多，可以分为内部因素和外部因素两大部分。

(1) 影响土坡稳定的内部因素主要有：

① 土的性质：土的性质越好，土坡就越稳定。不同土质的抗剪强度是不一样的，如湿陷性黄土，遇水后软化，强度会发生骤降。

② 土坡的坡角：坡角越小越安全(但不经济)；坡角越大越经济(但不安全)。

③ 土坡的坡高：试验研究表明，其他条件相同的土坡，坡高越小，土坡越稳定。

(2) 影响土坡稳定的外部因素主要有：

① 土坡的渗透性：由于持续的降雨或地下水的渗入，会使土中含水量增高，土中易溶盐溶解，土质变软，强度降低；渗透还会使土的重度增加，以及产生孔隙水压力，促使土体失稳，故在设计土坡时应针对这个情况，采取相应的排水措施。

② 振动的作用：在强烈地震、打桩、工程爆破和车辆震动等情况下，砂土极易发生液化，这会使土的强度降低，对土坡稳定性产生不利影响；而对于黏性土，振动时易使土的结构破坏，从而降低土的抗剪强度。

③ 人为影响：由于人类不合理地开挖，特别是开挖坡脚；或开挖基坑、沟渠、道路边坡时将弃土堆在坡顶附近；在土坡上建房或堆放重物时，都可能引起土坡发生滑坡。

6.7.3　无黏性土坡的稳定分析

(1) 全干或全湿的土坡稳定性分析

对于土质均一的无黏性土土坡，无论在干坡还是在完全浸水条件下，由于无黏性土的黏聚力 $c=0$，因此，只要无黏性土土坡面上的土颗粒能够保持稳定，则整个土坡就是稳定的，这类土坡称为简单土坡。如图 6－16 所示为无黏性土的简单土坡。土坡坡高为 H，坡脚为 θ，土的内摩擦角为 φ。

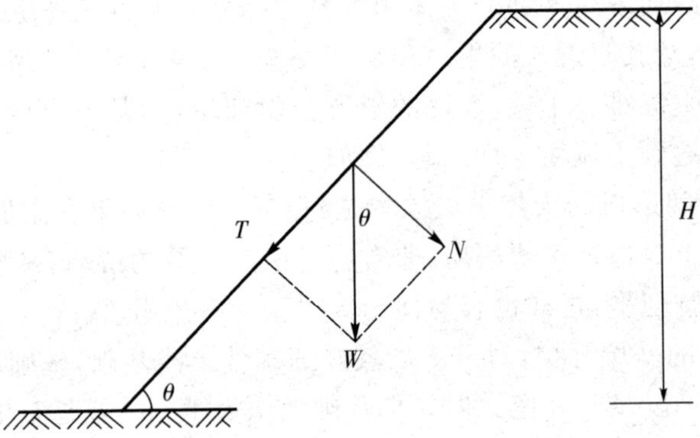

图 6-16　无黏性土简单土坡

在坡面上任取一侧面竖直、底面与坡面平行的单元体进行分析。若单元体的自重为 w，则法向分力 $N=w\cdot\cos\theta$，切向分力 $T=w\cdot\sin\theta$

稳定安全系数：

$$K_s=\frac{抗滑力}{滑动力}=\frac{N\cdot\tan\varphi}{T}=\frac{W\cdot\cos\theta\cdot\tan\varphi}{W\cdot\sin\theta}=\frac{\tan\varphi}{\tan\theta} \tag{6-24}$$

由此可见，对于全干或全湿的无黏性土坡的稳定性，只与坡脚和土的内摩擦角有关，而与坡高无关；理论上，只要坡角小于土的内摩擦角，土体就是稳定的；当 $K_s=1$ 时，土体处于极限平衡状态，此时的坡角就等于无黏性土的内摩擦角，也称为天然休止角。

(2) 有沿坡渗流的土坡稳定性分析

如图 6-16，当无黏性土坡有沿坡渗流时，取单元体进行分析，则

自　重　$W'=\gamma'\Delta V$

渗透力　$J=j\cdot\Delta V=i\gamma_w\cdot\Delta V=\sin\alpha\cdot\gamma_w\cdot\Delta V$

滑动力　$T'+J=(\gamma'\sin\alpha+\gamma_w\sin\alpha)\Delta V=\gamma_{sat}\sin\alpha\cdot\Delta V$

抗滑力　$R=N\tan\varphi=\gamma'\cdot\Delta V\cos\alpha\tan\varphi$

稳定安全系数：

$$K_s=\frac{抗滑力}{滑动力}=\frac{R}{T'+J}=\frac{\gamma'\cdot\cos\alpha\cdot\tan\varphi}{\gamma_{sat}\cdot\sin\alpha}=\frac{\gamma'}{\gamma_{sat}}\cdot\frac{\tan\varphi}{\tan\theta} \tag{6-25}$$

通常情况下 $\frac{\gamma'}{\gamma_{sat}}\approx 0.5$，由此可见，原来稳定的土坡，在有沿坡渗流时，其稳定性约降为原来的一半，有可能发生破坏。

6.7.4　黏性土坡的稳定分析

(1) 整体圆弧滑动法

整体圆弧滑动法是瑞典彼得森提出的一种分析土坡稳定性的方法，是最常用的方法之一，应用范围非常广，该方法也称为瑞典圆弧法。

当均质黏性土坡滑动时，其滑动面常近似为圆弧形状，假定滑动面以上的土体为刚性体，那么在设计中可以不考虑滑动土体内部的相互作用力。再假定滑动面为无限延伸的圆柱面，这样就可以简化为平面问题。

如图 6-17，表示一个均质的黏性土坡，AC 为滑动圆弧面，O 为圆心，R 为半径。边坡失稳也就是滑动土体绕圆心 O 发生旋转。滑动体所受的重力 W_1 和坡面荷载 W_2 对圆心 O 所产生的力矩为滑动力矩，而滑动面上的抗剪强度 τ_f 对圆心 O 的力矩之和为抗滑力矩，由此可得该黏性土坡的稳定安全系数：

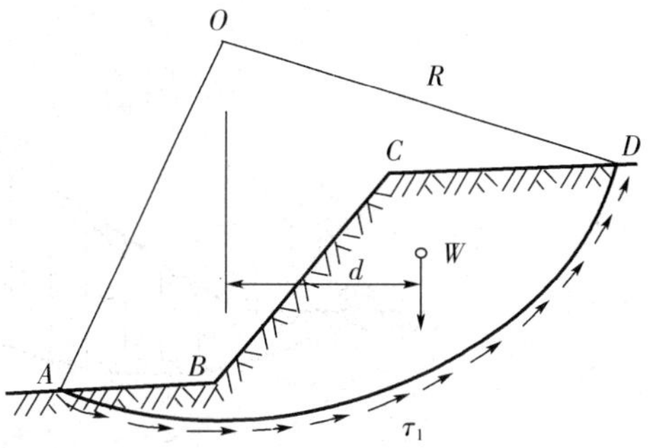

图 6-17　整体圆弧滑动

$$K_s = \frac{\text{抗滑力矩}}{\text{滑动力矩}} = \frac{\tau_f \widehat{L} R}{W_1 d_1 + W_2 d_2} \tag{6-26}$$

当坡顶没有荷载作用的情况下，黏性土坡的稳定安全系数为：

$$K_s = \frac{\text{抗滑力矩}}{\text{滑动力矩}} = \frac{\tau_f \widehat{L} R}{W d} \tag{6-27}$$

式中　d_1, d_2, d_3——W_1, W_2 合力的作用点距圆心 O 的水平距离；

τ_f——滑动面上的平均抗剪强度；

R——滑动圆弧的半径。

$\widehat{L}$——滑动圆弧的弧长。

根据摩尔—库仑强度理论，黏性土的抗剪强度 $\tau_f = c + \tan\varphi$。所以，对于均质的黏性土坡，虽然 c, φ 为常数，但滑动圆弧面上的法向应力 σ 沿滑动面会发生不断地变化。因此，如果 $\varphi \neq 0$，τ_f 就不会是常数，此时用以上公式并不能确定稳定安全系数的大小。正是因为这样，整体圆弧滑动法只适用于 $\varphi = 0$ 的情况。

(2) 圆弧滑动面条分法

整体滑动圆弧法因为条件限制，虽然简单，但只适用于 $\varphi = 0$ 的情况，为了能够使圆弧滑动法也能应用到 $\varphi > 0$ 的黏性土，瑞典的费伦纽斯提出基于刚体极限平衡理论的条分法，也称为瑞典条分法。

如图 6-18 所示的土坡，假定滑动面为无限延伸的圆柱面，这样可将其简化为平面问题。假设可能的滑动面是圆弧 AD，圆心为 O，半径为 R。将滑动土体 $ABCDA$ 均匀分成很多竖向的土条，对任意一个土条 i 做受力分析，如图 6-18，由图上可以看出，任意一个土条 i 上所受到的应力有：

土条的自重 W_i，其大小、作用点位置及方向均为已知。

滑动面 ef 上的法向力 N_i 及切向反力 T_i，因为土条很小，可以假定 N_i 和 T_i 作用在滑动面 ef 的中点，它们的大小未知。

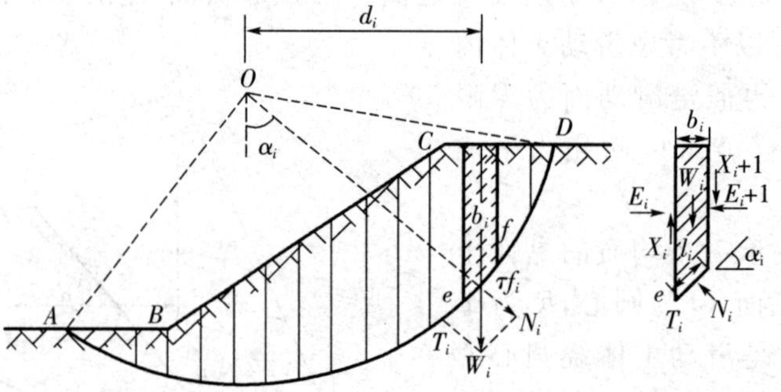

图 6-18　滑动圆弧面条分法

土条两侧的法向力 E_i、E_{i+1} 及竖向剪切力 X_i、X_{i+1}，其中 E_i 和 X_i 可由前一个土条的平衡条件求得，而 E_{i+1} 及 X_{i+1} 的大小未知，E_{i+1} 的作用点位置也未知。

由此可以发现，作用在土条 i 上的作用力有 5 个未知数，但只能建立 3 个平衡方程。因此为了求得 N_i 和 T_i 的值，必须对土条两侧的作用力的大小和位置作适当的假定才能求解。费伦纽斯条分法没有考虑土条两侧的作用力，也就是说 Ei 和 Xi 的合力等于 $Ei+1$ 和 $X+1$ 的合力，同时它们的作用线也重合，因此土条两侧的作用力是相互抵消的，这时土条 i 仅有作用力 Wi、Ni 及 Ti，那么根据平衡条件有：

$$N_i = Wi\cos\alpha_i \tag{6-28}$$

$$T_i = W_i\sin\alpha_i \tag{6-29}$$

滑动面上的抗剪强度为：

$$\tau_{fi} = \sigma_i\tan\varphi_i + c_i = \frac{1}{l_i}(N_i\tan\varphi_i + c_i l_i) = \frac{1}{l_i}(W_i\cos\alpha_i\tan\varphi_i + c_i l_i) \tag{6-30}$$

式中　α_i—— 土条 i 滑动面的法线与竖直方向的夹角；

l_i—— 土条 i 滑动面 ef 的弧长；

c_i—— 滑动面上的黏聚力；

φ_i—— 滑动面上的内摩擦角。

土条 i 上的作用力对圆心 O 所产生的滑动力矩 M_s 及稳定力矩 M_r 为：

$$M_s = T_i R = W_i R\sin\alpha \tag{6-31}$$

$$M_r = \tau_{fi} l_i R = (W_i\cos\alpha_i\tan\varphi_i + c_i l_i)R \tag{6-32}$$

那么，整个土坡的稳定安全系数：

$$K_s = \frac{M_r}{M_s} = \frac{R\sum_{i=1}^{i=n}(W_i\cos\alpha_i\tan\varphi_i + c_i l_i)}{R\sum_{i=1}^{i=n}W_i\sin\alpha_i} \tag{6-33}$$

对于均质土坡，因为 $c_i = c$，$\varphi_i = \varphi$，所以可简化为：

$$K_s=\frac{M_r}{M_s}=\frac{\tan\varphi\sum_{i=1}^{i=n}W_i\cos\alpha_i+c_il_i}{\sum_{i=1}^{i=n}W_i\sin\alpha_i}\tag{6-34}$$

由以上分析可知，为了能够有足够的条件求解，瑞典条分法忽略了每个土条之间的应力影响，因此，它只满足滑动土体整体的力矩平衡条件而不满足每个土条的静力平衡条件。该方法在实际工程中应用了很长时间，也积累了非常丰富的工程经验，由该方法得到的安全系数一般偏低，所以在工程上偏于安全，因此目前在工程上依然被广泛运用。

思考与练习题

1. 影响土压力的因素有哪些？其中主要因素是什么？

2. 简述朗肯土压力与库仑土压力理论的不同点？

3. 简述主动土压力、被动土压力、静止土压力产生的条件？

4. 某挡土墙高为 6m，墙背直立、光滑，墙后填土表面水平，土面上作用有连续均匀荷载 $q=10kPa$，填土 $\gamma=18kN/m^3$，$c=0$，$\varphi=35°$。试计算作用于该挡土墙上的主动土压力及其分布。

5. 某挡土墙的墙壁光滑($\delta=0$)直立。墙高 7.0m，墙后有两层填土，性质如图 6-19 所示，地下水位在填土表面下 3.5m 处，与第二层填土面平齐。填土表面作用有 $q=100kPa$ 的连续均布荷载。试求作用在墙上的总主动土压力、水压力及其作用点位置。

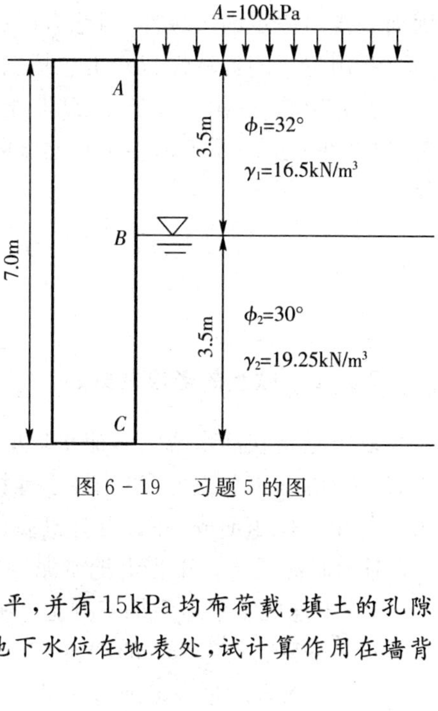

图 6-19　习题 5 的图

6. 已知某挡土墙，高度 5m，挡土墙顶宽 1.5m，底宽 2.5m。墙面倾斜，墙背竖直，墙背摩擦角 20°，填土表面倾斜 12°。墙后填土为砂土，重度为 $17kN/m^3$，内摩擦角 30°。试求作用在此挡土墙上的主动土压力。

7. 一挡土墙高 6m，墙背竖直、光滑，墙后填土面水平，并有 15kPa 均布荷载，填土的孔隙率 $n=40\%$，土粒重度 $\gamma_s=26.5kN/m^3$，$c=0$，$\varphi=30°$，地下水位在地表处，试计算作用在墙背上的主动土压力合力及作用点位置。

8. 已知挡土墙高 10m，墙后填土为中砂，$\gamma=18kN/m^3$，$\gamma_{sat}=20kN/m^3$，$\varphi=30°$；墙背竖直、光滑，墙后填土表面水平。试计算总静止土压力，总主动土压力；当地下水位上升至离墙顶 6m 时，计算挡土墙所受的主动土压力与水压力。

第 7 章　特殊土地基

7.1　概　述

我国地域辽阔，从沿海到内地，由山区到平原，分布着多种不同物理力学性质的土。由于在不同的地理环境、气候条件、地质成因、历史过程、物质成分等条件下形成的与一般土类具有不同工程性质的土，人们把这些具有特殊工程性质的土类称为特殊土，将基础建在此类土层上的地基称之为特殊土地基。各种天然形成的特殊土的地理分布存在着一定的规律，因而表现出一定的区域性，因此有区域性特殊土之称。

我国主要的区域性特殊土包括软土、湿陷性黄土、膨胀土、冻土、红黏土和盐渍土等。本章主要介绍软土、湿陷性黄土、膨胀土和冻土的主要工程特征，及其对建筑物可能造成的危害，以及在此类土层上从事工程建设时所采取的工程措施。

7.2　软土地基

7.2.1　软土的形成及分布

软土是指在静水或缓慢流水环境中以细颗粒为主的近代沉积物。软土具有天然含水量大、压缩性高、承载力低、渗透性小等特性，是一种呈软塑和流塑状态的饱和黏性土。当软土由生物化学作用形成，并含有有机质，其天然孔隙比 $e \geqslant 1.5$ 时为淤泥；天然孔隙比 $1 \leqslant e < 1.5$ 时为淤泥质土。工程上把淤泥、淤泥质土统称为软土。

《软土地区工程地质勘察规范》规定软土的判别应符合下列要求：

(1) 外观以灰色为主的细粒土；

(2) 天然含水量大于或等于液限；

(3) 天然孔隙比大于或等于 1.0。

我国软土分布十分广泛，滨海平原、河口三角洲、湖泊地周围、山间谷地均有分布。软土按其形成特征及地质成因类型可分为滨海沉积软土、湖泊沉积软土、河滩沉积软土及谷地沉积软土或残积软土；按软土的地理分布可概括为沿海软土、内陆软土和山区土三种。

沿海软土主要位于河流入海处，分布面积较广，土层较厚，呈现多层状结构，如分布在渤海及津塘地区、浙江的温州、宁波、长江三角洲等地。内陆软土以湖、塘沉积为代表，该类软土分布面积较小，层理不明显，主要分布在洞庭湖、洪泽湖、太湖流域及滇池地区。山区软土多分布在多雨的山间谷地、冲沟、河滩阶地及各种洼地等，分布零星、范围小，软土厚度变化大，土质不均，强度及压缩性变化大。

7.2.2　软土的物理力学性质

(1) 天然含水量高、孔隙比大。软土主要是由黏粒及粉粒组成，颜色多呈灰色或黑灰色，含有有机质。软土具有天然含水量高，孔隙比大的性质，因此软土的强度低、压缩性高。高含水量、大孔隙是软弱土的基本物理特征，直接影响土的压缩性和抗剪强度。

(2) 透水性低。由于软土的黏粒含量高，所以土体渗透性很低，而且垂直方向和水平方向的渗透系数不一样。尤其是软土中含有大量的有机质时，在土中可能产生气泡，堵塞渗流通路，降低渗透性。因此在荷载作用下，排水固结缓慢，沉降变形时间长。

(3) 高压缩性。由于软土孔隙比大，软土中存在大量微生物而产生大量的气体，故软土的压缩性高。当其他条件相同时，软土的液限愈大，压缩性愈大。

(4) 抗剪强度低。软土的抗剪强度很低，与排水固结程度密切相关。在不排水剪切时，软土的内摩擦角很小，黏聚力也较低。

(5) 具有触变性。触变性是指黏性土在外力作用下，土的结构强度剧烈降低，甚至发生流动，但当外力停止作用后，随时间的增长又逐渐恢复结构和强度的现象。软土具有絮凝结构，是结构性沉积物，具有较高的触变性。通常用灵敏度 S_t 判定软土的触变性，可采用现场十字板剪切试验，也可采用无侧限抗压强度的试验方法。

(6) 具有流变性。软土的流变性包括蠕变特征、应力松弛特性及长期强度等特性。蠕变特性是指在荷载不变的情况下，土的变形随时间发展的特性；应力松弛特性是指在恒定的变形条件下，应力随时间减小的特性；长期强度特性是指土体在长期荷载作用下土的强度随时间变化的特性。由以上可知，软土的流变性可能导致地基长期处于变形过程中。

7.2.3　软土地基采取的措施

由上述软土地基物理力学性质可知，软土具有压缩性高、强度低等特性，故软土地基的主要问题是地基变形问题。在软土地基上建造建筑物，其地基变形使得建筑物的沉降量大且发生不均匀沉降、沉降率大以及沉降稳定历时较长等特点。软土地基的不均匀沉降将导致建筑物开裂损坏等严重工程事故。

针对软土物理力学特性，在设计和施工中常采用以下工程措施：

(1) 轻基浅埋。当地表有硬壳层，建筑物应充分利用其作为天然地基的持力层。尽量减少上部结构及基础重量，称之为“轻基浅埋”法。

(2) 采用轻型结构、轻质墙体、设置地下室等，降低基底压力及附加压力，从而减少软土沉降量。

(3) 铺砂垫层。可以减少作用在软土层的附加压力，以减少建筑物沉降变形量。还可以加速软弱土层的排水固结，提高软土的抗剪强度。

(4) 采用地基处理方法，来提高软土地基承载力。如采用砂井、砂井预压、堆载预压、电渗法等促使土层排水固结，提高软土地基承载力；也可采取砂桩、碎石桩、石灰桩、灰土桩和水泥土旋喷桩处理。

(5) 采取施工措施，防止在软土地基上加载过大过快，发生地基土塑性挤出的现象。

(6) 对荷载大，沉降限制严格的建筑物，宜采用桩基，来有效地减小沉降量和差异沉降。

(7) 对于建筑物附近有大面积堆载或相邻建筑物过近,可采用桩基。

(8) 遇到局部软土和暗塘、暗沟、暗洞等情况时,应查明范围,根据具体情况,采取基础局部深埋,换土垫层、短桩及基础梁等办法处理。

(9) 在一个建筑群中有不同形式的建筑物时,应当从沉降观点去考虑相互影响及对地面下一系列管道设施的影响。

(10) 同一建筑物有不同结构形式时,必须妥善处理,对不同基础形式,其上部结构必须断开。

(11) 荷重差异较大的建筑物,宜先建重、高部分,后建轻、低部分。

(12) 同一房屋各部分的荷重应尽可能相同,并具备独立的刚度。平面复杂的建筑物最好用沉降缝分成若干简单的单元。

(13) 在建筑物附近或建筑物内开挖深基坑时,应考虑边坡稳定及基坑降水所引起的对周围环境影响等问题。

(14) 在建筑物附近不宜采用深井降水,必要时应通过计算确定深井的位置及限制抽水量,并采取回灌的措施。

软土地区进行建筑施工时必须注意软土地基的变形和强度问题。过大的沉降及不均匀沉降是造成工程事故的根本原因,因此,要从勘察、设计和施工等各个方面全面地综合考虑,并采取相应的措施,来减小地基的沉降及不均匀沉降,保证建筑物的安全和正常使用。

7.3 湿陷性黄土地基

7.3.1 黄土的特征和分布

黄土是一种产生于第四纪地质历史时期干旱条件下的沉积物。其主要特征为:外观颜色呈黄色或褐黄色;颗粒组成以粉土颗粒为主,含量常在60%以上;孔隙比e较大,一般在1.0左右,具有肉眼可见的大孔隙;富含碳酸钙盐类。由风力搬运堆积而成,又未经次生扰动、不具层理构造的黄土,称为原生黄土;而由风力以外的其他成因堆积而成,具有层理和砾石、砂类层,称之为次生黄土。原生黄土和次生黄土统称为黄土。

黄土按遇水后的工程性质表现,则可分为湿陷性黄土与非湿陷性黄土两类。在天然含水量状态下,黄土往往具有较高的强度和较低的压缩性。有些黄土在遇水浸湿后,土体结构迅速破坏,产生显著附加沉降,强度也迅速降低,称为湿陷性黄土。有些黄土浸湿后并不发生湿陷,称为非湿陷性黄土。非湿陷性黄土地基的设计和施工与一般黏土地基基本相同。湿陷性黄土又可以分为自重湿陷性和非自重湿陷性两大类,自重湿陷性黄土是指土体在自重压力作用下遇水浸湿后产生湿陷的黄土;非自重湿陷性黄土是指土体在自重压力下受水不产生浸湿,而是在某一外荷载作用下遇水浸湿后产生湿陷的黄土。

世界上黄土分布很广,集中在中纬度干旱和半干旱地区,也是我国地域分布最广的一种特殊土类,总分布面积约为60多万平方公里,主要分布于甘肃、陕西、青海、河南、山东、山西等省。堆积厚度一般在10～40m,最大厚度达200m。黄土沉积过程经历了整个第四纪时期，按照形成年代的早晚将黄土分为老黄土和新黄土，如表 7－1 所示。黄土形成年代越久，土质越密实，强度高而压缩性低，一般不具有湿陷性；黄土形成年代越近，土体结构越稀疏，具有湿陷性。

表 7－1　黄土的地层划分

时代	地层名称		基本特性
全新纪 Q_4	黄土状土	新黄土	具有湿陷性
晚更新纪 Q_3	马兰黄土		
中更新纪 Q_2	离石黄土	老黄土	不具湿陷性
早更新纪 Q_1	午城黄土		

黄土湿陷性的发生是在外界压力下，由地面渗水或由于地下水位上升而引起的。然而受压以及受水浸湿只不过是湿陷发生所必需的外界条件，如果没有黄土本身固有的特性，那么湿陷现象是不可能产生的。研究表明，黄土的结构特性及物质成分是产生湿陷的内在因素。

黄土的特殊结构及物质成分是由于黄土的形成历史所造成的。在长期干旱和半干旱气候条件下，季节性的短期降雨，使得松散干燥的粉粒黏聚起来。然而随之而来的干旱气候使得土体内的水分逐渐连续蒸发，于是，少量的水分与溶于其中的盐类都集中在粗粉粒的接触点处，可溶盐逐渐浓缩为胶结物。随着土体含水量的进一步减少，土颗粒彼此靠近，颗粒间的分子引力以及结合水、毛细水的联结力也逐渐加大，阻止了土体的自重压密，于是形成了以粗粉粒为主体骨架的多孔隙结构。

关于黄土湿陷机理，有多种见解，主要有两大类：一是加固凝聚力降低或消失假说，其理论基础是认为黄土受水浸湿时，结合水膜增厚并楔入土颗粒之间，于是，结合水联结消失，盐类溶于水中，加固凝聚力被破坏，骨架强度降低，土体在上覆土层的自重压力或附加压力的共同作用下，其结构迅速破坏，土粒滑向孔隙，颗粒间的孔隙含量及孔隙直径减小，于是黄土在宏观上表现为发生湿陷；二是黏土颗粒膨胀和土颗粒间的抗剪强度突然降低假说，它指出黏土颗粒表面吸附水的增多导致黏土颗粒体积增大，既发生膨胀，必然也将使颗粒骨架分开，结构强度破坏进而产生湿陷。无论哪一种假说，都从不同侧面反映出黄土发生湿陷是由于当水渗入土体时，土颗粒表面形成了结合水膜或结合水膜增厚，这样，土颗粒间原有的分子引力、干摩擦力、胶结力等凝聚力被液体摩擦力所代替，导致土体结构强度降低，土体在上覆土层的自重压力或附加压力的共同作用下发生湿陷。也就是说，在黄土发生湿陷，土颗粒发生移动的过程中，水起到了润滑剂的作用。

黄土中胶结物的多寡和成分，以及颗粒的组成和分布，对于黄土的结构特点和湿陷性的强弱有着重要的影响。胶结物含量大，黏粒含量多，黄土的结构致密，使湿陷性降低且力学性质得到改善。反之，结构疏松、强度降低、湿陷性强。黄土的湿陷性还与土体的孔隙比、含水量等土的物理性质有关，土体孔隙比越大或天然含水量越低，则湿陷性越强。黄土的湿陷性还与外加压力相关，外加压力越大，湿陷量也显著增加。但当压力超过某特定值后，再增加压力，湿陷量反而减少。

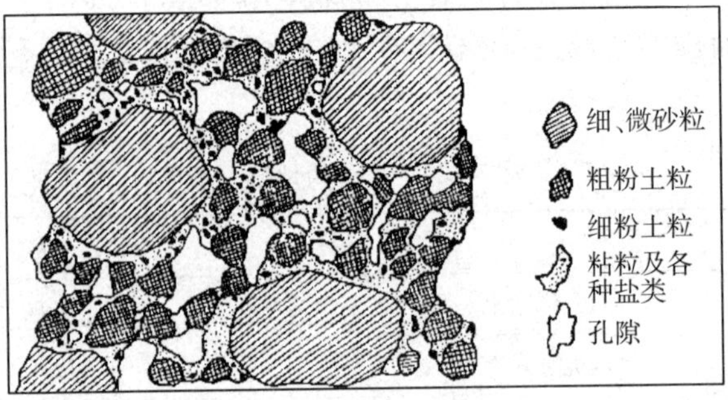

图 7-1　黄土结构示意图

7.3.2　黄土湿陷性评价

对于湿陷性黄土地基,正确评价地基的湿陷性具有重要的工程意义。湿陷性评价一般包括三方面内容:(1) 黄土在一定压力下浸水是否具有湿陷性;(2) 判别场地的湿陷类型,是属于自重湿陷性黄土还是非自重湿陷性黄土;(3) 判定湿陷性黄土地基的湿陷等级。

1. 黄土湿陷性判定

黄土湿陷性采用湿陷系数 δ_s 值来判定,δ_s 可通过室内浸水侧限压缩试验测定。将高度 h_0 的原状土样放入压缩仪中,逐级加载到规定压力 P 为止,试样压缩稳定后测得 P 压力作用下试样高度 h_p,然后加水浸湿试样,使其达到饱和状态,待试样再次下沉稳定后测得试样高度 h'_p,湿陷系数 δ_s 定义为:

$$\delta_s = \frac{h_p - h'_p}{h_0} \tag{7-1}$$

湿陷系数 δ_s 为单位厚度土层由于浸水在规定压力作用下产生的湿陷量,反映了黄土对水的敏感性和湿陷程度。我国《湿陷性黄土地区建筑规范》采用 $\delta_s = 0.015$ 作为湿陷性黄土的界限值,当 $\delta_s \geqslant 0.015$ 时,定为湿陷性黄土;当 $\delta_s < 0.015$ 时,定为非湿陷性黄土。一般认为,$\delta_s < 0.03$ 为弱湿陷性黄土,$0.03 < \delta_s \leqslant 0.07$ 为中等湿陷性黄土,$\delta_s \geqslant 0.07$ 为强湿陷性黄土。

黄土的湿陷性系数 δ_s 与试验时所受压力 P 大小有关。《湿陷性黄土地区建筑规范》规定,测定湿陷系数时的压力 P 从基础底面(如基底标高不确定时,自地面下 1.5m) 算起,到其下 10m 以内土层为 200kPa,10m 以下至非湿陷性黄土层顶面应用其上覆土的饱和自重压力(当大于 300kPa 压力时,仍应用 300kPa),当基底压力大于 300kPa 时宜用实际压力。对压缩性较高的新近堆积黄土,基底下 5m 以内的土层宜用 100～150kPa,5～10m 和 10m 以下至非湿陷性黄土层顶面,应分别用 200kPa 和上覆土的饱和自重压力。

2. 湿陷类型判定

黄土湿陷类型主要有自重湿陷性黄土和非自重湿陷性黄土两种。自重湿陷性黄土在没有外荷载条件下,浸水后也会迅速发生显著的湿陷,在此类湿陷性黄土地基,构造很轻的建筑物也会发生严重的沉降变形,而非自重湿陷性黄土地区不会发生此种情况。因此在工程地质勘察中必须明确区分湿陷性黄土场地的类型,以便采取不同的设计方案和工程措施。

建筑场地的湿陷类型应根据实测自重湿陷量 Δ'_{zs} 或按计算自重湿陷量 Δ_{zs} 判定。实测自重湿陷量应根据现场试坑浸水试验确定，这个方法符合工程实际情况，试验结果比较可靠，但常受到各种条件限制。

计算自重湿陷量按式(7－2)计算：

$$\Delta_{zs}=\beta_0\sum_{i=1}^{n}\delta_{zsi}h_i \tag{7-2}$$

式中　h_i—— 第 i 层土的厚度；

β_0—— 因土质地区而异的修正系数，对陇西地区取 1.50，陇东、陕北、晋西地区取 1.20，关中地区取 0.90，其他地区取 0.50；

δ_{zsi}—— 第 i 层土在上覆土层的饱和($S_r \geqslant 85\%$) 自重压力作用下的湿陷系数；

有关自重湿陷系数 δ_{zsi} 按照室内压缩试验测定并按式(7－3)计算：

$$\delta_{zs}=\frac{h_z-h'_z}{h_0} \tag{7-3}$$

式中　h_z—— 保持天然湿度和结构的试样，加压至该试样上覆土的饱和自重压力时，下沉稳定后的高度，mm；

h'_z—— 上述加压稳定后的试样，在浸水(饱和) 作用下附加下沉稳定后的高度，mm；

h_0—— 试样的原始高度，mm。

计算自重湿陷量 Δ_{zs} 时，应自天然地面(当挖、填方的厚度和面积较大时，应从设计地面) 算起，至其下非湿陷性黄土层的顶面为止，其中自重湿陷系数 $\delta_{zs}<0.015$ 的土层不累计。

当计算自重湿陷量 $\Delta_{zs}\leqslant 7\text{cm}$ 时，应定为非自重湿陷性黄土场地；当计算自重湿陷量 $\Delta_{zs}>7\text{cm}$ 时，应定为自重湿陷性黄土场地。

3. 湿陷等级判定

湿陷性黄土地基的湿陷等级，应根据湿陷量的计算值和自重湿陷量的计算值等因素，按照表 7－2 判定。

总湿陷量可按式(7－4) 计算：

$$\Delta_s=\sum_{i=1}^{n}\beta\delta_{si}h_i \tag{7-4}$$

式中　δ_{si}—— 第 i 层土的湿陷系数；

h_i—— 第 i 层土的厚度；

β—— 考虑基底下地基土的浸水几率和侧向挤出等因素的修正系数。基底下 0 ～5m 深度内，β 取 1.50；基底下 5 ～ 10m 深度内，β 取 1.0；基底下 10m 以内至非湿陷性土层顶面，在自重湿陷性黄土场地，可取工程所在地区的 β_0 值。

根据《湿陷性黄土地区建筑规范》确定湿陷量计算值的计算深度，应自基础底面(如底标高不确定时，自地面下 1.50m) 算起；在非自重湿陷性黄土场地，累计至基底下 10m(或地基压缩层) 深度止；在自重湿陷性黄土场地，累计至非湿陷性黄土的顶面止。其中湿陷系数 δ_s(10m 以下为 δ_{zs}) 小于 0.015 的土层不累计。

表 7-2　湿陷性黄土地基的湿陷等级

总湿陷量/cm ＼ 计算自重湿陷量/cm ＼ 湿陷类型	非自重湿陷性场地	自重湿陷性场地	
	$\Delta_{zs} \leqslant 7$	$7 < \Delta_{zs} \leqslant 35$	$\Delta_{zs} > 35$
$\Delta_s \leqslant 30$	Ⅰ(轻微)	Ⅱ(中等)	—
$30 < \Delta_s \leqslant 60$	Ⅱ(中等)	Ⅱ 或 Ⅲ	Ⅲ(严重)
$\Delta_s > 60$	Ⅱ(中等)	Ⅲ(严重)	Ⅳ(很严重)

7.3.3　湿陷性黄土地基的工程措施

湿陷性黄土地基的设计和施工，地基应满足承载力、湿陷性变形、压缩变形和稳定性要求，并针对黄土地基湿陷性特点，需因地制宜采用地基处理为主的综合工程措施，以防止地基发生湿陷，确保建筑物安全和正常使用。具体工程措施主要有地基处理、防水和排水措施和结构措施三个方面。

1. 地基处理

目的主要改善土体的力学性质和土体结构，从内因方面减少或消除黄土地基的湿陷性。常用的地基处理方法有，土(或灰土)垫层、夯实法、土(灰土)桩挤密、预浸水和化学加固等；或采用深基础、桩基础穿越湿陷性土层。

对于甲类建筑，应消除地基的全部湿陷量或穿越全部湿陷性土层；乙、丙类建筑应消除地基的部分湿陷量。对于湿陷性黄土，常采用的地基处理方法如表 7-3 所示。

表 7-3　湿陷性黄土地基常用的处理方法

名称		适用范围	可处理(或穿越)湿陷性黄土层的厚度/m
垫层法		地下水位以上，局部或整片处理	1～3
夯实法	强夯	$S_r < 60\%$ 的湿陷性黄土，局部或整片处理	3～6
	重夯		1～2
挤密法		地下水位以上，局部或整片处理	5～15
桩基础		基础荷载大，有可靠持力层	≤30
预浸水法		Ⅲ、Ⅳ级自重湿陷性黄土场地，6m 以上尚应采用垫层等方法处理	可消除地面下 6m 以下全部土层的湿陷性
单液硅化或碱液加固法		一般用于加固地下水位以上的已有建筑物地基	≤10 单液硅化加固的最大深度可达 20m

2. 防水措施

防水措施是防止或减少建筑物和管道地基受水浸湿而引起湿陷，以保证建筑物和管道安全使用的重要措施。其主要内容包括以下三个方面：

(1) 基本防水措施。在建筑物的布置上，要注意尽量选择具有排水畅通或利于场地排水的地形条件，场地内设置排水沟。场地排水、敷设、管道材料和接口等方面，应采取措施防止雨水或生产、生活用水的渗漏，避开受洪水或水库等影响可能引起地下水位上升的地段。

(2) 检漏防水措施。在基本防水措施的基础上，对防护范围内的地下管道，应增设检漏管沟和检漏井。

(3) 严格防水措施。在检漏防水措施基础上，应提高防水地面、排水沟、检漏管沟和检漏井等设施的设计标准，如增设卷材防水层、采用钢筋混凝土排水沟等。

此外，对于室内的给水、排水管道应尽量明装，室外其管道布置应尽量远离建筑物等，以防渗漏对建筑物地基产生危害。施工阶段，场地应做好临时性防洪、排水措施，尽量缩短基坑暴露时间。

3. 结构措施

结构措施的目的在于使建筑物能适应或减少因地基局部浸水所引起的差异沉降而不致遭受严重破坏，并继续能保持其整体稳定性和正常使用。主要的结构措施包括：选择适应不均匀沉降的结构类型和适宜的基础类型，建筑体形力求简单；加强建筑物的整体刚度，对砖石承重的多层房屋控制长高比，设置沉降缝，减少沉降差，增设横墙，增设钢筋混凝土圈梁，增大基础刚度等；局部加强构件砌体强度；构件应有足够的支承面积；预留适应沉降的净空。

例 7-1　陕北地区某建筑场地进行初步勘探，取样进行室内试验，成果如表 7-4 所示。试确定该场地的湿陷类型和地基湿陷等级。

表 7-4　室内试验成果

取样深度 /m	自重湿陷系数	湿陷系数
1.0	0.020	0.056
2.0	0.025	0.081
3.0	0.003	0.025
4.0	0.016	0.019
5.0	0.006	0.031
6.0	0.001	0.010
7.0	0.035	0.056
8.0	0.019	0.055
9.0	0.020	0.042

解：(1) 场地湿陷类型判别

首先计算自重湿陷量 Δ_{zs}，至天然地面算起至其下全部湿陷性黄土为止，陕北地区 β_0 可取 1.2，由式(7-2)可得

$$\Delta_{zs}=\beta_0\sum_{i=1}^{n}\delta_{zsi}h_i=1.2\times(0.020+0.025+0.016+0.035+0.019+0.020)\times 100\text{cm}$$

$$=16.2\text{cm}>7\text{cm}$$

根据《湿陷性黄土地区建筑规范》规定 $\Delta_{zs} > 7cm$，为自重湿陷性黄土。

(2) 黄土地基湿陷等级判别

由式(7-2)计算黄土地基总湿陷量 Δ_s，且取 $\beta=\beta_0=1.2$

$$\Delta_s=\sum_{i=1}^{n}\beta\delta_{si}h_i=1.2\times(0.056+0.081+0.025+0.019+0.031+0.056+0.055+0.042)\times 100cm$$

$$=43.8cm>30cm$$

该湿陷性黄土场地的湿陷等级可判定为 Ⅱ 级或 Ⅲ 级。

7.4 膨胀土地基

膨胀土是指土中黏料成分主要是由亲水性黏土矿物组成，同时具有显著的吸水膨胀性和失水收缩性两种变形特性的黏性土。我国广泛分布膨胀土，在河北、河南、山东、陕西、湖北、广西、广东、云南等省区均有发现。膨胀土一般强度较高，压缩性低，易被误认为是建筑性能较好的地基土。但膨胀土具有显著的吸水膨胀和失水收缩的变形特性，建造在膨胀土地基上的建筑物，随季节性气候的变化会反复不断地产生不均匀的升降，而使房屋破坏，遇干旱年份裂缝发展更为严重，建筑物裂缝随气候变化而张开和闭合。在膨胀土地区进行建设，需通过地质勘察工作，对膨胀土做出正确的判断和评价，以便采取相应的设计和施工，从而保证房屋和构筑物的安全和正常使用。

7.4.1 膨胀土胀缩变形的主要因素

膨胀土的胀缩变形特性由土的内在因素所决定，同时受到外部因素的制约。膨胀土的胀缩变形是膨胀土的内在因素和外在因素共同作用而产生的。

1. 影响土胀缩变形的主要内在因素

(1) 矿物成分：膨胀土主要由蒙脱石、伊里石等亲水性矿物组成。蒙脱石矿物亲水性强，具有既易吸水又易失水的强烈活动性。伊里石亲水性比蒙脱石低，但也有较高的活动性。

(2) 黏粒的含量：由于黏土颗粒细小，比面积大，因而具有很大的表面能，对水分子和水中阳离子的吸附能力强。因此，土中黏粒含量愈多，吸水能力愈强，则土的胀缩变形愈大。

(3) 土的密度和含水量：土的胀缩性表现于土体的体积变化。土的天然孔隙比(密度状态)是影响胀缩变形的一个重要因素。对于膨胀土来说，在相同天然含水量条件下浸水，孔隙比越小，土的膨胀越大、收缩越小。反之，孔隙比越大，收缩越大。此外，土中初始含水量与土体膨胀所需的含水量相差越大时，则遇水后土的膨胀越大，而失水后土的收缩越小。

2. 影响土胀缩变形的主要外部因素

(1) 气候条件：气候对膨胀土胀缩变形影响较大，包括降雨量、蒸发量和相对湿度等。如建筑场地潜水位较低，则表层膨胀土受大气影响，土中水分处于剧烈的变动之中。在雨季，土中水分增加，土体发生膨胀；在干旱季节土体含水量减少，土体发生收缩。因此，基础的室内外两侧土的胀缩变形也就有了明显的差别，使得建筑物受到反复的不均匀变形的影响，易导致建筑物发生开裂现象。

（2）地形地貌：在高地，由于临空面大，膨胀土蒸发条件好，土体含水量变化幅度大，使得膨胀土地基的胀缩变形量也较为剧烈。因此，常出现低地的膨胀土地基胀缩变形要比高地的同类膨胀土地基胀缩变形要小很多。

（3）周围环境：当地表水入渗、地下水管漏水和地下水位变动等，引起膨胀土含水量发生变化，导致土体发生胀缩变形。

7.4.2　土的胀缩特性指标

1. 自由膨胀率 $\delta_{ef}\%$

自由膨胀率指的是人工制备土在水中的体积增量与原体积之比，用百分数表示，按式（7-5）计算

$$\delta_{ef}=\frac{v_w-v_0}{v_0} \tag{7-5}$$

式中　v_w—— 土样在水中膨胀稳定后的体积；

v_0—— 土样原有体积。

在制备土样时，需先取有代表性的风干土约 100g，碾细后过 0.5mm 筛，将过筛的试样拌匀，再在 105℃ ～ 110℃ 下烘至恒重，冷却至室温后，再按《膨胀土地区建筑技术规范》中有关规定进行试验。

自由膨胀表示膨胀土在无结构力影响下和无压力作用下的膨胀特性，可反映土的矿物成分及含量，用于初步判定是否为膨胀土。

2. 膨胀率 δ_{ep} 和膨胀力 P_e

膨胀率是指在一定压力下，浸水膨胀稳定后，试样增加的高度与原高度之比，按式（7-6）计算：

$$\delta_{ep}=\frac{h_w-h_0}{h_0} \tag{7-6}$$

式中　h_w—— 土样浸水膨胀稳定后的高度，mm；

h_0—— 土样的原始高度，mm。

以各级压力下的膨胀率 δ_{ep} 为纵坐标，压力 P 为横坐标，将试验结果绘制成 $\delta_{ep}-P$ 关系曲线，该曲线与横坐标的交点 P_e，称为试样的膨胀力，如图 7-2 所示。膨胀力 P_e 表示原状土样，在体积不变时由于土体浸水膨胀产生的最大内应力。膨胀力在选择基础形式及基底压力时是个很有用的力学指标。在设计上如果希望减少膨胀变形，应使得基底压力接近于膨胀力。

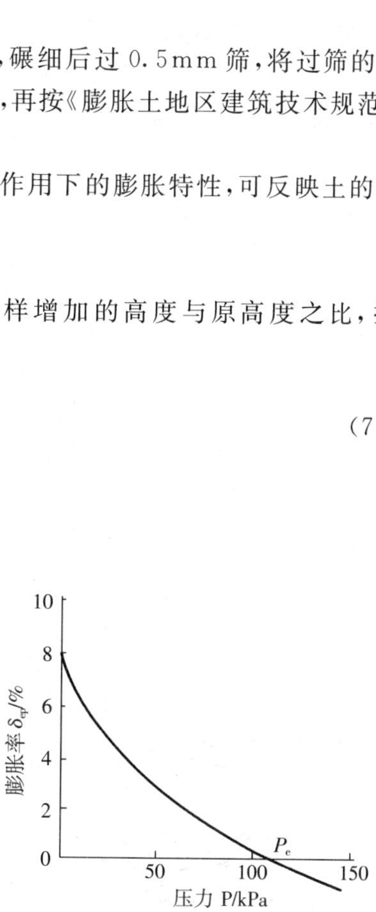

图 7-2　膨胀率与压力关系曲线

3. 土的收缩率 δ_s 及收缩系数 λ_s

土的收缩率又称线收缩率，是指原状土样在

干燥失水过程中，收缩的高度与原始高度之比，用百分数表示，按式(7－7)计算：

$$\delta_s = \frac{h_0 - h}{h_0} \times 100\% \quad (7-7)$$

式中 h—— 试样失水收缩后的高度，mm；

h_0—— 试样原始高度，mm。

原状土样在直线收缩阶段，含水量减少 1% 时的竖向线缩率，按式(7－8)计算：

$$\lambda_s = \frac{\Delta\delta_s}{\Delta w} \quad (7-8)$$

式中 $\Delta\delta_s$—— 收缩过程中与两点含水量之差对应的竖向线缩率之差，%；

Δw—— 收缩过程中直线变化阶段两点含水量之差，%。

7.4.3 膨胀土地基评价

1. 膨胀土的判别

膨胀土的判别是解决膨胀土地区工程问题的前提，是膨胀土地基勘察、设计和施工的首要问题。工程实践中的判别方法既要准确，又要简单易行。先初判，再通过试验指标验证，进行综合判别。只有确认了膨胀土及其胀缩等级，才能根据工程情况有针对性地采取有效措施，避免因膨胀土给工程造成的危害。目前，国内外学者对膨胀土提出了多种判别方法。

《膨胀土地区建筑技术规范》中规定，具有下列工程地质特征的场地，且自由膨胀率大于或等于 40% 的土，应判定为膨胀土：

(1) 裂隙发育，常有光滑面和擦痕，有的裂隙中充填着灰白、灰绿色黏土。在自然条件下呈坚硬或硬塑状态。

(2) 多出露于二级或二级以上阶地、山前和盆地边缘丘陵地带，地形平缓，无明显自然陡坎。

(3) 常见浅层塑性滑坡、地裂，新开挖坑(槽) 壁易发生坍塌等。

(4) 建筑物裂缝随气候变化而张开和闭合。

2. 膨胀土的膨胀潜势

自由膨胀率反映了膨胀土胀缩特性的内在因素，不同胀缩性能的膨胀土对建筑物的危害程度有着明显差别。自由膨胀率较小的膨胀土，膨胀潜势较弱，对建筑物损坏也较为轻微；自由膨胀率大的土，具有较强的膨胀潜势，可能使建筑物遭到严重破坏。因此，可以采用自由膨胀率的大小划分膨胀土的膨胀潜势。《膨胀土地区建筑技术规范》按自由膨胀率依次将膨胀土地基的膨胀潜势划分为弱、中、强三个等级，如表 7－5 所示。

表 7－5 膨胀土的膨胀潜势分类

自由膨胀率 δ_{ef}%	膨胀潜势
$40 \leqslant \delta_{ef} < 65$	弱
$65 \leqslant \delta_{ef} < 90$	中
$\delta_{ef} \geqslant 90$	强

3. 膨胀土地基的评价

根据建筑物地基的胀缩变形对低层砖混结构房屋的影响程度，对膨胀土地基评价时，其胀缩等级按分级胀缩变形量 s_e 大小进行划分，见表 7－6。

表 7－6　膨胀土地基的胀缩等级分类

地基分级变形量(mm)	级别
$15 \leqslant s_e < 35$	Ⅰ
$35 \leqslant s_e < 70$	Ⅱ
$s_e \geqslant 70$	Ⅲ

7.4.4　膨胀土地基变形量计算

膨胀土地基变形量可按下列三种情况分别计算：当离地表 1m 处地基土的天然含水量等于或接近最小值时，或地面有覆盖且无蒸发可能时，以及建筑物在使用期间，经常有水浸湿的地基，可按膨胀变形量计算；当离地表 1m 处地基土的天然含水量大于 1.2 倍塑限含水量时，或直接受高温作用的地基，可按收缩变形量计算；其他情况下可按胀缩变形量计算。

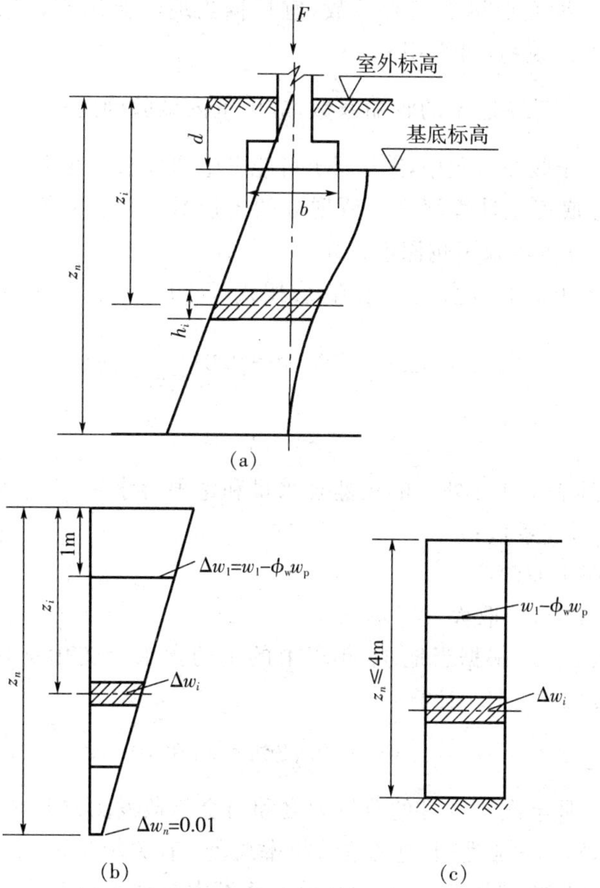

图 7－3　膨胀土地基变形计算示意图

(1) 地基土的膨胀变形量应按式(7-9)计算：

$$s_e = \psi_e \sum_{i=1}^{n} \delta_{epi} h_i \tag{7-9}$$

式中 s_e—— 地基土的膨胀变形量，mm；

ψ_e—— 计算膨胀变形量的经验系数，宜根据当地经验确定，若无可依据经验时，三层及三层以下建筑物，可采用 0.6；

δ_{epi}—— 基础底面下第 i 层土在该层土的平均自重压力与平均附加压力之和作用下的膨胀率，由室内试验确定；

h_i—— 第 i 层土的计算厚度，mm；

n—— 自基础底面至计算深度内所划分的土层数，计算深度应根据大气影响深度确定，有浸水可能时，可按浸水影响深度确定。

(2) 地基土的收缩变形量，应按式(7-10)计算：

$$s_s = \psi_s \sum_{i=1}^{n} \lambda_{si} \Delta w_i h_i \tag{7-10}$$

式中 s_s—— 地基土的收缩变形量，mm；

ψ_s—— 计算收缩变形量的经验系数，宜根据当地经验确定，若无可依据经验时，三层及三层以下建筑物，可采用 0.8；

$\frac{v_i}{v} \times 100\%$—— 第 i 层土的收缩系数，应由室内试验确定；

Δw_i—— 地基土收缩过程中，第 i 层土可能发生的含水量变化的平均值，以小数表示；

n—— 自基础底面至计算深度内所划分的土层数，计算深度可取大气影响深度，有热源影响时，应按热源影响深度确定。

在计算深度内，各土层的含水量变化值，应按式(7-11)、式(7-12)计算：

$$\Delta w_i = \Delta w_1 - (\Delta w_1 - 0.01)\frac{z_i - 1}{z_n - 1} \tag{7-11}$$

$$\Delta w_1 = w_1 - \psi_w w_p \tag{7-12}$$

式中 w_1、w_p—— 地表下 1m 处土的天然含水量和塑限含水量(以小数表示)；

ψ_w—— 土的湿度系数；

z_i—— 第 i 层土的深度；

z_n—— 计算深度，可取大气影响深度。

膨胀土湿度系数 ψ_w，应根据当地 10 年以上的土的含水量变化及有关气象资料统计求出，无此资料时，可按式(7-13)计算：

$$\psi_w = 1.152 - 0.726a - 0.00107c \tag{7-13}$$

式中 a—— 当地 9 月至次年 2 月的蒸发力之和与全年蒸发力之比值；我国部分地区蒸发力及降水量值可按《膨胀土地区建筑技术规范》有关规定采用；

c—— 全年中干燥度大于 1.00 的月份的蒸发力与降水量差值之总和(mm)。

大气影响深度，应由各气候区土的深层变形观测或含水量观测及地温观测资料确定；无此资料时，可由《膨胀土地区建筑技术规范》有关表格查找。

(3) 其他情况下，可按地基土的胀缩变形量计算：

$$s_{es}=\psi\sum_{i=1}^{n}(\delta_{epi}+\lambda_{si}\Delta w_i)h_i \tag{7-14}$$

式中　s_{es}——地基土的胀缩变形量，mm；

ψ——计算收缩变形量的经验系数，可采用 0.7；

δ_{epi}——基础底面下第 i 层土在压力为 p_i（该层土的平均自重应力与平均附加应力之和）作用下的膨胀率，由室内试验确定；

λ_{si}——第 i 层土的垂直线收缩系数。

7.4.5　膨胀土地基的主要工程措施

由于膨胀土的变形受外界影响因素较多，且带有周期变形性质。在膨胀土地区工程建设时，应根据地基胀缩等级、当地气候条件、场地工程地址和水文地质条件等，因地制宜采取综合措施，来控制最大变形值，使其不超过允许值。

(1) 设计措施

选择场地时应避开地质条件不良地段，如浅层滑坡、地裂发育、地下水剧烈变化等地段。尽量布置在地形条件比较简单、土质比较均匀、胀缩性较弱的场地。

加强隔水、排水措施，尽量减少地基土的含水量变化。室外排水应畅通，避免积水，屋面排水宜采用外排水。散水宜较宽设置，一般均应大于 1.2m，并加隔热保温层。建筑物周围宜种草皮，在植树绿化时应注意树种的选择，例如不宜种植吸水量和蒸发量大的桉树等速生树种，而尽可能选用蒸腾量不大的针叶树种，并应根据树木的蒸发能力和当地气候条件合理确定树木与房屋之间距离。

建筑物体形应力求简单，在地基土显著不均匀处，建筑物平面转折部位或高度（荷重）有显著变化部位以及建筑物结构类形不同部位，应设置沉降缝。

膨胀土地区宜建造 3 层以上的高层房屋以加大基底压力，防止膨胀变形，较均匀的弱膨胀土地基可采用条形基础。为增加房屋的整体刚度，基础顶部和房屋顶层宜设置圈梁，多层房屋的其他各层可隔层设置，必要时也可层层设置。钢和钢筋混凝土排架结构、山墙和内隔墙采用与柱基相同的基础形式；围护墙应砌置在基础梁上，基础梁底与地面之间宜留有 10～15cm 左右的空隙。在建筑物的角段和内外墙的连接处，必要时可增设水平钢筋。

膨胀土地基上的建筑物基础埋置深度选择应考虑膨胀土的胀缩特性、膨胀土层埋藏深度和厚度、建筑结构类型以及大气影响深度等因素，且埋置深度不应小于 1m。平坦场地上的砖混结构房屋，当以基础埋深为主要防治措施时，基础埋深应取大气影响急剧层深度，或通过变形计算确定。

在较强或强膨胀土层出露较浅的建筑场地，或建筑物在使用上对不均匀变形有严格要求时，可采用非膨胀性的黏性土、砂石、灰土等置换膨胀土，以减少可膨胀的土层，达到减少地基胀缩变形量的目的。换土厚度应通过变形计算确定。平坦场地上Ⅰ、Ⅱ级膨胀土的地基处理，宜采用砂、碎石垫层，垫层厚度不应小于 300mm，基础两侧宜采用与垫层相同的材料回填，并做好防水处理。在膨胀土中掺入一定量的石灰进行膨胀土化学改良，能有效提高土的强度，增加土中湿度的稳定性，减少膨胀势。工程上可采用压力灌浆的方法将石灰浆液灌注入膨胀土的裂隙中起加固作用。当大气影响深度较深，膨胀土层厚，选用地基加固或墩式基础施工有困难或不经济时，可选用桩基。

(2) 施工措施

膨胀土地区的建筑施工，应根据设计要求、场地条件和施工季节认真做好施工组织设计，严格执行施工技术及施工工艺规定，在施工期间应尽可能减少地基土中含水量的变化。开挖基坑槽发现地裂、局部上层滞水或土层有较大变化时，应及时处理，之后，方能继续施工。基础施工宜采用分段快速作业法施工，过程中不得使基坑槽暴晒或泡水。雨季施工应采取防水措施。

7.5 冻土地基

7.5.1 冻土的分类及分布

温度等于或低于零摄氏度，且土中水冻结成固态冰的土称为冻土。根据冻土的冻结延续时间可分为：季节性冻土、多年冰土两大类。

(1) 季节性冻土：指冬季冻结，夏季全部融化的冻土。若冬季冻结，一两年内不融化的土称为隔年冻土。季节性冻土在我国华北、东北与西北大部分地区有此类冻土。由于周期性的冻结和融化，对地基的稳定性有较大影响。

(2) 多年冻土：冻土的冻结状态持续三年以上的土，称为多年冻土。多年冻土主要分布在我国的东北大、小兴安岭北部、青藏高原及天山等纬度及海拔较高的严寒地区，其厚度从一米至几十米。

7.5.2 冻土的危害

土的冻胀原因是因为冻结土中水分向冻结区迁移和积聚的结果。冻胀土会使地基土隆起，使建造在其上的建(构) 筑物被抬起，引起其开裂、倾斜甚至倒塌；冻胀土还会使得道路路面鼓包、开裂、错缝或折断等。

对工程危害最大的是季节性冻土地区，因为该土具有冻融现象。冻融现象是指当土层解冻融化后，土层软化，土的强度大大降低的现象。这种冻融现象又使得房屋、桥梁和涵洞等地基发生大量沉降和不均匀沉降，从而使得房屋产生裂缝、倾斜，路基下沉，桥梁破坏及涵洞错位等工程事故，这在冻土地区屡见不鲜。地基冻胀变形和融沉变形还会使房屋产生正八字和倒八字形裂缝，使桩基出现冻拔现象，使道路出现翻浆冒泥等危害。因此，对冻土的冻胀及冻融都会对工程带来危害，必须采取一定的防治措施。

7.5.3 冻土物理力学性质

1. 冻土的含冰量

衡量冻土中冰含量指标有相对含冰量、质量含冰量和体积含冰量。

(1) 相对含冰量(i_0)

冻土中冰的质量 g_i 与全部水的质量 g_w(包括冰和未冻水)之比

$$i_0 = \frac{g_i}{g_w} \times 100\% \tag{7-15}$$

(2) 质量含冰量(i_g)

冻土中冰的质量 g_i 与冻土中土骨架质量 g_s 之比,$i_g = w_i$,即

$$i_g = \frac{g_i}{g_s} \times 100\% \tag{7-16}$$

(3) 体积含冰量(i_v)

冻土中冰的体积 v_i 与冻土总体积 v 之比

$$i_v = \frac{v_i}{v} \times 100\% \tag{7-17}$$

2. 冻胀率

冻胀率是指单位冻结深度的冻胀量

$$\eta = \frac{\Delta h}{H} \times 100\% \tag{7-18}$$

式中　Δh—— 冻胀量,mm;

　　　H—— 冻结深度,mm。

3. 融化下沉系数

冻土在融化过程中,在没有外荷载作用下,所产生的沉降称为融化下沉。它与冻土的构造有很大关系。常用冻土的融沉性来评价冻土的工程性质。融沉性可由试验测定,常以平均融化下沉系数 δ_0 表示。

$$\delta_0 = \frac{h_1 - h_2}{h_1} = \frac{e_1 - e_2}{1 + e_1} \times 100\% \tag{7-19}$$

式中　h_1, e_1—— 冻土试样融化前的高度和孔隙比;

　　　h_2, e_2—— 冻土试样融化后的高度和孔隙比。

4. 冻胀力

土在冻结时由于体积膨胀对基础产生的作用力称为土的冻胀力。冻胀力按其作用方向可分为作用在基础底面的法向冻胀力和作用在侧面的切向冻胀力。冻胀力大小与土质、土温、水文地质条件和冻结速度有密切关系,并且与基础埋深、材料和侧面的粗糙程度有关。

冻土变形性质

短期荷载下冻土的压缩性很低,变形可忽略不计。但长期荷载下冻土变形将增长,尤其是 $-0.1℃ \sim -0.5℃$ 的冻土,压缩性较高,此时必须考虑冻土变形。在冻土融化时,土体结构遭到破坏,压缩性提高,产生急剧变形,使得地基发生融沉现象。

7.5.4　冻土地基评价

1. 季节冻土

冻土的冻胀和融沉与土的颗粒大小及含水量有关，一般颗粒愈粗，含水量愈小，土的冻胀和融沉性愈小；反之亦然。

根据冻土的冻胀率 η 可将季节性冻土分为五类：

Ⅰ 类：不冻胀土，$\eta \leqslant 1\%$，冻结时基本无水分迁移，冻胀量很小，对基础无危害。

Ⅱ 类：弱冻胀土，$1\% < \eta \leqslant 3.5\%$，冻结时水分迁移很少，地表无明显冻胀隆起，对一般浅基础也无危害。

Ⅲ 类：冻胀土，$3.5\% < \eta \leqslant 6\%$，冻结时水分有较多迁移，形成冰夹层，若建筑物自重轻，基础埋深过浅，将产生较大冻胀变形，冻深大时还会由于切向冻胀力使基础上拔。

Ⅳ 类：强冻胀土，$6\% < \eta \leqslant 12\%$，冻结时水分大量迁移，形成较厚冰夹层，冻胀严重，即使基础埋深超过冻结线，也可能因切向冻胀力而上拔。

Ⅴ 类：特强冻胀土，$\eta > 12\%$，冻胀量很大，是使基础冻胀上拔破坏的主要原因。

2. 多年冻土

根据融化下沉系数 δ_0 将多年冻土分为不融沉、弱融沉、融沉、强融沉和融陷五级，多年冻土的融陷性与土的类别、含水量及融化后的潮湿程度有关。

Ⅰ 级土：不融沉，$\delta \leqslant 1$，除基岩之外为最好的地基土，一般不需要考虑冻融问题。

Ⅱ 级土：弱融沉，$1 < \delta_0 \leqslant 3$，为多年冻土中较好的地基土，可直接作为建筑物地基。若基底最大融深控制在 3m 以内，建筑物不会遭受明显融沉破坏。

Ⅲ 级土：融沉，$3 < \delta_0 \leqslant 10$，具有较大的融化下沉量，且冬天回冻时有较大冻胀量。一般基底融深不得大于 1m，并需采取专门措施，如深基或保温防止地基融化等。

Ⅳ 级土：强融沉，$10 < \delta_0 \leqslant 25$，融化下沉量很大，往往造成建筑物破坏，设计时应保持冻土不融或采用桩基础等。

Ⅴ 级土：融陷，$\delta_0 > 25$，为含土冰层，融化后呈流动、饱和状态，不能直接作为建筑物地基，应进行专门处理。

表 7-7　多年冻土的融沉性分类

土的名称	总含水量 $w\%$	平均融沉系数 δ_0	融沉等级	融沉类别	冻土类型
碎（卵）石，砾、粗、中砂（粒径小于 0.074mm 的颗粒含量不大于 15%）	$w < 10$	$\delta_0 \leqslant 1$	Ⅰ	不融沉	少冰冻土
	$w \geqslant 10$	$1 < \delta_0 \leqslant 3$	Ⅱ	弱融沉	多冰冻土
碎（卵）石，砾、粗、中砂（粒径小于 0.074mm 的颗粒含量大于 15%）	$w < 12$	$\delta_0 \leqslant 1$	Ⅰ	不融沉	少冰冻土
	$12 \leqslant w < 15$	$1 < \delta_0 \leqslant 3$	Ⅱ	弱融沉	多冰冻土
	$15 \leqslant w < 25$	$3 < \delta_0 \leqslant 10$	Ⅲ	融沉	富冰冻土
	$w \geqslant 25$	$10 < \delta_0 \leqslant 25$	Ⅳ	弱融沉	饱冰冻土

（续表）

土的名称	总含水量 $w\%$	平均融沉系数 δ_0	融沉等级	融沉类别	冻土类型
粉、细砂	$w < 14$	$\delta_0 \leqslant 1$	Ⅰ	不融沉	少冰冻土
	$14 \leqslant w < 18$	$1 < \delta_0 \leqslant 3$	Ⅱ	弱融沉	多冰冻土
	$18 \leqslant w < 28$	$3 < \delta_0 \leqslant 10$	Ⅲ	融沉	富冰冻土
	$w \geqslant 28$	$10 < \delta_0 \leqslant 25$	Ⅳ	强融沉	饱冰冻土
粉　土	$w < 17$	$\delta_0 \leqslant 1$	Ⅰ	不融沉	少冰冻土
	$17 \leqslant w < 21$	$1 < \delta_0 \leqslant 3$	Ⅱ	弱融沉	多冰冻土
	$21 \leqslant w < 32$	$3 < \delta_0 \leqslant 10$	Ⅲ	融沉	富冰冻土
	$w \geqslant 32$	$10 < \delta_0 \leqslant 25$	Ⅳ	强融沉	饱冰冻土
黏性土	$w < w_p$	$\delta_0 \leqslant 1$	Ⅰ	不融沉	少冰冻土
	$w_p \leqslant w < w_p + 4$	$1 < \delta_0 \leqslant 3$	Ⅱ	弱融沉	多冰冻土
	$w_p + 4 \leqslant w < w_p + 15$	$3 < \delta_0 \leqslant 10$	Ⅲ	融沉	富冰冻土
	$w_p + 15 \leqslant w < w_p + 35$	$10 < \delta_0 \leqslant 25$	Ⅳ	强融沉	饱冰冻土
含土冰层	$w \geqslant w_p + 35$	$\delta_0 > 25$	Ⅴ	融陷	含土冰层

思考与练习题

1. 何谓软土地基？有何特征？
2. 软土设计中应注意哪些事项？采取的措施有哪些？
3. 自由膨胀率和膨胀率在概念上有何区别？
4. 膨胀土地基变形量按哪三种情况进行计算？计算公式如何？
5. 湿陷性黄土的判定原则是什么？
6. 自重湿陷性黄土场地如何判别？
7. 对于湿陷性黄土可采用哪些工程措施？
8. 冻土的分类标准是什么？
9. 何谓季节性冻土和多年冻土地基？

参 考 文 献

[1] 董建国，沈锡英等. 土力学与地基基础[M]. 上海：同济大学出版社，2005.

[2] 王成华. 基础工程学[M]. 天津：天津大学出版社，2002.

[3] 金喜平，邓庆阳. 基础工程[M]. 北京：机械工业出版社，2006.

[4] 赵明华. 基础工程[M]. 北京：高等教育出版社，2003.

[5] 王晓鹏，郑桂兰. 基础工程[M]. 北京：中国建筑工业出版社，2003.

[6] 崔可锐. 岩土工程师施工手册[M]. 北京：化学工业出版社，2007

[7] 浙江大学，华南理工大学，湖南大学主编. 基础工程[M]. 北京：中国建筑工业出版社，2003.

[8] 唐业清. 简明地基基础设计施工手册[M]. 北京：中国建筑工业出版社，2003.

[9] 周景星. 基础工程(第二版)[M]. 北京：清华大学出版社，2007.

[10] 张苏民. 工程地质手册[M]. 北京：中国建筑工业出版社，2002.

[11] 白晓红. 基础工程设计原理[M]. 北京：科学出版社，2005.

[12] 郭继武. 建筑地基基础[M]. 北京：机械工业出版社，2005.

[13] 袁聚云，李镜培. 基础工程设计原理[M]. 上海：同济大学出版社，2001.

[14] 王广月，王盛桂. 地基基础工程 [M]. 中国水利水电出版社，2001.

[15] 陈希哲. 土力学地基基础(第三版)[M]. 北京：清华大学出版社，1998.

[16] 陈仲颐. 基础工程手册[M]. 北京：中国建筑工业出版社，1990.

[17] 钱德玲. 注册岩土工程师专业考试模拟题集[M]. 北京：中国建筑工业出版社，2006.

[18] 赵明华. 土力学与基础工程(第 2 版)[M]. 武汉：武汉理工大学出版社，2003.

[19] 张威，梁昌望. 基础工程[M]. 合肥：合肥工业大学出版社，2007.

[20] 龚晓南. 深基坑工程设计手册[M]. 北京：中国建筑工业出版社，2000.

[21] 胡厚田. 土木工程地质[M]. 北京：高等教育出版社，2001.

[22] 张季容，朱向荣. 简明建筑基础计算与设计手册[M]. 北京：中国建筑工业出版社，1999.

[23] 刘金砺. 桩基础设计与计算[M]. 北京：中国建筑工业出版社，1990.

[24] 林宗元. 岩土工程治理手册[M]. 沈阳：辽宁科学技术出版社，1993.

[25] 顾晓鲁，钱鸿缙. 地基与基础(第二版)[M]. 北京：中国建筑工业出版社，1995.

[26] 中华人民共和国住房和城乡建设部. 建筑桩基技术规范(JGJ94—2008) [M]. 北京：中国建筑工业出版社，2008.

[27] 中华人民共和国建设部. 建筑地基基础设计规范(GB50007—2002) [M]. 北京：中国建筑工业出版社，2002.

[28] 中华人民共和国建设部. 岩土工程勘察规范(GB50021—2001) [M]. 北京：中国建筑工业出版社，2002.

[29]《桩基工程手册》编写委员会. 桩基工程手册[M]. 北京：中国建筑工业出版社，1995.

[30] Hans F. Winterkon, Hsai-Yang Fang. Foundation Engineering Handbook[M]. New York: Van Nostrand Reinhold Company, 1975.

[31] Braja M. Das. Principle of Foundation Engineering[M]. Second Edtion. Boston: PWS-Kent Publishing Company, 1990.

[32] Budhu, Muni. Soil mechanics and foundations[M]. New York: John Wiley & Sons, Inc. ,2000.